# 精通 LabVIEW

王健　杜军　杨娜　赵国生　编著

清华大学出版社
北京

# 内 容 简 介

本书选用 LabVIEW 2014 专业版软件开展全面、系统的介绍。全书共 14 章,第 1 章和第 2 章对 LabVIEW 的基础内容进行介绍,使读者对 LabVIEW 具有整体的认识并掌握基本的编程和操作方法。在此基础上,第 3～8 章对数据类型、数据结构、基本函数、程序结构、图形显示以及 ExpressVI 技术等 LabVIEW 中最为常用的内容进行介绍,使读者具备解决基本问题的能力。第 9～14 章对文件类型与操作、子 VI、外部程序接口、属性与方法节点、数字信号处理、应用程序发布等工程应用所必需的内容进行讲解。

本书在讲解基础知识的同时结合了大量实例,可作为本科、大专院校计算机和电子类专业学生"虚拟仪器"或相关课程的教材,也可作为从事相关工作的科研和工程技术人员的自学参考书。

**图书在版编目(CIP)数据**

精通 LabVIEW / 王健等编著. —北京:清华大学出版社,2018

ISBN 978-7-302-48522-3

Ⅰ. ①精… Ⅱ. ①王… Ⅲ. ①软件工具-程序设计-青少年读物 Ⅳ. ①TP311.56-49

中国版本图书馆 CIP 数据核字(2017)第 240824 号

责任编辑:袁金敏  常建丽
封面设计:肖梦珍
责任校对:徐俊伟
责任印制:刘海龙

出版发行:清华大学出版社

    网　　址:http://www.tup.com.cn, http://www.wqbook.com

    地　　址:北京清华大学学研大厦 A 座　　邮　　编:100084

    社 总 机:010-62770175　　　　　　　　邮　　购:010-62786544

    投稿与读者服务:010-62776969, c-service@tup.tsinghua.edu.cn

    质 量 反 馈:010-62772015, zhiliang@tup.tsinghua.edu.cn

印 装 者:三河市铭诚印务有限公司

经　　销:全国新华书店

开　　本:185mm×260mm　　印　　张:23.5　　字　　数:558 千字

版　　次:2018 年 1 月第 1 版　　　　　　　印　　次:2018 年 1 月第 1 次印刷

印　　数:1～3000

定　　价:59.00 元

产品编号:071500-01

## 基本内容

随着我国科技水平以及生产力水平的进一步提高，广大科研、工程技术人员对搭建本专业基于计算机的自动化实验、测试、生产加工平台的需求变得空前强烈。但从事非计算机专业的科技人员对于利用文本语言来编制仪器控制程序，却往往束手无策。NI 公司推出的基于图形化编程方法的应用软件开发平台 LabVIEW 彻底改变了仪器控制程序设计人员的感受。他们可以摆脱使用文本语言来编制仪器控制程序的痛苦折磨，全身心地投入到实验测量以及生产加工的本身，从而大大提高研究、测试、生产加工的效率。

本书以非计算机专业人员的视角，从实际需求入手介绍 LabVIEW 解决问题的方法，在对其有了形象直观认识的基础上，逐步进入对其原理的讲解，从而使非计算机专业的初学者很快能够利用它解决实际工程中的问题，为进一步对 LabVIEW 更深层次的应用打下基础。本书分成 14 章，各章主要内容如下。

第 1 章对 LabVIEW 进行概括性的介绍，包括它的发展历史、特点、应用领域、开发环境、工程建立方法以及具体编程方式，使读者在对 LabVIEW 具有一定认识的基础上能够完成一些小应用程序的设计。

第 2 章对 LabVIEW 编程环境与基本操作进行了较详细的介绍。

第 3 章对 LabVIEW 数据类型进行介绍，主要包括对其控件和常量的选取、操作和属性设置方法等。另外，本章还对局部和全局变量进行了介绍。

第 4 章主要对字符串、数组、簇、矩阵 4 种 LabVIEW 数据结构进行了讲解，包括它们控件的建立和调整等方面的内容。

第 5 章介绍了 LabVIEW 中的基本函数，包括标量运算函数、关系运算函数、数组函数、矩阵函数和簇函数等。

第 6 章详细介绍了 LabVIEW 程序结构，包括循环结构、顺序结构、条件结构和事件结构等。

第 7 章介绍了 LabVIEW 中数据的图形化显示，包括波形图、波形图表、XY 图等。

第 8 章介绍了基于 Express VI 搭建专业测试系统。

第 9 章对 LabVIEW 提供的文件类型和对应的输入/输出等操作过程进行详细介绍。

第 10 章介绍了如何构建和使用 LabVIEW 的子 VI。

第 11 章介绍 LabVIEW 外部程序接口与数学分析的方法。

第 12 章对 LabVIEW 中的属性与方法节点进行详细介绍。

第 13 章对数据采集和数字信号处理的基础理论、概念、知识和方法进行介绍，并对 LabVIEW 中数字信号的时域和频域分析函数进行介绍。

第 14 章介绍如何用 LabVIEW 编写的程序创建可执行文件、可执行文件安装包以及动态链接库（DLL）等，即应用程序发布。

## 主要特点

本书作者长期使用 LabVIEW 进行教学和科研工作，有着丰富的教学和实践经验。在内容编排上，按照读者学习的一般规律，结合大量实例讲解操作步骤，能够使读者快速、真正地掌握 LabVIEW。

具体讲，本书具有以下鲜明的特点：

- 从零开始，轻松入门；
- 图解案例，清晰直观；
- 图文并茂，操作简单；
- 实例引导，专业经典；
- 学以致用，注重实践。

## 读者对象

- LabVIEW 初学者；
- 具有一定 LabVIEW 基础知识，希望进一步深入掌握 LabVIEW 程序设计的中级读者；
- 大中专院校计算机、电子等相关专业的学生；
- 从事检测、控制等相关工作的科研和工程技术人员。

本书可作为本科、大专院校计算机和电子信息类专业学生虚拟仪器或相关课程的教材，也可作为从事相关工作的科研和工程技术人员的自学参考书。

## 联系我们

本书由哈尔滨理工大学王健、哈尔滨师范大学杜军、赵国生和黑龙江工程学院杨娜共同组织编写。王健负责第 1 章和第 8 章，杜军负责第 5～7 章，第 9、10 章，杨娜负责第 11～14 章，赵国生负责第 2～4 章。参与本书编写的人员还有宋一兵、管殿柱、王献红、李文秋、张忠林、赵景波、曹立文、郭方方、初航、谢丽华等教师。此外，陈炫慧、郭兆文、郭乃文、王萌、邹伊凡和白勇强等同学在资料整理、文字校验和所有源代码的编写等方面也给予了一定的帮助，在此一并感谢。

本书得到了以下项目的支持：国家自然科学基金项目"可生存系统的自主认知模式研究"（61202458）、国家自然科学基金项目"基于认知循环的任务关键系统可生存性自主增长模型与方法"（61403109）、高等学校博士点基金项目（20112303120007）、中国博士后科学基金面上资助项目（20090460882）和哈尔滨市科技创新人才研究专项（2016RAQXJ036）。

感谢您选择本书，希望我们的努力对您的工作和学习有所帮助，也希望您把对本书的意见和建议告诉我们。

# 目　录

## 第1章　LabVIEW 的前世今生

## 第2章　LabVIEW 编程环境与基本操作

# 第 3 章　LabVIEW 数据类型

# 第 4 章　字符串、数组、矩阵和簇

# 第 5 章 / LabVIEW 中的基本函数

# 第 6 章 / LabVIEW 程序结构

# 第7章 / 数据的图形化显示

# 第8章 / 基于 Express VI 搭建专业测试系统

# 第9章　文件的输入/输出

# 第 10 章　子 VI

# 第 11 章　外部程序接口与数学分析

# 第 12 章　属性与方法节点

# 第 13 章　数据采集与信号处理

# 第 14 章　应用程序发布

# 第1章 LabVIEW 的前世今生

本章将会对 LabVIEW 进行概括性的介绍，包括它的由来（发展历史）、特点、应用领域及一些基本的操作方式等，目的是让读者对 LabVIEW 有一个形象的认识。然后再对 LabVIEW 开发环境、工程（VI）建立方法，以及具体编程方式进行介绍，使读者能够掌握 LabVIEW 基本的程序开发特点，并且能够完成一些小的应用程序。如果你对此已经有一定的了解，可以跳过该部分内容直接进入到下一章进行学习。如果没有接触过 LabVIEW，那么经过本章的学习，你将会对它有一个初步的认识，为进一步的学习打下基础。

## 1.1 LabVIEW 是什么

在正式回答什么是 LabVIEW 之前，我们有必要先了解虚拟仪器（技术）、图形化编程语言这两个概念。对它们的认识有助于理解 LabVIEW 的概念。

### ▶1.1.1 虚拟仪器

关于"仪器"这个概念我们并不陌生，我们可以很轻松地列举出在工程项目以及科学实验中一些常见的仪器，如万用表、示波器、信号发生器等。另外，关于"虚拟"这个词我们也不陌生，不妨想象一下我们平时生活中的一个场景：在烦躁的工作学习之余，我们经常会打开电脑看一部好的电影来放松一下自己，这样的电影可以是来自一张 DVD 光碟，也可以是从网络上下载，只需要利用专用的播放器，就可以欣赏观看。实质上，这一过程就是利用计算机的部分硬件资源以及软件资源"虚拟"了一台 DVD 播放机。除此以外，在闲暇之余，有些人也会选择在个人计算机上打游戏、听音乐等，这些也都是利用计算机资源"虚拟"出真实设备的实例。其实，"虚拟仪器（Virtual Instrument，VI）"中的"虚拟"与上面例子中的"虚拟"并无本质的差别，均代表同一个意思。

所谓"虚拟仪器"，是指在通用计算机上，利用通用接口总线连接硬件数据采集或控制模块，通过软件编程控制硬件模块进行测量或控制，并利用软件实现仪器数据的分析、显示、控制、存储等功能。说得更直白些，"虚拟仪器"是借助于计算机和数据采集等硬件模块通过软件设计来实现真实仪器的功能，但它并不是一台看得见、摸得着的真实测量仪器。因此，从某种意义上来说，软件即仪器。

在"虚拟仪器"概念的基础上，我们总结一下它的构成三要素：

（1）具有操作系统的 PC。

（2）可以控制使 PC 各类硬件实现"虚拟仪器"功能的各种应用软件（类似于上面例

子中用到的音乐、视频软件播放器）。

（3）一些可实现仪器功能的特殊硬件模块（类似于上面例子中用到的 DVD 光驱）。

## 1.1.2 图形化编程语言

计算机语言是用来指挥计算机按照我们的意愿执行任务的命令。最早出现的计算机语言是机器语言，它由 0 和 1 序列组成。由于可以被计算机直接识别，所以执行速度很快，但对于程序设计者来说，使用机器语言进行编程实在苦不堪言。汇编语言（机器语言基础上抽象提炼出来的使用缩写或助记符进行编程的低级编程语言）的出现，对程序设计者是一个福音。但其依然对程序设计者有很高的要求，即必须对编程所使用计算机硬件相当熟悉，且汇编语言通用性差，往往在一台计算机上编写的程序无法在另一台计算机上使用。后来 C 语言、Java 等高级语言的出现，因为其共同的特点：均使用文本的形式来编写程序，可读性良好，可移植性强，使设计者无须了解计算机的硬件结构。

图形化编程（Graphical Programming）语言，简称 G 语言，与上述语言都不同。图形化编程语言是利用图标表示函数，利用连线控制数据流动的方向，抽象程度更高，也更符合人的逻辑思维。通过图 1-1 中利用图形化语言编写的一个简单的加法程序，很容易理解图形化语言的含义。

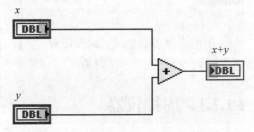

图 1-1　图形化编程语言的简单例子

### 程序过程

（1）如图 1-1 所示，用两个图标 $\boxed{\text{DBL}}$ 分别表示两个输入变量 $x$ 和 $y$。

（2）$x$ 和 $y$ 的数值通过两条连线传递给 $\triangleright$。（$\triangleright$ 代表相加运算的函数。）

（3）$x$ 和 $y$ 计算的结果通过连线传递给另一个变量 $x+y$ $\boxed{\text{DBL}}$。

## 1.1.3 LabVIEW

有了以上关于"虚拟仪器"和"图形化编程语言"两个概念的理解，就能很轻松地理解 LabVIEW 的概念了。

LabVIEW 是 Laboratory Virtual Instrument Engineering Workbench（实验室虚拟仪器集成环境）英文首字母的缩写组合，是由美国国家仪器公司（National Instruments，NI）创造、开发的一个系统级、功能强大又十分灵活、高效的"虚拟仪器"应用软件开发工具（环境）。它的核心概念是虚拟仪器（技术）（所以，LabVIEW 的程序也被称为 VI）。它最大的特点是采用 G 语言进行虚拟仪器应用程序的设计和开发。

比较通俗的解释是：LabVIEW 是一个符合工业标准的系统级基于图形化编程方法的虚拟仪器应用软件开发平台，它包括了采用图形化的虚拟仪器应用程序的设计方法及项目管理、调试、运行、发布等一整套环节。

注意：经常有人用 G 语言来指代 LabVIEW。但是，G 语言泛指具有图形化编程能力的所有的编程语言，而并不是 LabVIEW 的专用代名词。例如安捷伦公司的 VEE Pro 也是一种基于图形化的编程语言（均属测量领域）；目前使用的网页设计方法也是基于图形化的设计方法和操作。所以不应该简单地把 LabVIEW 称为 G 语言，因为它是众多使用 G 语言的开发工具中的一种。

## 1.2　LabVIEW 发展历史

由于 LabVIEW 的出现与发展和"测量"技术的发展密切相关，所以在介绍 LabVIEW 发展历史之前，我们先来简单谈一谈"测量"技术的发展。

科学的发展和技术的进步，是建立在人类认识客观世界能力提高的基础上的，而人类认识客观世界的能力又依赖于对客观世界各种现象进行测量的技术。这就是为什么在任何一个先进的实验室，都可以看到各式各样的先进测量仪器的原因。另外，前一段备受媒体关注的新闻也是一个很好的例子，即利用激光干涉设备（Laser Interferometer Gravitational-Wave Observatory，LIGO）对引力波进行直接探测，验证了爱因斯坦百年以前广义相对论的最后预言。

其实，测量除了对科技发展有巨大推动作用外，对人类的生产、生活也会产生巨大影响。记得上中学时，物理老师讲到测量时举的一个例子：生病到医院了，医生为你测体温、血压等，来确定你的病情和治疗方案；拿着硬币在一条曲线上滚动，利用硬币滚动的圈数乘上硬币的周长就可以测量出曲线的长度。每个人都可以举出很多生活以及生产中这样的小例子，可能这些又太过于司空见惯，无法引起我们过多的兴趣，不能够让我们切实感受到测量对我们生产、生活的重要性。但我想说的是，其实真的不是这个样子，我们可以回想一下 2015 年刚刚发生的 8.12 天津滨海新区爆炸事故，在逃离现场的人群中，消防人员逆行的背影依然历历在目，如果当时能够准确地测量出爆炸现场存在有毒气体，并且能够确定气体的成分、浓度，就可以挽回很多消防人员的生命。气体成分浓度的测量，看似平常，但在危急时刻却使我们付出生命的代价。再比如，对高速行驶汽车轮胎压力的实时测量，也关乎生命等。可见测量的重要性。

未来，测量将会进一步影响、改变我们的生活，这就是"物联网"（Internet of Things）技术，利用传感器实时测量万事万物的各个状态量（如温度、压力、位置、速度等），并通过网络将这些测量数据传输给远端服务器，对数据进行分析挖掘，达到控制管理这些事物的目的。不久的将来，每个人都会切实感受到测量技术的这一发展给我们带来的好处。

测量技术能在过去、现在和将来，在科学、技术、生产和生活中发挥重要的作用，主要依靠其本身的发展，而测量技术往往是和其他技术融合，才能得到发展。

最初的测量是利用物质自身的特性直接或者间接进行测量。例如，温度计利用物体的体积随温度变化而变化这一性质对温度进行测量；日晷通过测量太阳影子移动来间接测量时间。后来，随着电磁学的发展，电量（电流和电压）的测量技术得到了飞速发展，以及传感器的发展使测量技术迈上新的台阶，大量的电气化测量仪表开始出现。传感器是利用一些物理原理将非电量转化成电量的装置，如热电偶利用温差电动势这一物理现象将物体温度的变化转化为本身两个位置之间电动势的变化，这样就可以通过测量电压或电流来间接测量物体的温度；应变片（一种压力传感器）利用自身电阻随形状的变化而变化这一性质，将压力这一物理量转化为电量。

但测量技术并没有就此停止发展的脚步，数字电子技术与微电子技术的出现又促使了数字化仪表的出现。再后来，计算机技术与微电子技术的进一步发展又进一步推动了测量技术的发展，智能化仪表开始出现，其将微型计算机（单片机）与检测技术相结合，实现了测量过程和测量数据处理的自动化，以及功能的多样化。不但解决了传统仪表不易或不能解决的问题，还简化了仪表电路结构，使仪表的可靠性、精度和性能得到了巨大的提高。这类内置微处理器的测量系统也被称为嵌入式系统。值得注意的是，当数字式仪表和智能化仪表出现后，测量原理和测量方法也发生了一些改变，过去传统的纯模拟式测量方式转化为模拟量数字化的测量方式。

同时，模数－数模转换技术、现场可编程门阵列（Field Programmable Gate Array，FPGA）技术以及数字信号处理器（Digital Signal Processor，DSP）技术进一步成熟，高性能、低功耗、多通道、高位数、高速率的采样设备开始出现。专门用于计算机对测量数据进行分析处理的离散数字信号处理技术不断完善和成熟。具备多核、大容量内存、海量硬盘存储器、先进操作系统和高效应用软件以及灵活接口方式的商用计算机或专用计算机性价比不断提高，均使基于计算机的测量技术成为可能，并得到快速发展。

注意：这里所说的计算机不是上面提到的单片机，而是商用机、工控机、PC。

在计算机测量方面，不得不提到美国 NI 公司，因为它取得了这一领域无人能及的辉煌成就。它不仅提供基于计算机测量的高性能硬件产品，还创造性地开发出基于计算机测量的应用软件开发平台 LabVIEW，提出"虚拟仪器"的概念，并将这一概念提升为"软件即仪器"的高度。

读者此时可能会有兴趣了解美国 NI 公司以及 LabVIEW 的发展历史。20 世纪 70 年代前后，美国的 HP（Hewlett-Packard）公司设计、开发出一种用于计算机和仪器通信的串行接口系统，简称 HP-IL（Hewlett-Packard Interface Loop）。后来经过不断改进，成为一种并行通信接口 HP-IB（Hewlett-Packard Instrument Bus）或称为 GPIB（General Purpose Interface Bus）。由于 GPIB 有效地解决了计算机和仪器通信的问题，所以后来被电气与电子工程师学会（Institute of Electrical and Electronics Engineers，IEEE）批准接纳成为国际标准，也就是人们熟知的 IEEE-488-1975（IEEE-488.1），及后来修订的 IEEE-488-1987（IEEE-488.2）。实际上，IEEE-488.1 定义了 GPIB 接口的硬件电器标准，而 IEEE-488.2 则定义了 GPIB 的软件语法规则。后来，NI 公司在此基础上开发出了 488.1 的硬件扩展版，即 HS-488，将GPIB 总线的传输速率从 1Mb 提高到 8Mb，即后来成为国际标准的 IEEE-488-2003。

20 世纪 80 年代初期，NI 公司凭借着在 GPIB 开发上所获得的成功，成为基于个人计算机的 GPIB 控制器的稳定开发商和供应商。他们在商务活动中敏感地发现：当时，所有的仪器控制程序都是使用 BASIC 语言设计、开发的，而对于那些精通测试、测量工作的科学家和工程技术人员来讲，使用 BASIC 语言来编制仪器控制程序，可能不是一件很愉快的事，而可能是一种负担或是一种不堪忍受的磨难。NI 公司的精英们设想：如果能够发明一种实用且方便的仪器控制软件开发工具或软件开发平台，必然会彻底改变那些测试、测量科学家和工程技术人员对仪器控制程序设计的态度。可是成立于 1976 年的 NI 公司并非是一个财大气粗的大公司，搞这样的开发、研究风险相当大。应该说，这是每个制定政策的人都十分清楚的问题。即便如此，他们还是下定决心于 1983 年 4 月开始，迈出实现这个伟大发明梦想的第一步。但是，这种新的开发工具到底应该是一种什么形式呢？电子数据表格给了他们一定启发。电子数据表格有效地解决了（像财务计划制订者这类）非编程用户使用计算机的问题。除了他们要服务的对象是科学家和工程师有所不同以外，本质上是解决相同的问题。于是，他们当时喊出的口号是：发明一种开发工具，使它对科学家和工程师的影响力要像电子数据表格对财务界的影响力一样巨大。但这一梦想的实现谈何容易，在提出这句口号时，他们还没有具体的思路。1984 年，苹果公司 Macintosh 计算机的出现明确了他们的方向，这台计算机图形化的特性使他们意识到，相对于通过一串串命令操作，图形化的操作和设计更高效、简单，更能激发程序设计者的创造力。经过大约 2 年的不懈努力，这些天才的发明家终于实现了他们当初的梦想——LabVIEW 1.0（Mac 版）在 1986 年诞生。毫无疑问，LabVIEW 的诞生确实引发了测试、测量仪器领域的一场革命。特别是它以创新的"虚拟仪器""软件即仪器"的概念，采用图形化编程的手法，以及所提供的、强大的内在分析、处理能力和性能优异的硬件模块支持，逐渐成为测试、测量应用工程师极有力的帮手。30 多年来，他们不断改进，发展了虚拟仪器技术，使之成为事实上的工业标准，使越来越多的用户和使用者成为这项技术的受益者。

接下来通过图 1-2 具体梳理一下 LabVIEW 版本的变迁。从图 1-2 中大致可以看出，LabVIEW 自身也与时俱进，紧紧把握技术发展趋势。2014 年以后，LabVIEW 的版本没有列出，有兴趣的读者可以到 NI 官网上自行查看。

图 1-2　LabVIEW 版本的变迁

LabVIEW 1.0 版本推出至今已经有 30 年了，LabVIEW 已经渗透到工业测量的各个领域，已经成为事实上的工业标准。与此同时，在嵌入式、FPGA、PDA、DSP、实时控制等领域也发挥着巨大的作用，基于数据流的运行方式，使它适应了当代计算机的多线程技术和多核技术的发展，随着计算机双核、四核、八核、N 核的商业化，LabVIEW 更加显现出它强大无比的威力。

# 1.3 LabVIEW 主要应用领域

毫不夸张地说，LabVIEW 在整个工业的应用无所不在：混合信号测试、电能质量检查、生物医学、水质处理、自然环境监测、楼宇资源监控、虚拟现实、结构健康监测、节能减排、核能工程、分布式电能监测、风能发电、工业自动化、校园教学、机器人开发等。超过 30 000 家客户分布在多达 80 个国家。没有一个行业能占据 NI 销售额的 15%。换言之，LabVIEW 的应用领域极其广泛。接下来列举一些 NI 官网给出的 LabVIEW 的应用实例，使读者对其应用有一个直观的认识。

## ▶ 1.3.1 结构健康监测

### 1. 长江隧桥结构健康监测系统

如图 1-3 所示，全长 25.58 km 的"南隧北桥"工程利用 NI PXI 系统构成 5 套工作站，实现 124 路应变、80 路疲劳、48 路加速度、54 路温度等多通道采集，使用 GPS 进行同步。

图 1-3　长江隧桥结构健康监测系统

### 2. 监测全球最快的轮轨列车

2007 年 TGV 创世界纪录：时速 574.8km/h，基于 LabVIEW 构建分布式监测系统，监测轴承箱、齿轮电机以及引擎的温度，通过 RS232、CAN、FIP（工厂信息协议）等总线传递数据开发动态客户端 HMI，专家可以监视数据，并在事件发生时停止测试，如图 1-4 所示。

图 1-4 TGV

不仅仅是长江隧桥，这类项目的应用还有很多，图 1-5 中又列出了一些应用项目，在此不做一一说明，感兴趣的读者可以自行查找相关资料。

图 1-5 结构健康监测项目

### ▶1.3.2 电能质量监测

图 1-6 为中国最大的灌装工厂的 PET（塑料瓶生产线）测试项目——可口可乐工厂用电量、用水量监测系统。

图 1-6 可口可乐工厂电水量监测系统

客户需求：
（1）生产线饮料混合机处理水用量监测。
（2）注入机停工期自动监测。
（3）生产线用电量、电能质量监测。
（4）无线发送。

## ▶1.3.3 节能减排

图 1-7 为上海交大图书馆室温与能耗监测系统，该系统通过对图书馆阅览室室温的监测和分析，设计并构建空调控制系统，在确保图书馆室内舒适度的前提下降低空调系统的能耗。

## ▶1.3.4 机器人开发和生物医学

图 1-8 为全新的 LabVIEW 机器人平台及其开发模块，可以实现避障、视觉引导、路径规划、自主控制、逆运动学等，适用于移动机器人的教学实践及科研设计。图 1-9 为 LabVIEW 在生物医学中的应用，利用思想控制轮椅。

图 1-7　上海交大图书馆室温与能耗监测系统

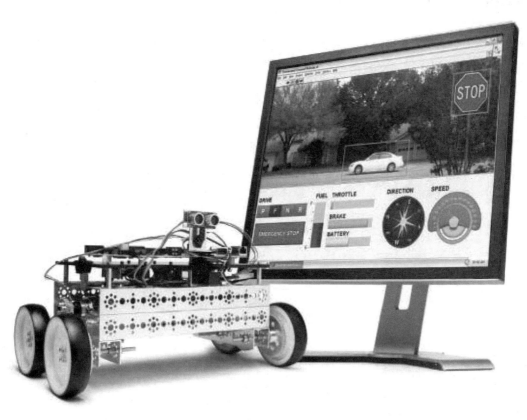

图 1-8　LabVIEW 机器人平台及其开发模块

图 1-9　思想控制轮椅

　　由于篇幅有限，这里不能把 LabVIEW 的所有应用领域一一列举出来。通过以上的应用实例，读者应该能够大致了解 LabVIEW 的应用领域。相信随着进一步的学习，你会接触到更多有趣的应用。

## 1.4　VI 的建立

　　利用 LabVIEW 编写的程序又被称作虚拟仪器（Virtual Instrument，VI）。"VI 的建立"即建立一个 LabVIEW 程序，其以.vi 为扩展名。单击应用图标启动 LabVIEW 后，可以得到启动界面，如图 1-10 所示。通过这个启动界面可以建立新的 VI 和项目，也可以打开最近打开过的 VI 和项目。

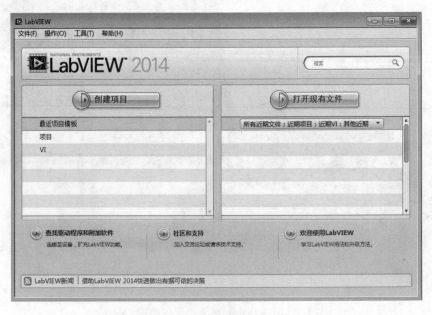

图 1-10　LabVIEW 启动界面

## VI 的建立方法

（1）单击菜单栏中的【文件（F）】按钮。

（2）在弹出的菜单中单击【新建 VI】按钮，弹出如图 1-11 所示的两个界面。

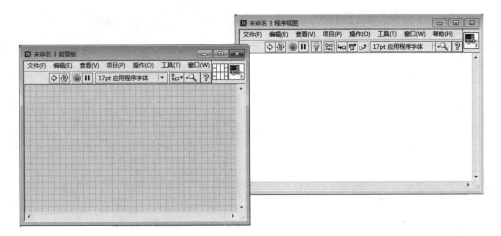

图 1-11　前面板与程序框图

 注意：图 1-11 中的两个 VI 的界面中，左侧是"前面板"，右侧是"程序框图"。

通过将 VI 与实际的仪器进行对比，可以更好地理解 VI 两个界面的作用。"前面板"可以添加【开关】、【旋钮】、【按键】等输入控件，以及【图形】、【LED】等显示控件，作为操作界面用来模拟真实仪器的操控显示面板，通过它可以设置仪器的输入值和观察仪器输出的测量值；"程序框图"相当于仪器箱内部，包含相应的功能部件，除了与前面板中添加的控件相对应的连线端子外，还有函数、子 VI、常量、结构和连线等，其主要作用是对前面板输入控件提供的用户输入信息，进行加工、计算和处理，最终将结果通过显示控件反馈给用户。

## 1.5　控件的添加与程序框图的编辑

在理解 VI 作用的基础上，接下来的任务是如何在前面板添加控件，以及如何在程序框图添加函数等。

【例 1-1】　前面板控件的添加。

## 设计过程

（1）单击前面板菜单栏中的【查看】选项。

（2）在其弹出的下拉菜单中选择【控件】选板，或者在前面板空白处右击，均可弹出

【控件】选板，如图 1-12 所示。

（3）将鼠标移动到【新式】栏中的【数值】项的位置，屏幕中就会弹出一个窗口，如图 1-13 所示。

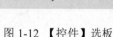

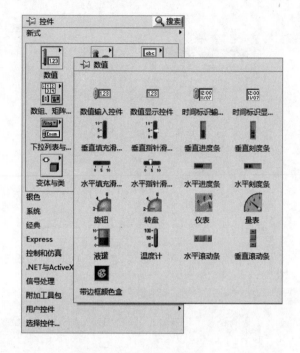

图 1-12 【控件】选板　　　　　　　　　　图 1-13 【数值】子选板

（4）将鼠标放在需要的数值控件上，按住鼠标左键并将其拖动到前面板上适当的地方，松开鼠标左键将需要的控件放入 VI 的前面板。

> 提示：控件选板中常用的控件主要有：【新式】、【系统】、【经典】、【银色】等，用户可以根据自己的喜好和需要来选择。

控件放入前面板的同时，程序框图中会自动出现与控件相对应的连线端子。如果控件为输入控件，其连线端子具有输入引线；如果控件为输出控件，其连线端子具有输出引线。如图 1-14 所示，在前面板中放入输入控件【转盘】和输出控件【量表】时，它们对应的连线端子（与控件具有相同的名称）在程序框图中出现，将这两个连线端子的输入和输出端子连线，目的是将输入控件【转盘】的输入数值传递给显示控件【量表】，运行 VI，前面板中的显示控件【量表】会显示输入控件【转盘】的输入数值。

在前面板中双击某一控件，VI 的窗口自动切换到程序框图，并且与之对应的连线端子就会显现，并用虚线框出。这一功能便于用户找到控件所对应的连线端子，反之也可在程序框图界面双击连线端子找到前面板中与之对应的控件，这一功能在实际 VI 程序设计过程中很有用处。

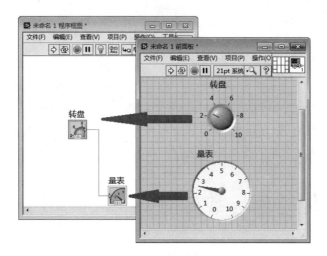

图 1-14　控件放置实例

【函数】选板的打开方法如下。

## 设计过程

（1）在程序框图界面，单击菜单栏中的【查看】选项。

（2）在其弹出的下拉菜单中选择【函数】选板，或者在程序框图界面空白处右击，弹出【函数】选板，如图 1-15 所示。

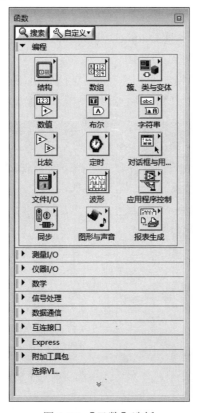

图 1-15　【函数】选板

注意：【函数】选板只可在编辑程序框图时使用。

【函数】选板包含创建框图时可使用的全部对象，其具体使用方式与【控件】选板大体相同，在此不再赘述，读者可以自行实验。【函数】选板中包含的模块种类很多，后续内容中会对这些不同类型函数的使用方法进行详细介绍。

# 1.6 图形化语言与数据流

本节通过一个小例子使读者对 LabVIEW 的图形化语言，以及数据流编程方式有一个形象的认识。

【例 1-2】 3 个输入变量的算术运算。

要求：可以实现两个变量相加的功能，即 Output1 = $x + y$，以及 3 个变量的混合运算 $(x+y)\times z$。

## 运算过程

（1）该程序中有 3 个输入变量 $x$、$y$、$z$，在前面板中加入 3 个数值型输入控件，并修改变量名，如图 1-16 所示。

（2）该程序中有两个输出变量 Output1 和 Output2，在前面板中加入两个数值型输出控件，并修改相应变量名，如图 1-16 所示。

（3）在程序框图中加入"相加"和"相乘"函数，如图 1-17 所示。（程序框图是对输入控件的输入变量进行相应的运算，将运算结果传递给输出控件。）

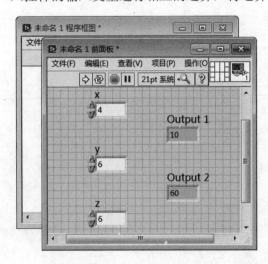

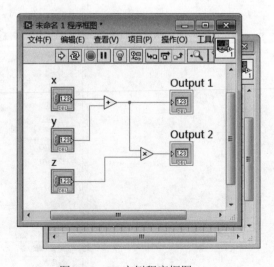

图 1-16　VI 实例前面板　　　　　　　　　图 1-17　VI 实例程序框图

（4）通过连线将 $x$、$y$ 两个输入变量分别与"相加"的两个输入端相连，并将"相加"

的输出端与输出控件 Output1 相连，完成 Output1=$x+y$ 运算的编程，如图 1-17 所示，连线代表数据流动的方向。

（5）通过连线将"相加"的输出端与"相乘"的一个输入端连接，"相乘"的另一个输入端与 $z$ 变量相连，这样保证先使 $x$ 和 $y$ 变量相加，相加的结果与 $z$ 变量的输入值进行相乘，"相乘"的输出端与输出控件 Output2 的输入端相连，如图 1-17 所示，完成将$(x+y)\times z$ 的计算结果送到 Output2 控件显示。

（6）VI 设计完成后，在前面板对 3 个输入控件 $x$、$y$、$z$ 输入具体数值。

（7）在前面板或程序框图菜单栏的【操作】下拉菜单中单击【运行】项，运行程序查看输出控件 Output1 和 Output2 的输出结果。

该过程中各图标的含义如下：

⊳：代表相加运算的函数。

⊳：代表相乘运算的函数。

# 1.7　小结

本章首先对 LabVIEW 的发展历史、技术特点、应用领域等进行概述性的介绍，使读者在对 LabVIEW 有了一个基本的认识后，又介绍了利用 LabVIEW 开启界面建立新 VI 的方法，以及 VI 前面板和程序框图的含义，还介绍了利用控件选板以及函数选板在前面板和程序框图中添加控件和函数的方法，最后通过一个简单的实例使读者对 LabVIEW 的图形化语言以及数据流编程方式有一个更加形象和直观的认识。

# 1.8　思考与练习

（1）简述"虚拟仪器"的概念。

（2）简述"图形化编程语言"的概念。

（3）谈谈你对 LabVIEW 的认识。

（4）利用数值型输入控件输入两个变量 $A$ 和 $B$，如果 $A > B$，输出控件 LED 灯就变亮。

（5）尝试编写一个程序可以完成 $output = a\cos\left[(x+y)\pi\right]$ 运算，其中 $x$、$y$ 和 $a$ 为数值型输入变量，output 为数值型输出变量。

提示：cos 函数和常数 π 可以在函数选板中直接找到。

# 第2章　LabVIEW 编程环境与基本操作

前面对 LabVIEW 自身及其程序开发方法做了定性、宏观以及粗略的介绍，目的是让读者对 LabVIEW 有一个整体的认识。从本章开始，我们将对 LabVIEW 及其程序开发方法进行更详细的介绍。

## 2.1　LabVIEW 编程环境的组成

所谓 LabVIEW 编程环境，是指其开发平台及其组成要件，包括启动界面、前面板、程序框图等。接下来对这几部分进行介绍。

### ▶2.1.1　LabVIEW 启动界面

单击【开始】菜单中的【LabVIEW 2014（32 位）】，或直接双击桌面上的快捷方式图标进入 LabVIEW 启动界面，如图 2-1 所示。

启动界面中主要包括菜单栏、【创建项目】和【打开现有文件】按钮、【VI 和项目创建栏】以及【新近打开 VI 和项目列表栏】。本节将详细介绍它们各自的功能及利用它们启动 LabVIEW 的方法。

### ☗ 设计过程

（1）菜单栏中有 4 个下拉菜单，分别是【文件】、【操作】、【工具】和【帮助】，如图 2-1 所示。由于本节内容主要针对【开启 LabVIEW】，所以我们只针对与之对应的【文件】下拉菜单中的各个功能进行介绍。

（2）单击【文件】按钮，弹出下拉菜单，如图 2-2 所示。利用【新建 VI】选项开启新的 VI 工程的方法已经在第 1.4 节中介绍过，在此不再赘述。此处主要对其他选项的功能进行介绍。

（3）单击图 2-2 中的【新建】按钮，会自动弹出【新建】对话框，如图 2-3 所示。通过此对话框可以新建 VI、项目以及其他文件。

> 提示：新建 VI 可以是之前介绍过的普通 VI，也可以是多态 VI，当然还可以是基于模板的 VI。针对特定应用，LabVIEW 提供了大量的 VI 模板，如【触摸面板】、【框架】和【模拟仿真】等 VI 模板，读者可以根据实际需要选择合适的模板，在其基础上进行程序设计将会达到事半功倍的效果。关于【项目】以及 XControl、库、类、全局变量等其他文件的概念以及新建的方法，将会随着讲解的深入，在之后的章节中陆续介绍。

图 2-1　LabVIEW 启动界面　　　　　　　　图 2-2　【文件】下拉菜单

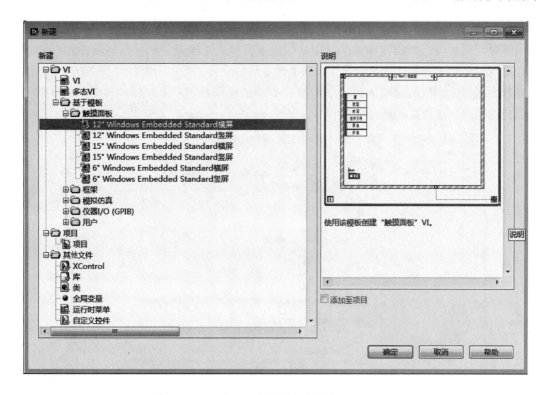

图 2-3　【新建】对话框

（4）单击图 2-2 中的【打开】选项，弹出【选择需打开的文件】对话框，如图 2-4 所示。利用该对话框可以打开现有的所有类型的 LabVIEW 文件。另外，单击图 2-1 中的【打开现有文件】按钮，也会弹出如图 2-4 所示的对话框，实现此功能。

图 2-4 【选择需打开的文件】对话框

（5）单击图 2-2 中的【创建项目】按钮，会弹出【创建项目】对话框，如图 2-5 所示，利用该对话框可以选择创建项目的类别，创建项目包括【模板】和【范例项目】两大类，我们可以通过单击左栏的【全部】、【模板】和【范例项目】选择所需的要建立的项目板块，然后单击右栏中相应的选项即可。单击图 2-1 中的【创建项目】按钮，也会弹出如图 2-5 所示的对话框，实现此功能。

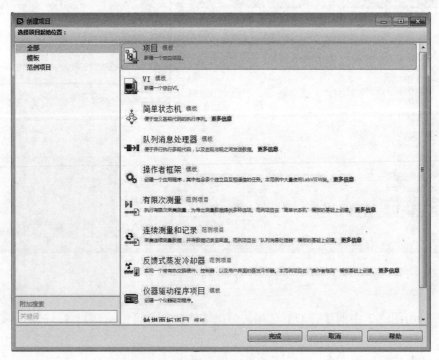

图 2-5 【创建项目】对话框

（6）单击图 2-2 中的【打开项目】按钮，弹出【选择需打开的项目】对话框，利用该对话框可以打开现有的项目文件，该功能与前面的【选择需打开的文件】对话框相似。图 2-2 中还有【近期项目】和【近期文件】两个选项，将鼠标移到这两个选项上就会在其旁边弹出 LabVIEW 近期打开过的所有项目和 VI 列表，通过选择这些列表中的项目和 VI 可以很方便地打开这些文件，该列表在图 2-1 中的【新近打开 VI 和项目列表栏】也有显示，从这两个位置都可以方便地打开近期使用过的项目和 VI 文件。

LabVIEW 项目的功能是用于组合 LabVIEW 文件和非 LabVIEW 特有文件、创建程序生成规范以及部署或下载文件至终端。关于 LabVIEW 项目，后续章节中将会介绍。

## 2.1.2　菜单栏

第 1 章对 LabVIEW 的前面板以及程序框图做过简要介绍，包括它们在 VI 中的职能，以及如何添加控件和对象等。本节将在此基础上对前面板和程序框图的其他方面进行详细介绍。

LabVIEW 的菜单栏有两类：下拉菜单栏和快捷菜单栏。

下拉菜单栏如图 2-6 所示。右击前面板或程序框图中的对象（如控件、端子或函数等），就会弹出其相应的快捷菜单，如图 2-7 所示。快捷菜单又称【弹出菜单】。快捷菜单中的选项取决于选项的对象类型，对象类型不同，其快捷菜单的选项也不同。 LabVIEW 的下拉菜单也称主菜单，包括【文件（F）】、【编辑（E）】、【查看（V）】、【项目（P）】、【操作（O）】、【工具（T）】、【窗口（W）】和【帮助（H）】。下面将分别对各个下拉菜单的主要功能进行介绍。

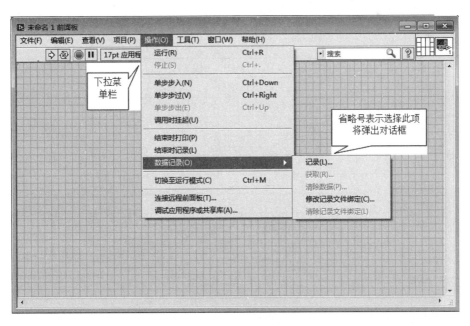

图 2-6　下拉菜单栏

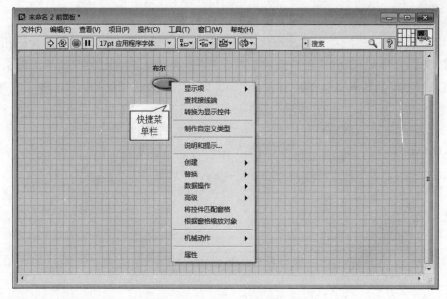

图 2-7　快捷菜单栏

### 1.【文件】菜单

【文件】菜单主要包括与文件操作相关的选项，如可以用来创建、打开、关闭、保存和打印 VI 等，某些选项具有快捷键操作（在选项旁边列出），在不打开下拉菜单的情况下，可以直接按照快捷方式的击键序列进行操作。【文件】菜单中各选项主要功能简介见表 2-1。

表 2-1　【文件】菜单中各选项主要功能简介

| 选　　项 | 功　　能 |
| --- | --- |
| 新建 VI | 创建新的 VI |
| 新建 | 打开【新建】对话框，选择需要创建的不同类型的文件 |
| 打开 | 打开需要的现有文件 |
| 关闭 | 关闭当前窗口（或 VI） |
| 关闭全部 | 关闭所有窗口 |
| 保存为前期版本 | 将当前 VI 保存为以前的版本 |
| 还原 | 恢复 VI 上次保存的版本 |
| 创建项目 | 创建新的项目 |
| 打开项目 | 打开现有的项目 |
| 保存项目 | 保存当前项目 |
| 关闭项目 | 关闭当前项目 |
| 页面设置 | 编辑打印设置 |
| 打印 | 打印 VI |
| 打印窗口 | 打印前面板 |
| VI 属性 | 打开 VI 属性对话框 |
| 近期项目 | 快速打开最近访问过的项目 |
| 近期文件 | 快速打开最近访问过的文件 |
| 退出 | 退出 LabVIEW |

## 2.【编辑】菜单

【编辑】菜单主要用于 VI 前面板和程序框图中对象的修改，其主要功能见表 2-2。编辑时，撤销和重做选项非常有用，因为在执行后可以使用该选项撤销操作，并且撤销操作后还可以重做，默认情况下，每个 VI 最大可撤销的步数为 8，如果实际情况需要，可以增加或减少该步数。

表 2-2　【编辑】菜单中各选项主要功能简介

| 选　项 | 功　能 |
|---|---|
| 撤销 | 撤销上一步操作 |
| 重做 | 恢复被撤销的操作 |
| 剪切 | 剪切 |
| 复制 | 复制 |
| 粘贴 | 粘贴 |
| 删除 | 删除选中的对象 |
| 选择全部 | 选中当前窗口中所有的对象 |
| 当前设置为默认值 | 设置控件的当前值作为默认值 |
| 重新初始化为默认值 | 将所有控件重新初始化为默认值 |
| 自己定义控件 | 自定义控件 |
| 导入图片至剪切板 | 从文件导入图片 |
| 设置 Tab 键顺序 | 设置 Tab 键选择控件对象的顺序 |
| 删除断线 | 删除框图中所有的错误连线 |
| 从层次结构中删除断点 | 从 VI 层次结构中删除断点 |
| 从所选项创建 VI 片段 | 将选择 VI 的部分程序框图创建.png 图片文件 |
| 创建子 VI | 将框图中的对象转化为子 VI |
| 禁用前面板网格对齐 | 前面板网格对齐功能禁用 |
| 对齐所选项 | 对齐选中的前面板对象 |
| 分布所选项 | 分布选中的前面板对象 |
| VI 修订历史 | 编辑当前 VI 的修订历史 |
| 运行时菜单 | 编辑运行时菜单，定制用户需要的选项 |
| 查找和替换 | 查找或替换选中的对象 |
| 显示搜索结果 | 显示搜索结果 |

## 3.【查看】菜单

【查看】菜单主要用于显示 LabVIEW 开发环境窗口的选项（错误列表窗口、启动窗口和导航窗口），同时也可显示选板以及与项目相关的工具栏，其主要功能见表 2-3。其中某些菜单项仅出现在特定的操作系统或特定的 LabVIEW 开发系统中，只有在项目浏览器中选择某个选项或某个 VI 后，才显示该菜单项。

表 2-3　【查看】菜单中各选项主要功能简介

| 选　项 | 功　能 |
|---|---|
| 控件选板 | 显示控件选板 |
| 函数选板 | 显示函数选板 |
| 工具选板 | 显示工具选板 |

| 选　项 | 功　能 |
|---|---|
| 快速放置 | 显示快速放置对话框 |
| 断点管理器 | 显示断点管理器窗口，启用、禁用或清理 VI 层次结构中的断点 |
| 探针监视窗口 | 显示探针监视窗口，查看流经探针连线的数据 |
| 事件检查器窗口 | 查看运行时队列中的事件，显示哪些 VI 的事件结构有注册事件，以及哪个事件结构来处理某个事件 |
| 错误列表 | 显示错误和警告，用于纠正断开的 VI 和调试可执行 VI |
| 加载并保存警告列表 | 查看要加载或保存项的警告详细信息 |
| VI 层次结构 | 显示 VI 层次结构窗口，用于查看内存中 VI 的子 VI 和其他节点，并搜索 VI 的层次结构 |
| LabVIEW 类层次结构 | 显示 LabVIEW 类层次结构窗口，用于查看内存中 LabVIEW 类的层次结构并搜索 LabVIEW 类的层次结构 |
| 浏览关系 | 查看当前 VI 及其层次结构，包含的选项：本 VI 的库、本 VI 的调用方、本 VI 的子 VI、未打开的子 VI、未打开的自定义类型、可重入项 |
| 书签管理器 | 打开书签管理器窗口，用于查找和显示应用实例中的所有书签 |
| 项目中本 VI | 显示包含当前选定 VI 的项目浏览器窗口 |
| 类浏览器 | 显示类浏览器窗口，用于选择可用的对象库，并查看该库中的类、属性和方法 |
| 内存中的.NET 程序集 | 显示内存中的.NET 程序集对话框，该对话框包含了 LabVIEW 在内存中的全部程序集，用于验证 LabVIEW 是否为使用.NET 对象的项目和 VI 加载了正确的程序集 |
| ActiveX 控件属性浏览器 | 显示 ActiveX 控件属性浏览器，用于查看和设置与 ActiveX 容器中的 ActiveX 控件或文档相关的所有属性 |
| 启动窗口 | 显示启动窗口 |
| 导航窗口 | 显示导航窗口 |
| 工具栏 | 用于显示或隐藏标准、项目、生成和源代码控制工具栏。该工具栏仅出现在项目浏览器窗口 |

### 4.【项目】菜单

　　【项目】菜单主要用于执行基本的文件操作，如打开、关闭、保存项目，根据程序生成规范创建程序，以及查看项目信息。只有在加载项目后，【项目】菜单选项才可用。【项目】菜单中各选项主要功能简介见 2-4。

表 2-4　【项目】菜单中各选项主要功能简介

| 选　项 | 功　能 |
|---|---|
| 创建项目 | 打开创建项目对话框，创建一个新项目 |
| 打开项目 | 显示标准文件对话框，用于打开项目文件 |

续表

| 选　　项 | 功　　能 |
| --- | --- |
| 保存项目 | 保存当前项目（第一次保存项目时，弹出的对话框用于确认文件名和保存地址） |
| 关闭项目 | 关闭当前项目及其项目文件（弹出的对话框用于确认是否保存对项目或文件的改动） |
| 添加至项目 | 提供可添加至项目的选项，选项包括：新建 VI、新建、文件、文件夹（快照）、文件夹（自动更新）、超级链接 |
| 筛选视图 | 显示或隐藏项目浏览器中的依赖关系和程序生成规范 |
| 显示项路径 | 显示项目浏览器中的路径栏 |
| 文件信息 | 显示项目文件信息对话框 |
| 解决冲突 | 显示解决项目冲突对话框。只有在项目中存在冲突时，LabVIEW 才启用该选项 |
| 属性 | 显示项目属性对话框 |

## 5.【操作】菜单

【操作】菜单包含控制 VI 操作的各类选项，也可用于调试 VI。某些菜单选项仅出现在特定的操作系统或特定的 LabVIEW 开发系统中，只有在项目浏览器中选择某个选项或某个 VI 后，才显示该菜单项。【操作】菜单中各选项主要功能简介见表 2-5。

表 2-5　【操作】菜单中各选项主要功能简介

| 选　　项 | 功　　能 |
| --- | --- |
| 运行 | 运行 VI |
| 停止 | 在执行结束前停止 VI 的运行 |
| 单步步入 | 打开节点然后暂停。再次选择单步步入，将执行第一个操作，然后在子 VI 或结构的下一个动作前暂停 |
| 单步步过 | 执行节点，并在下一个节点前暂停 |
| 单步步出 | 结束当前节点的操作，并暂停 |
| 调用时挂起 | 在 VI 作为子 VI 被调用时挂起 |
| 结束时打印 | 在 VI 运行后打印前面板 |
| 结束时记录 | 在 VI 结束操作时进行数据记录 |
| 数据记录 | 打开数据记录功能。数据记录包含：记录、获取、清除数据、修改记录文件绑定、清除记录文件绑定 |
| 切换至运行模式 | 切换 VI 至运行模式，使 VI 运行或处于预留运行状态 |
| 连接远程前面板 | 连接并控制运行于远程计算机上的前面板 |
| 调试应用程序或共享库 | 显示调试应用程序或共享库对话框，调试独立应用程序或共享库（已启用应用程序生成器进行调试） |

## 6.【工具】菜单

【工具】菜单主要用于配置 LabVIEW、项目或 VI。某些菜单项仅出现在特定的操作系统或特定的 LabVIEW 开发系统中，只有在项目浏览器中选择某个选项或某个 VI 后，才显示该菜单项。对于重入 VI 的副本 VI，工具栏中的源代码控制操作选项不可用。【工具】菜单中各选项主要功能简介见表 2-6。

表 2-6 【工具】菜单中各选项主要功能简介

| 选　项 | 功　能 |
|---|---|
| Measurement & Automation Explorer | 用于配置连接在系统上的仪器和数据采集硬件 |
| 仪器 | 包含用于查找或创建仪器驱动程序的工具，包括：查找仪器驱动、创建仪器驱动项目、高级开发、访问仪器驱动网 |
| 比较 | LabVIEW 专业版开发系统支持该选项，包含：比较 VI、显示差别、比较 VI 层次结构 |
| 合并 | 访问合并函数。LabVIEW 专业版开发系统支持该选项。包含选项：合并 VI、合并 LLB |
| 性能分析 | 包含性能分析函数。包含选项：性能和内存、显示缓冲区分配、VI 统计、查找可并行循环 |
| 安全 | 包含用于安全保护功能。包含选项：登录、更改密码、注销、域账号管理器 |
| 用户名 | 显示用户登录对话框，用于设置或更改 LabVIEW 用户名 |
| 通过 VI 生成应用程序（exe） | 显示通过 VI 生成应用程序对话框，可在创建的独立生成规范中添加应用程序属性对话框源文件页开始 VI 目录树中打开的 VI。LabVIEW 专业版开发系统和应用程序生成器支持该项 |
| 转换程序生成脚本 | 显示转换程序生成脚本对话框，用于将程序生成脚本文件（.bld）的设置由前期 LabVIEW 版本转换为新项目中的程序生成规范。LabVIEW 专业版开发系统和应用程序生成器支持该项 |
| 源代码控制 | 包含源代码控制操作。LabVIEW 专业版开发系统支持该选项。源代码控制包含以下选项：获取最新版本、签入、签出、撤销签出、添加至源代码控制、删除源代码控制、显示历史信息、显示差别、属性、刷新状态、运行源代码控制客户端、配置源代码控制 |
| LLB 管理器 | 显示 LLB 管理器窗口，用于复制、更名、删除 VI 库中的文件。也可将 VI 标记为库中的顶层 VI。LLB 管理器窗口中所作的改动不能被撤销 |
| 导入 | 包含用于管理.NET 和 ActiveX 对象、共享库和 Web 服务的功能。包含的选项：.NET 控件至选板、ActiveX 控件至选板、共享库、Web 服务 |
| 共享变量 | 包含共享变量函数。包含注册计算机选项显示注册远程计算机对话框，用于注册非本地子网上的计算机。指定计算机的名称或 IP 地址。然后可将共享变量绑定至计算机 |
| 分布式系统管理器 | 显示 NI 分布式系统管理器对话框，用于在项目环境之外编辑、创建和监控共享变量 |
| 在磁盘上查找 VI | 显示在磁盘上查找 VI 窗口，用于在目录中根据文件名查找 VI |
| NI 范例管理器 | 显示 NI 范例管理器对话框，配置在 NI 范例查找器中显示的范例 VI |
| 远程前面板连接管理器 | 管理所有通向服务器的客户流量 |
| Web 发布工具 | 显示 Web 发布工具对话框，用于创建 HTML 文件，并嵌入 VI 前面板图像 |
| Create Data link | 显示数据链接属性对话框 |
| VI package Manager | 打开 VI package Manager 免费版软件 |
| 操作者框架消息制作器 | 打开操作者框架消息制作器对话框，用于为祖消息类创建子类 |
| 查找 LabVIEW 附加软件 | 启动 JKI VI Package Manager (VIPM) software，可使用 VIPM 访问在 LabVIEW 工具包网址上的 LabVIEW 附加软件和其他代码 |
| 控制与仿真 | 可访问 PID 和模糊逻辑 VI 工具 |
| 高级 | 包含 LabVIEW 高级功能。包含选项：批量编译、清空已编译目标缓存、编辑错误代码、编辑选板、创建或编辑 Express VI、导出字符串、导入字符串 |
| 选项 | 显示选项对话框，自定义 LabVIEW 环境，以及 LabVIEW 应用程序的外观和操作 |

### 7.【窗口】菜单

【窗口】菜单主要用于设置当前窗口的外观。【窗口】菜单最多可显示 10 个打开的窗口。单击窗口即可使该窗口处于活动状态。打开 LabVIEW 项目可显示不属于其他窗口（如前面板或程序框图）的单独窗口。某些菜单项仅出现在特定的操作系统或特定的 LabVIEW 开发系统中只有在项目浏览器中选择某个选项或某个 VI 后，才显示该菜单项。【窗口】菜单中各选项主要功能简介见表 2-7。

表 2-7　【窗口】菜单中各选项主要功能简介

| 选　项 | 功　能 |
|---|---|
| 显示前面板/显示程序框图 | 显示当前 VI 的前面板或程序框图 |
| 显示项目 | 显示项目浏览器窗口，其中的项目包含当前 VI |
| 左右两栏显示 | 分左右两栏显示打开的窗口 |
| 上下两栏显示 | 分上下两栏显示打开的窗口 |
| 最大化窗口 | 最大化显示当前窗口 |
| 全部窗口 | 显示全部窗口对话框，用于管理所有打开的窗口 |

### 8.【帮助】菜单

【帮助】菜单包含对 LabVIEW 功能和组件的介绍、全部的 LabVIEW 文档，以及 NI 技术支持网站的链接。某些菜单项仅出现在特定的操作系统或特定的 LabVIEW 开发系统中，只有在项目浏览器中选择某个选项或某个 VI 后，才显示该菜单项。【帮助】菜单中各选项主要功能简介见表 2-8。

表 2-8　【帮助】菜单中各选项主要功能简介

| 选　项 | 功　能 |
|---|---|
| 显示即时帮助 | 显示即时帮助窗口 |
| 锁定即时帮助 | 可锁定或解除锁定即时帮助窗口的显示内容 |
| LabVIEW 帮助 | 显示 LabVIEW 帮助。帮助文件包含 LabVIEW 选板、菜单、工具、VI 和函数的参考信息。LabVIEW 帮助还提供使用 LabVIEW 功能的分步指导信息 |
| 解释错误 | 提供关于 VI 错误的完整参考信息 |
| 本 VI 帮助 | 直接查看 LabVIEW 帮助中关于 VI 的完整参考信息 |
| 查找范例 | 查找范例 VI。用户可根据需要修改范例，或者通过复制、粘贴在所创建的 VI 中使用范例 VI |
| 查找仪器驱动 | 显示 NI 仪器驱动查找器，查找和安装 LabVIEW 即插即用仪器驱动 |
| 网络资源 | 可直接链接至 NI 技术支持网站、知识库和其他在线资源 |
| 激活 LabVIEW 组件 | 显示 NI 激活向导，用于激活 LabVIEW 许可证。该选项仅在 LabVIEW 试用模式下出现 |
| 激活附加软件 | 将打开第三方附加软件激活向导。使用该向导可激活或停用第三方 LabVIEW 附加软件 |
| 检查更新 | 显示 NI 更新服务窗口，该窗口通过 ni.com 查看可用的更新 |
| 客户体验改善计划 | 将打开 National Instruments 客户体验改善计划窗口，用于收集客户对 NI 产品的反馈信息，以帮助改进产品。在窗口中选择接受或拒绝参加客户体验改善计划 |
| 专利信息 | 显示 LabVIEW 当前版本（包括工具包和模块）的专利权信息。如需查看产品的最新专利权信息，请访问 NI 网站 |
| 关于 LabVIEW | 显示 LabVIEW 当前版本的概况信息（包括版本号和序列号等） |

## ▶ 2.1.3 工具栏

前面板窗口工具栏上的工具按钮如图 2-8 所示,可以很方便地实现一些常用的程序功能,这些功能包括:运行、连续运行、中止执行、暂停、文本设置、对齐对象、分散对象、调整对象大小、重新排序以及搜索。接下来对各个工具按钮的功能进行详细介绍。

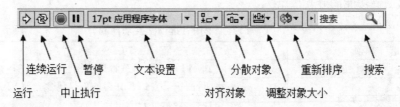

图 2-8　工具栏

在程序没有任何错误的情况下,单击【运行】按钮后,程序进入执行状态;如果单击【连续运行】按钮,程序将连续执行,直到中止或暂停程序。该按钮通常在程序调试时使用;【中止执行】按钮用于强行停止运行中的程序,通常也会在程序编写和调试阶段被使用;【暂停】按钮可以暂时停止运行的程序,程序暂停时【暂停】按钮变为红色,再次单击【暂停】按钮,可使程序继续运行。另外,在暂停状态下可以单步运行程序。当程序存在错误时,【运行】按钮将变成 🔁,此时单击【运行】按钮,可弹出错误列表对话框,如图 2-9 所示,显示错误信息,同时【连续运行】、【中止执行】、【暂停】这 3 个按钮不可用。

图 2-9　错误列表

该工具栏中各参数含义如下。

🔁:【连续运行】按钮。

⇨:【运行】按钮,当单击时变为 🔁。

◉：【中止】按钮。

Ⅱ：【暂停】按钮。

◉：【终止】按钮。

单击【文本设置】按键 `17pt 应用程序字体 ▼`，弹出的下拉菜单用于设置各种界面元素的文本字体、对齐、颜色和大小。

【对齐对象】按钮用于将前面板或程序框图上的多个选中对象按某一规则对齐，对齐规则包括：上边缘对齐、中心水平对齐、下边缘对齐、左边缘对齐、中心竖直对齐以及右边缘对齐。单击【对齐对象】按钮，弹出下拉菜单，如图 2-10 所示，各种对齐方式以图形的方式形象地给出。

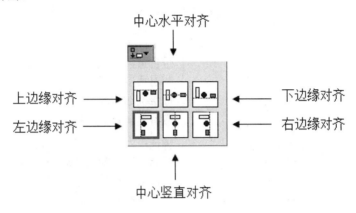

图 2-10　【对齐对象】按钮下拉菜单

【分散对象】按钮用于改变前面板或程序框图上多个选中对象的分布方式，该按钮的下拉菜单中依然通过图形的方式形象地给出各种分布方式，如图 2-11 所示。

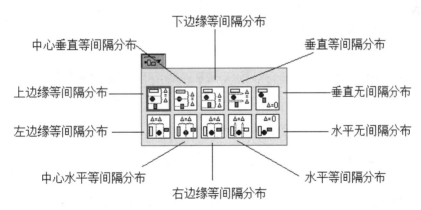

图 2-11　【分散对象】按钮下拉菜单

【调整对象大小】按钮用于将前面板多个被选对象按某种方式调整为相同大小，其下拉菜单中各调整方式如图 2-12 所示。

【重新排序】按钮用于将选定对象组合成一个对象，锁定选中对象的位置，以及改变选中对象的纵深层次和叠放次序。其下拉菜单如图 2-13 所示。

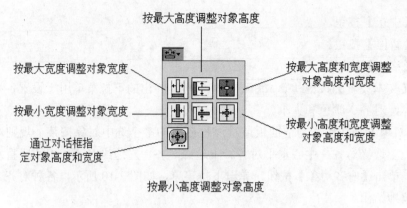

图 2-12 【调整对象大小】按钮下拉菜单

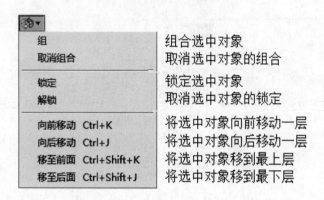

图 2-13 【重新排序】按钮下拉菜单

程序框图工具栏包含很多与前面板工具栏功能相同的按钮，如图 2-14 所示。接下来不对重复的功能按钮进行介绍，只介绍没有重复的按钮。

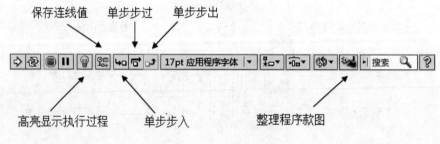

图 2-14 程序框图工具栏

在程序执行过程中，单击【高亮显示执行过程】按钮使其变亮，数据将以气泡的形式沿着节点间的连线一步一步地向前流动，程序的执行过程可以被动态显示，这一功能在程序调试时非常有用。

单击【保存连线值】按钮，LabVIEW 将保存运行过程中的每个数据值，将探针放在连线上时，可立即获得流经连线的最新数据值。

观察程序的运行细节或调试程序时，往往都需要程序按节点逐步运行。LabVIEW 提供了 3 种单步运行的方式：

（1）单击 按钮执行【单步步入】方式，该方式打开一个要执行的程序节点并暂停。再次单击此按钮程序执行第一次动作，并在下一个子程序或程序结构执行前停止。

（2）单击 按钮执行【单步步过】方式，该方式首先执行打开的程序细节，然后停止在下一个节点处。

（3）单击 按钮执行【单步步出】方式，该方式执行完当前节点内容立即停止。

使用单步执行可以清楚地查看程序的执行顺序和数据的流动方向，进而判断程序逻辑的正确性。

- ：对象分布。
- ：对齐对象。
- ：调整对象大小。
- ：重新排序。
- ：高亮显示执行过程，变亮为 。
- ：保存连线值。
- ：单步步入。
- ：单步步过。
- ：单步步出。

## ▶2.1.4 【工具】选板

由于使用图形化语言进行程序设计，所以 LabVIEW 需要并且也提供了很多必要的工具进行调试程序，以及操作、编辑和修饰前面板和程序框图中的对象。通常，启动 LabVIEW 后不会显示这些工具，可以通过选择工具栏中【查看】下拉菜单中的【工具】选板来显示这些工具，如图 2-15（a）所示。【工具】选板在前面板和程序框图中都可以显示。

LabVIEW 提供的所有工具都在【工具】选板中给出。另外，按 Shift 键并右击，光标所在位置也将出现【工具】选板，如图 2-15（b）所示。通过光标单击选板上的工具图标，可以选择合适的工具对前面板和程序框图中的对象进行修饰和编辑等操作，或使用 Tab 键按其在选板上出现的顺序轮选最常用的工具，如果光标在工具图标上停留 2s 后，就会弹出说明该工具功能的提示框。

（a）显示式一

（b）显示式二

图 2-15 【工具】选板

工具栏中各个工具图标的含义见表 2-9。

表 2-9 【工具栏】中各个工具图标的含义

| 图标 | 名称 | 功能 |
|---|---|---|
|  | 自动选择工具 | 选中该工具，光标移到前面板或程序框图的对象上时，LabVIEW 将从工具选板中自动选择相应的工具 |
|  | 操作工具 | 操作前面板中对象的值 |
|  | 定位工具 | 用于选择、移动对象，以及改变对象大小 |
|  | 标签工具 | 创建自由标签和标题、编辑已有标签和标题，或在控件中选择文本 |
|  | 连线工具 | 在程序框图中为对象连线，或者定义子 VI 端口 |
|  | 对象快捷菜单 | 打开对象的快捷菜单。在对象上右击，即可弹出对象的快捷菜单 |
|  | 滚动工具 | 在不使用滚动条的情况下滚动窗口 |
|  | 断点操作工具 | 在 VI、函数、节点、连线、结构或（MathScript RT 模块）MathScript 节点的脚本行上设置或清除断点 |
|  | 探针工具 | 在连线或（MathScript RT 模块）MathScript 节点上创建探针。使用探针工具可查看产生问题或意外结果的 VI 中的即时值 |
|  | 获取颜色 | 可以获取对象某一点的颜色，来编辑其他对象的颜色 |
|  | 着色工具 | 用于给对象上色，包括对象的前背景和背景色 |

提醒：单击【工具】选板上的【自动工具选择】按钮 ✕ ▬▬▬ 或按 Shift+Tab 组合键可开启自动选择工具功能，该功能开启时，光标移到前面板或程序框图的对象上，LabVIEW 将从工具选板中自动选择相应的工具，这会给编程工作带来很大便利。

## ▶ 2.1.5 LabVIEW 帮助

有效地利用帮助信息是学习 LabVIEW 的一条有效途径。LabVIEW 提供的帮助包括：上下文帮助（即时帮助）、联机帮助、范例查找器和网络资源等。

要显示上下文帮助窗口，可以从菜单栏【帮助】按钮的下拉菜单中选择【显示即时帮助】来获得，如果在前面板或程序框图中已放置了对象，则只需将鼠标移到该对象上，该对象的相关信息就会出现在【即时帮助】窗口，如图 2-16 所示。作为例子，我们在程序框图中放入了 ▷ 函数，并将鼠标移到该函数图标上，则关于该函数的帮助信息就在【即时帮助】窗口显示出来了。另外，通过单击工具栏上的 ❓ 按键，也可打开【即时帮助】窗口。在【即时帮助】窗口开启后，可以选择菜单栏【帮助】下拉菜单中的【锁定即时帮助】，此时当鼠标再移动到其他对象上时，【即时帮助】窗口依然保留之前对象的信息不变，即【即时帮助】窗口中的信息被锁定了。

【详细帮助】窗口如图 2-17 所示，该窗口可以通过菜单栏【帮助】下拉菜单中的【LabVIEW 帮助】获得，也可以通过工具栏中的 ▸搜索 🔍 获得。

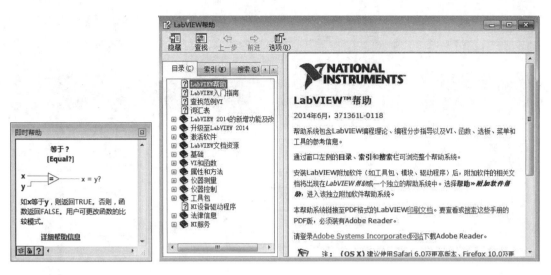

图 2-16　【即时帮助】窗口　　　　　　　　　图 2-17　详细帮助窗口

# ▶2.1.6　导航窗口

　　程序框图或前面板中添加的对象或控件数目太多，或是其过于分散时，可能会由于窗口面积有限而不能够同时将其全部显示出来，这将会给实际应用带来不便，正是基于这个原因，LabVIEW 提供了【导航窗口】功能，来扩大程序框图或前面板的视野范围。单击【主菜单】中的【查看】按钮，在弹出的下拉菜单中选择【导航窗口】选项，将会弹出导航窗口，如图 2-18 所示。

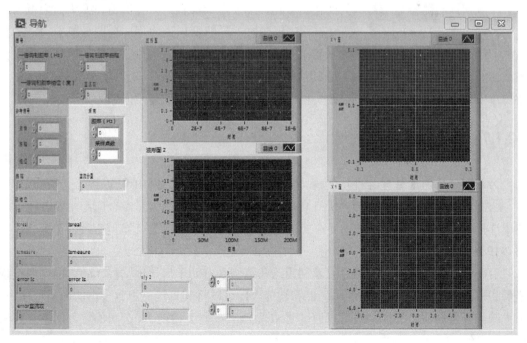

（a）前面板导航窗口

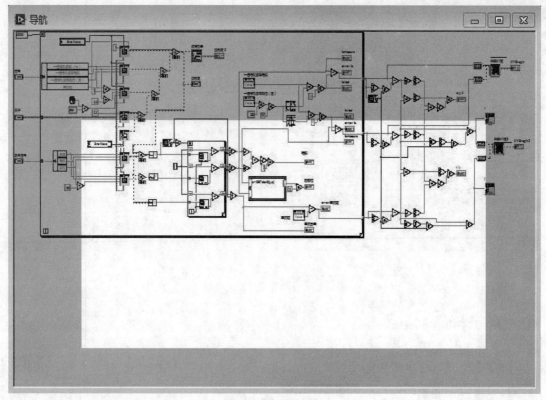

（b）程序框图导航窗口

图 2-18　导航窗口

导航窗口会随着显示窗口的变化而变化，当显示前面板时，导航窗口变为前面板导航窗口，如图 2-18（a）所示；当显示程序框图时，导航窗口变为程序框图导航窗口，如图 2-18（b）所示。导航窗口中包含【亮】和【暗】两部分区域，其中【亮】的区域为程序框图或前面板窗口的显示区域；【暗】的区域为程序框图或前面板窗口没能显示的区域。在导航窗口中拖动【亮】区域，可以改变程序框图或前面板窗口的显示区域。

## ▶2.1.7　范例查找器

为了方便快速地掌握各种功能模块和函数的使用方法，LabVIEW 提供了大量的范例，这些范例几乎包含了 LabVIEW 所有功能的应用实例，并提供大量综合应用实例。在菜单栏中选择【帮助】下拉菜单中的【查找范例】选项，就可开启【NI 范例查找器】窗口，如图 2-19 所示。

对于初学者，多学习、研究以及利用这些范例，有助于尽快地掌握 LabVIEW 的编程思想和方法，而且通过修改和编辑功能相近的 VI，可以将其直接应用到自己的应用程序中，大大减少开发周期。另外，还可以通过【NI 范例查找器】访问 NI 公司的官方网站，获取更多的范例。

图 2-19　NI 范例查找器

## ▶2.1.8　编程环境调整

LabVIEW 安装完成以后，其所有的窗口、选板以及系统运行参数等都是默认的，但这些默认编程环境也许并不能很好地满足使用者的审美需求和使用习惯，所以 LabVIEW 提供了调整编程环境功能。

### ⚙ 设计过程

#### 1. 控件和函数选板编辑

（1）如图 2-20 所示，将鼠标移至【工具】下拉菜单中的【高级】选项，并单击右侧弹出菜单中的【编辑选板】选项，【编辑控件和函数选板】对话框就会被打开，如图 2-21 所示。

（2）在弹出【编辑控件和函数选板】对话框（图 2-21 左侧部分）的同时，待编辑的【控件】选板以及【函数】选板也会同时弹出（图 2-21 右侧部分）。

（3）右击【控件】或【函数】选板中的对象，会弹出如图 2-22 所示的快捷菜单，通过选择相应的选项可以任意编辑选板，如插入子选板、移动子选板、隐藏同步项等功能。

图 2-20 【编辑选板】打开方式

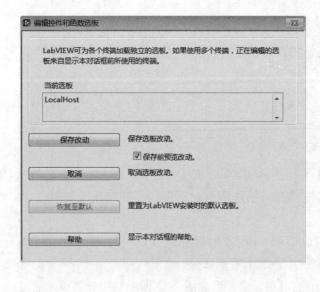

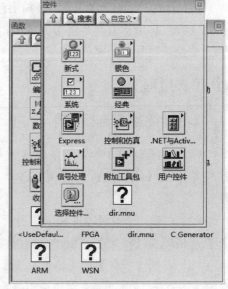

图 2-21 【编辑控件和函数选板】对话框

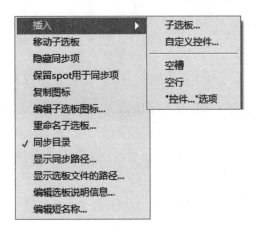

图 2-22　选板编辑快捷菜单

## 2. 环境参数设置

（1）在 LabVIEW 窗口菜单栏中选择【工具】下拉菜单栏中的【选项】，弹出【选项】对话框，如图 2-23 所示。

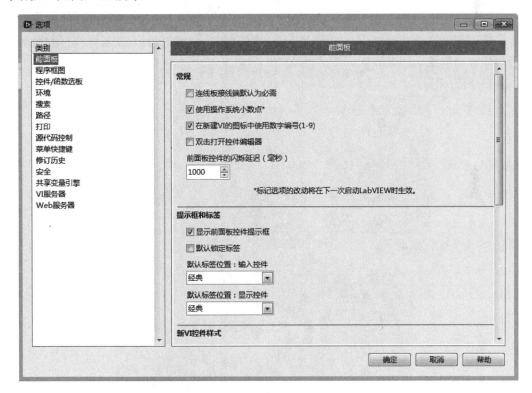

图 2-23　【选项】对话框

（2）在该对话框中可以设置前面板、程序框图、控件/函数选板、环境、搜索、路径、打印等属性。对话框左侧的【类别】栏列出了可以进行设置的选项，选中其中任意一项，与之对应的一系列可选设置或参数就会在该对话框的右侧显示。

# 2.2 VI 的编辑

VI 的编辑分为前面板编辑和程序框图编辑。

## ▶ 2.2.1 前面板编辑

### 1. 控件的选择、移动、复制与删除

1）选择

用户使用鼠标拖动控件选板中需要的控件到前面板上，完成控件的放置后，首先需要选择控件才能对该控件进行进一步编辑。选择控件需要利用工具选板上的定位工具。对于单个控件的选择，只需将定位工具移到要选择的空间上单击控件，如果该控件的轮廓边上出现流动的虚线，说明控件已经被选择，如图 2-24（a）所示。当需要选择多个控件时，有两种方法：① 按住 Shift 键不放，然后逐个使用定位工具单击需要选择的控件，如图 2-24（b）所示；② 使用选择工具，按住鼠标不放拖曳鼠标得到一个虚线的矩形框，使需要选择的控件都能包含在该矩形框内，如图 2-24（c）所示，再松开鼠标，此时选中的控件轮廓边上同样会出现流动的虚线。

⯅：定位工具。

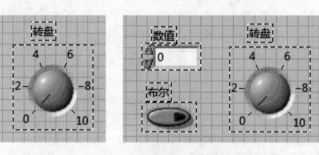

（a）单击　　　　　　　　　　（b）Shift+逐个单击

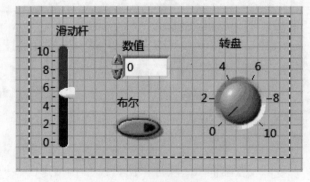

（c）拖曳鼠标选择

图 2-24　使用定位工具选择控件

2）移动

选中控件后，移动控件依然需要使用定位工具 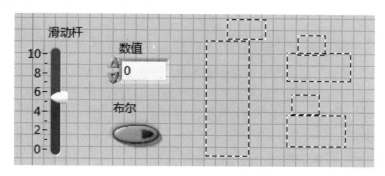。将定位工具移动到选中的控件上，按下鼠标不放并拖动鼠标，如图 2-25 所示，选中对象的虚线轮廓将随着鼠标的位置移动而移动，当控件的轮廓线移动到前面板合适的位置松开鼠标左键，控件将自动移动到之前虚线框所在位置。

图 2-25　移动选择的控件

3）复制

前面板上的多数控件都可以复制，复制的方法有两种：一是选中需要复制的控件，并使用定位工具在控件上按下鼠标不放，同时按住 Ctrl 键，再拖动鼠标到前面板上适当的位置，然后松开鼠标和 Ctrl 键，此时完成选中控件的复制；二是选中需要复制的控件后，利用菜单栏【编辑】下拉菜单中的【复制】和【粘贴】选项来完成控件的复制和粘贴。

4）删除

选中需要删除的控件，按 Delete 键即可删除该控件。通常，这一方法几乎可以删除所有控件，但是不能删除控件或指示器的某个组件，如标签或数字显示，此时必须使用弹出快捷菜单取消选定【显示项】中的【标签】等来隐藏这些组件，如图 2-26 所示。

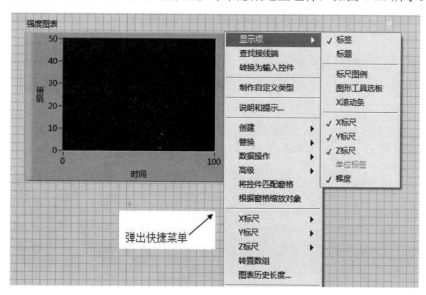

图 2-26　弹出快捷菜单

### 2. 控件的布局和调整

当前面板上放置很多控件时，需要按照一定的规矩进行排布，调整控件的大小、颜色等，使整个前面板的布局合理、整洁、清晰，最好能具有一定的美感，这有助于编程，也有利于编程后软件的操控。

## ⚙ 设计过程

1）控件对齐和分布

（1）将工作层设为 1 层，单击长方体图标■，输入参数，如图 2-27 所示。前面介绍的移动控件的方法在一定程度上可以完成控件在前面板上的布局，但还不够精准和方便，工具栏中的【对齐对象】按钮和【分散对象】按钮分别如图 2-10 和图 2-11 所示，可以对多个控件进行排布。

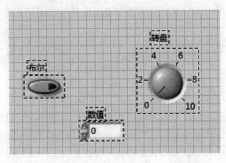

（a）对齐前　　　　　　　　　　　　　　（b）对齐后

图 2-27　下边缘对齐

（2）如图 2-27（a）所示，前面板上放置了 3 个任意摆放的控件，首先选中这 3 个控件，然后单击【对齐对象】按钮的下拉菜单中的【下边缘对齐】按钮，则这 3 个控件的下边缘自动排列在一条水平线上，如图 2-27（b）所示。

（3）如图 2-28（a）所示，前面板上放置了 3 个任意摆放的控件，首先选中这 3 个控件，然后单击【分散对象】按钮的下拉菜单中的【上边缘等间隔分布】按钮，则这 3 个控件的上边缘自动按照相同的间距排布，如图 2-28（b）所示。

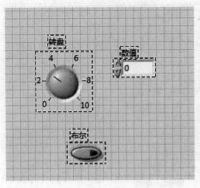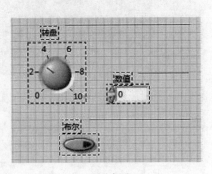

（a）对齐前　　　　　　　　　　　　　　（b）对齐后

图 2-28　上边缘等间隔分布

：对齐按钮。

：分散对象按钮。

：对象对齐按钮。

：下边缘对齐按钮。

：上边缘等间隔分布按钮。

2）调整控件的大小

（1）工具选板上选择定位工具，当鼠标在要进行大小调节的控件上移动时，控件的轮廓线上会出现【尺寸句柄】（蓝色的小圆点），如图 2-29 所示，再将鼠标放在【尺寸句柄】上，鼠标变成双箭头，此时按下鼠标左键不放，则控件出现轮廓线，拖动鼠标，轮廓线随着鼠标位置的移动而变大，轮廓线的大小代表控件尺寸变化之后的大小，然后松开鼠标，控件尺寸变大。按照以上相同的操作也可以将控件变小。

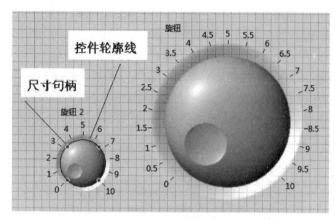

图 2-29　调整控件的大小

（2）除了以上介绍的方法外，还可以利用工具栏中的【调整对象大小】按钮来实现此功能，如图 2-30（a）所示，在前面板放置两个控件，它们的尺寸都是系统默认值，首先选中这两个控件，然后选择【调整对象大小】按钮的下拉菜单中的【按最大宽度调整对象宽度】按钮，则【布尔】控件的宽度变为与【仪表控件】的宽度一致，如图 2-30（b）所示。

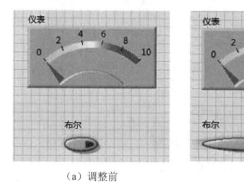

（a）调整前　　　　　　　　　　（b）调整后

图 2-30　最大宽度调整对象宽度

：调整大小按钮。

：按最大宽度调整。

3）控件的组合与锁定

（1）调整完前面板中各个控件的位置和大小后，往往可以将这些控件组成一个【组】，这就可以对这些控件的整体进行位置和大小调整，而不改变控件间的空间位置结构。具体办法是：选中这几个控件，在工具栏中【重新排序】按钮的下拉菜单中选择【组】选项，就将选中控件组合在了一起。如果需要取消组合，在该下拉菜单中选择【取消组合】选项，就将这些控件再次还原回单独的对象了。

（2）在【重新排序】按钮的下拉菜单中选择【锁定】选项，可以将选中对象的位置和大小锁定，锁定后的控件位置和大小都不能改变，而且也不能够删除。如果想再次调整被锁定控件的位置和大小，需要选择下拉菜单中的【解锁】选项来解除选项的锁定。

⚙▼：重新排序按钮。

4）控件属性设置

（1）前面板中控件的大小、字体、颜色、显示模式等都称为控件的属性。很显然，这些属性应该根据实际的需要进行调整和编辑，使整个前面板达到预期的视觉效果。

（2）由于前面板中控件的种类太多，我们不可对其属性的编辑一一进行介绍，所以只选择一种简单的控件：【布尔】控件，对它的属性及其编辑方法进行介绍。图 2-31 中给出的是输入型布尔控件，实质上它就是一个只能输入 True 或 False 两值的开关，当【布尔】开关未按下时，其输出值为【False】，当【布尔】开关被按下时，其输出值为【True】，如图 2-31 所示。使用【操作值】工具，鼠标单击【布尔】控件，可以使它在两个输出值之间切换。

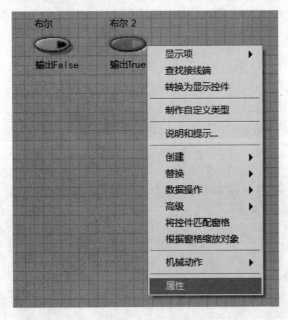

图 2-31 【布尔】开关的 True 和 False 值

👆：操作值。

（3）右击【布尔】控件，在弹出的快捷菜单中选择【属性】选项，弹出【布尔】属性对话框，如图 2-32 所示。【布尔】属性对话框中主要包括以下几个选项。

图 2-32  【布尔】属性对话框

① 外观：设置控件开/关时的颜色，文本和标签的显示与隐藏等功能。

② 操作：设置布尔控件的机械动作方式。

③ 说明信息：为控件添加描述和提示信息。

④ 数据绑定：将控件与网络上相应的数据源相连接。

⑤ 快捷键：设置该控件的快捷键。

### 3. 对象着色

虽然前面板及其控件的颜色已由系统自动设定，但也可以利用工具选板中提供的颜色工具来进行调整。选择工具选板中的【选择颜色工具】，这时鼠标变为画笔的形状，将鼠标移到需要编辑颜色的控件上，然后右击，显示颜色面板自动弹出，如图 2-33 所示，利用它可以为控件选择需要的颜色。前面板或程序框图的背景颜色也可以按照以上的步骤来改变，只不过是将鼠标移到面板或框图的空白处右击。需要注意的是，【系统】风格控件的颜色由操作系统决定，不能改变。

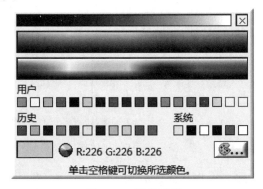

图 2-33  颜色面板

单击颜色面板中右下角的按钮可以访问颜色对话框，如图 2-34 所示。红、绿、蓝 3 个颜色组件中的每一个描述 24 位颜色中的 8 位（颜色对话框的右下角），因此每个组件具有 0～255 的范围。在选项板中，最后显示的颜色为当前颜色，用户可以用颜色工具单击对象，从而使对象设置为当前颜色。

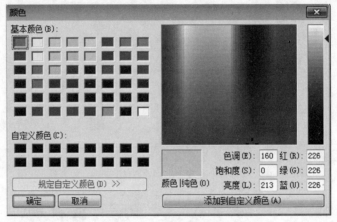

图 2-34　颜色对话框

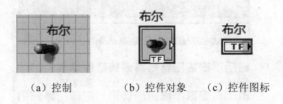：选择颜色工具。

：访问颜色定制对话框。

## ▶ 2.2.2　程序框图编辑

程序框图是用于进行图形化语言（G 语言）编程的界面。本节对其编辑的相关内容进行介绍。

### 1. 程序框图中的控件对象

⚙ 设计过程

（1）程序框图中的控件对象实质上是前面板上控件的连线端子，当在前面板中添加控件后，如图 2-35（a）所示，在程序框图中会自动生成该控件的连线端子，如图 2-35（b）所示。双击前面板控件可以找到程序框图中与之对应的连线端子；反之，双击程序框图中的连线端子可以找到与之对应的前面板控件。

（a）控制　　　（b）控件对象　　　（c）控件图标

图 2-35　程序框图中的控件

（2）默认情况下，程序框图中的控件对象以图标的形式显示，如图 2-35（b）所示，尺度比较大，但可以换一种显示形式来减小空间。将光标移到程序框图的控件对象上，然后右击，在弹出的快捷菜单中选择【显示为图标】项，控件对象就变成【数据类型】形式显示，如图 2-35（c）所示，这样可以减小占用的空间。当然，数据类的显示形式也可以通过以上方式变换回图标的显示型式。

（3）控件用来输入或输出数据。例如，开关型输入控件可以输入 True（1）或 False（0）两种数据。通常，不同类型的控件对应不同的数据类型，有过编程经验的人都知道数据类型的重要性，为突出这一点，程序框图中的不同数据类型的控件对象用不同的颜色表示。表 2-10 中布尔型数据类型的控件对象是绿色的，字符串型数据类型的控件对象是粉色的。

表 2-10　不同数据类型的控件对象的颜色和用途

| 数据类型 | 输入端子图标 | 输出端子图标 | 图标颜色 | 用　途 |
|---|---|---|---|---|
| 布尔 | | | 绿色 | 存储布尔值（True/False），默认值为 False |
| 字符串 | | | 粉色 | 独立于平台的信息和数据保存格式，用于创建简单的文本信息，传递和存储数值数据等，默认值为空字符串 |
| 时间标记 | | | 棕色 | 高精度绝对时间，默认值为 12:00:00.000 AM 1/1/1904 |
| 枚举 | | | 蓝色 | 供用户进行选择的项目列表 |
| 路径 | | | 浅绿 | 使用所在平台的标准语法存储文件或目录的地址，默认值为空路径 |
| 引用句柄 | | | 浅绿 | 对象的唯一标识符，包括文件、设备或网络连接等 |
| 数组 | | | 随成员改变 | 方括号内为数组元素的数据类型，方括号的颜色与数据类型的颜色一致。数组维度增加时方括号变粗 |
| 簇 | | | 棕色或粉色 | 可包含若干种数据类型的元素。簇内所有元素的数据类型为数值型时，簇显示为褐色；如簇中有非数值类型的元素时，簇显示为粉红色。错误簇显示为深黄色，LabVIEW 类簇默认为深红色，报表生成 VI 的错误代码簇为湖蓝色 |
| 波形 | | | 棕色 | 包含波形的数据、起始时间和时间间隔 $\Delta t$ |
| 数字波形 | | | 绿色 | 包含数字波形的起始时间、时间间隔 $\Delta t$、数据和属性 |
| 数字数据 | | | 绿色 | 包含数字信号的相关数据 |
| I/O 名称 | | | 紫色 | 将配置的资源传递给 I/O VI，与仪器或测量设备进行通信 |
| 变体 | | | 紫色 | 包含输入控件或显示控件的名称、数据类型信息和数据本身 |

输入控件端子的边框要比显示控件的边框粗。另外，由于默认数据流的方向是从左到右的，而输入控件一般作为数据流的起点，显示控件一般作为数据流的终点，所以输入控件连线端子的箭头在图标的右侧，输出控件连线端子的箭头在图标的左侧，见表 2-10。

## 2. 程序框图中对象的连线

连线工具由工具选板提供。连线指引数据在程序框图中各对象间流动，连线的颜色、样式和粗细会随着对象的数据类型的不同而变化，每根连线都只能有一个数据源，但可以同时连接到多个接受数据的对象，包括空间对象、函数和子 VI。

对象间的连线可以分为自动连线和手动连线，下面分别对这两种方式进行讲解。

## ⚙ 设计过程

### 1. 自动连线

（1）在程序框图中添加新的函数节点时，自动连线功能是默认被启动的。单击鼠标，从函数选板中拖动一个新的加法节点到程序框图中，将加法节点的输入（或输出）端口移动到框图中另一个节点的输出（或输入）端口一定的距离时，它们之间将会自动连线，如果此时单击鼠标完成新节点的放置，连线也会同时完成。

（2）但是，如果不希望在添加新的函数节点时使用自动连线功能，也可以单击一下空格键将自动连线功能关闭，这时将新节点的连线端口再靠近另一个节点的连线端口，自动连线也不会发生。

（3）对于框图中已有的节点，自动连线功能默认关闭。拖动已有的节点，使其连线端口靠近另一个节点的连线端口，自动连线不会发生。但此时如果需要自动连线功能，可以单击一下空格键，启动自动连线功能。

（4）需要注意的是，自动连线功能发生在两个靠得足够近的连线端子之间。自动连线功能只对数据类型匹配的连线端口有效。自动连线功能的开启和关闭可以通过空格键来切换。

▷：加法节点。

### 2. 手动连线

（1）单击工具选板中的按钮，此时将光标放在对象的连线端或连线上，连线端或连线处于闪烁状态。单击表示选中该连线端，然后移动鼠标，此时会出现一条虚线随鼠标一起移动。该虚线即为连线的一部分。随着框图中连线对象的位置不同，连线能够自动转折。用户如果需要控制连线的转折点，则在希望的转折点处单击即可。当鼠标移动该连线的终点时，目标连线端同样会处于闪烁状态，单击该连线端，即完成一条连线。

（2）连线只能是水平或垂直，为了使程序框图（代码）清晰、可读性强，对于连线的排列和分布，需要做一定的编辑（移动或删除等），但在对任何连线的编辑操作之前，需要选中该连线。

（3）在工具选板中选择定位工具，单击某段连线，则该段连线变成流动的虚线，如图 2-36（a）所示，表明该段连线被选中；如果双击某段连线，则表示要选中该段连线所在的一条支线，如图 2-36（b）所示；如果单击 3 次某连线，则表示要选中与之相通的所有连线，如图 2-36（c）所示。

（4）选择定位工具后，按住 Shift 键，同时单击需要选择的各段连线，让所有单击过的连线都变成流动的虚线，即都被选中，如图 2-37 所示。

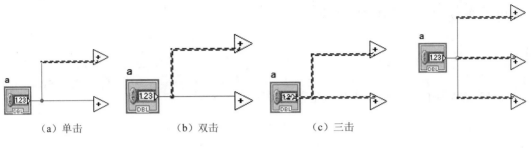

（a）单击　　　　　　　　（b）双击　　　　　　　　（c）三击

图 2-36　连线选择（1）　　　　　　　图 2-37　连线选择（2）

（5）对选中的连线可以进行移动和删除等操作。移动可以是直接使用鼠标拖动，或是使用键盘上的方向键。删除可以使用 Backspace 或 Delete 键。

（6）多个数据源、数据类型不匹配或连线回环等原因，会导致连线失败或不可用，如图 2-38 所示，此时的连线处于断开状态，不能起到引导数据流动的作用，同时程序的运行也不能进行。断开连线为黑色虚线，中间有一个红色【✖】号以及两个箭头，箭头的方向和颜色分别表明数据流动的方向和类型。用户可以右击连线，从弹出的快捷菜单中选择适当的选项对该断线进行处理；也可以在【编辑】下拉菜单中选择【删除断线】（其对应的快捷键为 Ctrl+B）来清除所有断线；或者单击终端的运行按键查看错误列表，在错误列表中单击列出的错误，系统将自动在框图中定位错误连线。

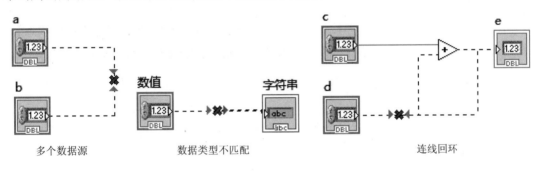

多个数据源　　　　　　　数据类型不匹配　　　　　　　连线回环

图 2-38　断线

（7）另外，当程序框图中对象数量较多，空间距离较小时，连线之间可能会发生重叠，可以使用【整理连线功能】将重叠不清的连线分开，具体操作是：选中需要整理的连线，右击，在弹出的快捷菜单中选择【整理连线】。

：连线。

：定位工具。

：运行。

# 2.3　VI 的运行与调试

编写完程序后，往往都需要对其进行运行和调试来测试能否产生预期的结果，通过这一过程就可以使程序中存在的一些错误暴漏出来。LabVIEW 提供了许多有用的工具，可以帮助用户顺利完成程序的运行和调试工作。

## ▶ 2.3.1 程序的运行

LabVIEW 中的程序运行主要包括以下操作。

### 1. VI 的运行

单击前面板或程序框图工具栏中的【运行】按钮或者选择【操作】下拉菜单中的【运行】选项，都可以使 VI 运行一次。

⇨：【运行】按钮，运行过程中变为 ⇥。

### 2. VI 运行的暂停

在程序运行的过程中单击工具栏中的【暂停】按钮，暂停运行的程序，同时按钮的颜色由原来的黑色变为红色。如果希望程序继续运行，再次单击该按钮，按键再次由红色变为黑色，并且程序将继续运行。

⏸：【暂停】按钮，暂停运行后变为 ⏸。

### 3. VI 的停止

在程序运行的过程中，暂停按钮由编辑状态下的【不可用状态】变为【可用状态】。单击该按钮，可强行停止程序的运行。如果调试过程中程序进入死循环或无法退出，用户可以使用该按钮强行结束程序的运行。

◉：不可用状态。
◉：可用状态。

### 4. VI 的连续运行

单击前面板或程序框图工具栏中的【连续运行】按钮，可以使程序连续运行。在这种状态下，再次单击此按钮，就可以停止连续运行的程序。需要注意，【连续运行】按钮与【运行】按钮在功能上的区别，【运行】按钮只能使程序运行一次，然后停止；而【连续运行】按钮是使程序在运行完一次后继续下一次运行，一遍又一遍地执行下去。

🔁：【连续运行】按钮。单击后变为 🔁。

## ▶ 2.3.2 错误信息

在程序编程的过程中，错误在所难免，所以排错就显得尤为重要。

如图 2-39 所示，程序中出现错误时，可以单击【查看】菜单中的【错误列表】选项，或者直接单击工具栏中的按钮，【错误列表】窗口将自动弹出，系统给出的警告信息和错误提示通过错误列表清晰地给出。可以利用错误列表窗口找到 VI 中出现错误的位置。

🔻：运行。

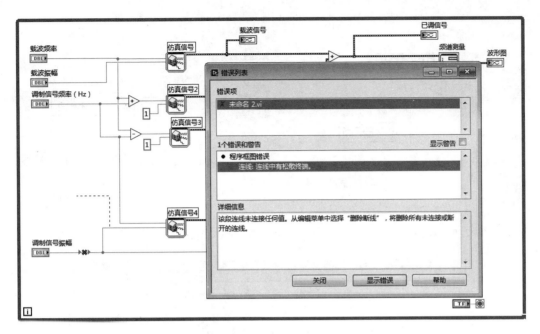

图 2-39　错误列表

### ▶2.3.3　程序的加亮执行

单击程序框图工具栏中的【加亮执行】按钮使其变亮，这样就开启了加亮执行功能，然后再单击【运行】按钮，程序进入加亮执行状态。在此运行状态下，节点间的数据流动采用延连线移动气泡的形式表示，虽然程序加亮执行时的速度大大降低，但可以给用户足够的时间清晰地观察数据流动的情况，以及被处理的次序，有利于发现程序中存在的问题。

：加亮执行，执行后变亮，变亮为 。

### ▶2.3.4　设置断点与探针

用户有时需要在 VI 的某个位置设置断点，来看清楚程序执行的情况。用户使用工具模板上的断点工具就可为代码中的子 VI、节点或连线添加断点；或者右击程序中某个对象或连线，从弹出的快捷菜单中选择【设置断点】。程序运行到断点位置时自动停止运行，用户可以在这一位置开始单步运行。节点上的断点用红框表示，而连线上的断点用红点表示，如图 2-40 所示。

当数据流过框图连线时，用户可使用探针工具检查 VI 运行时的即时数据。要想正确地探测到流过数据线的数据，必须在数据流过之前添加探针。选择工具选板上的【探针工具】，然后单击数据连线可以为数据线添加探针；或者右击数据连线，在弹出的快捷菜单中选择【探针】选项，也可以为数据线添加探针。程序中的探针如图 2-41 所示，探针有标号。探针窗口中列出相应标号的探针，用来显示运行时通过探针所在连线的数据，如图 2-42 所示。

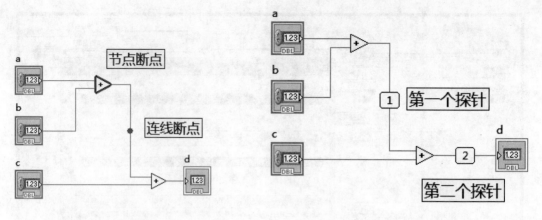

图 2-40　程序中的断点　　　　　　　　　　图 2-41　程序中的探针

图 2-42　探针监视窗口

: 断点工具。

: 探针工具。

## ▶2.3.5　程序注释

有过文本语言，如 C 语言以及 Visual Basic 语言等编程经历的人都知道，为了增加程序的可读性，往往要在一些语句或程序段落中加一些必要的文字说明来对程序的功能进行解释。同样，在 LabVIEW 图形化程序中添加适当的文字注释对程序的功能进行说明也是非常必要的。

在 LabVIEW 程序框图中添加注释方法很简单，双击程序框图中任意合适的位置，就会出现文本输入的提示符，然后直接输入注释文本即可。输入注释后可以对注释的文字进行适当的调整。如图 2-43 所示，对一个段程序添加了【for 循环程序】的注释后，右击注释文字后有快捷菜单弹出，利用该菜单所提供的选项可对注释文字进行文本大小等方面的调整。

另外，在程序的前面板中也可以添加文字注释，方法同上。

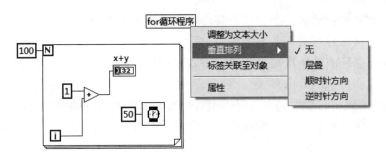

图 2-43　添加注释后的程序

## 2.3.6　程序调试技巧

LabVIEW 对用户的编程过程进行即时语法检查，当程序中存在不符合语法规则的连线或者其他错误时，系统对错误的准确定位能够有效地提高程序调试效率。单击【运行】按钮，将会弹出错误列表对话框，对话框中详细地列出了 VI 程序中的所有错误，并在对话框的下边对每个错误进行了详细的描述及如何修改错误的一些建议。另外，用户还可以通过访问 LabVIEW 的帮助文件来了解该程序的有关问题，以便及时修改。

⇨：【运行】按钮，单击变为 ⬇。

一般来讲，上述程序的错误很多都是显而易见的，不改正程序的错误会直接导致程序无法运行。而大多数情况下，程序虽然可以运行，但无法出现预期的结果。这种错误一般较难发现，查找过程可以按以下步骤进行。

## ⚙ 设计过程

（1）检查连线是否连接适当。可在某连线上连续 3 次单击，则虚线显示与此连线连接的所有连线，以此来检查连线是否存在问题。

（2）使用【帮助】下拉菜单中的【显示即时帮助】功能，来动态显示鼠标所指向函数或子程序的用法介绍以及各端口的定义，然后比对当前的连线，检查连线的正确性。

（3）检查某些函数或子程序的端口默认值，尤其是函数或子程序端口类型是可选型的时候，因为如果不连接端口，则程序运行时将使用默认值作为输入参量进行传递。

（4）选择【查看】下拉菜单中的【VI 层次结构】，通过查看程序的层次结构发现是否有未连接的子程序。因为未连接的函数会使运行按钮变成 ⬇，所以能很容易找到。

（5）通过使用加亮运行方式、单步执行方式以及设置断点等手段检查程序是否按预定要求运行。

（6）通过使用探针工具获取连线上的即时数据，来检查函数或子程序的输出是否存在错误。

（7）检查函数或子程序的输出是否是有意义的数据。在 LabVIEW 中有两种数据是没有意义的：一种是 NaN，表示非数字，一般由无效的数学运算得到；另一种是 Inf，表示无穷大，一般是由运算产生的浮点数。

（8）检查控件和指示器的数据是否有溢出。因为 LabVIEW 不提供数据溢出警告，所以在进行数据转换时存在丢失数据的危险。

（9）当 For 循环的循环次数为 0 时，需要注意此时会产生一个空数组，当调用该空数组时，需要事先做特殊的处理。

（10）检查簇成员的顺序是否与目标端口一致。LabVIEW 在编辑状态下能够检查簇数据的类型和大小是否匹配，但不能检查相同数据类型的成员是否匹配。

（11）检查是否有未连线的 VI 子程序。

# 2.4  小结

本章对 LabVIEW 开发环境以及编程和编辑的基本操作方法进行了较详细的介绍。首先对 LabVIEW 开发平台的重要组成部分的构成、功能、含义和使用方法进行了介绍，其包括启动界面、菜单栏和工具栏，并对这些重要组成部分中经常使用且较重要的项目进行单独的讲解，如 LabVIEW 帮助、导航窗口、范例查找器、编程环境调整。然后，对 VI 前面板和程序框图常用的编辑方法进行了介绍，包括控件和函数的选择、移动、对齐等操作方法，函数的连线方法，以及连线调整的方法等。最后，对 VI 运行和调制的方法和技巧进行了介绍。

# 2.5  思考与练习

（1）简述 LabVIEW 中各选板的功能和使用方法。

（2）产生两个可在 0～10 之间变化的随机数，并在两个不同颜色的仪表中显示，高亮执行并观察数据流。

（3）将 9 个控件在前面板中放置成 3 排，并使每一排和每一列的控件中心对齐。

（4）将 3 个控件放置在前面板上，使它们间距相等且下边缘水平对齐。

（5）简述自动连线和手动连线的区别。

（6）简述如何快速地定位程序框图中的错误。

# 第3章 LabVIEW 数据类型

LabVIEW 的图形化语言，与其他文本语言一样，将数据操作作为其最基本的操作，并且几乎支持所有常用的数据类型及数据运算。当然，由于自身的一些特点，LabVIEW 还拥有一些特有的数据类型。对数据类型的深入了解，是能够利用好 LabVIEW 进行编程的前提。本章将对一些常用的数据类型进行介绍，为后面的学习奠定一定的基础。

## 3.1 数值型

数值型是 LabVIEW 一种基本的数据类型，在前面板【控件】选板/【数值】子控件选板中，如图 3-1 所示，可以看到数值型数据的输入和输出（显示）控件。【数值】子控件选板中不同类型的输入和输出控件，如数值、滑动杆、进度条、旋钮、转盘、仪表、量表、液罐、温度计、滚动条以及颜色盒，本质上都是数值型数据的载体，只是外观和形式有所不同而已。除此以外，在程序框图后面板【函数】选板的【数值】子函数选板中，如图 3-2 所示，可以看到数值型数据的常数，如数值常量、正无穷大、负无穷大、数学与科学常数以及计算机 Epsilon，它们也是数值型数据的载体。

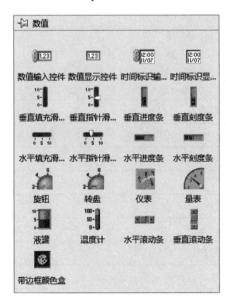

图 3-1 【数值】子控件选板　　　　　图 3-2 【数值】子函数选板

右击前面板或程序框图中的数值型控件、控件对象或常数，从弹出的快捷菜单中选择【表示法】选项，该界面包含数值型数据的所有具体类型以供选择，如图 3-3 所示。

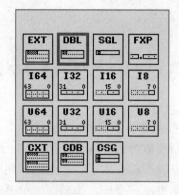

图 3-3　更改数值型控件的具体类型

图 3-3 中包含的数值型数据的具体类型，总体可分为浮点型、整数型和复数型，它们的存储位数和数值范围都有所不同，详细描述见表 3-1。

表 3-1　存储位数和数值范围

| 图标 | 类　　型 | 存储所占位数 | 数　值　范　围 |
|---|---|---|---|
| EXT | 扩展精度浮点型 | 128 | 最小正数:6.48e–4966<br>最大正数:1.19e+4932<br>最小负数:–4.94e–4966<br>最大负数:–1.19e+4932 |
| DBL | 双精度浮点型 | 64 | 最小正数:4.94e–3244<br>最大正数:1.79e+308<br>最小负数:–4.94e–324<br>最大负数:–1.79e+308 |
| SGL | 单精度浮点型 | 32 | 最小正数: 1.40e–45<br>最大正数: 3.40e+38<br>最小负数: –1.40e–45<br>最大负数: –3.40e+38 |
| FXP | 定点 | 64 或 72 | 因用户配置而异 |
| I64 | 有符号 64 位整型 | 64 | –1e19～1e19 |
| I32 | 有符号长整型 | 32 | –2147483648～2147483647 |
| I16 | 有符号双字节整型 | 16 | –32768～32767 |
| I8 | 有符号单字节整型 | 8 | –128～127 |
| U64 | 无符号 64 位整型 | 64 | 0～2e19 |
| U32 | 无符号长整型 | 32 | 0～4294967295 |
| U16 | 无符号双字节整型 | 16 | 0～65535 |
| U8 | 无符号单字节整型 | 8 | 0～255 |
| CXT | 扩展精度浮点复数 | 256 | 与扩展精度浮点数相同，实部、虚部均为浮点 |
| CDB | 双精度浮点复数 | 128 | 与双精度浮点数相同，实部、虚部均为浮点 |
| CSG | 单精度浮点复数 | 64 | 与单精度浮点数相同，实部、虚部均为浮点 |

提示：如果希望调整前面板或程序框图中数值型控件或控件对象的属性，右击控件或控件对象，从弹出的快捷菜单中选择最下面的【属性】。弹出的【数值类的属性】对话框如图 3-4 所示。该对话框共包含 7 个属性配置页面，分别为外观、数据类型、数据输入、显示格式、说明信息、数据绑定和快捷键。

图 3-4　【数值类的属性】对话框

下面对这 7 个属性配置页面的功能进行介绍。

## 1. 外观配置页面

外观配置页面用于指定数值型控件对象的可见元素，包括标签、标题、启用状态、大小、数值显示对象等，对各项功能的说明如下（但某些元素仅适用于部分对象）：

（1）标签：指定对象的自带标签。标签用于识别前面板和程序框图上的对象。

① 可见——显示对象的自带标签并激活文本框，以供用户对标签进行编辑。

② 文本——用作标签的文本。

（2）标题：指定对象的标题。使用标题对前面板控件做详细的说明。该选项对常量或窗格不可用。

① 可见——显示对象的标题，并设置文本框可编辑。

② 文本——标题的文本。

（3）启用状态：设置用户是否对对象进行操作。该选项对窗格不可用，也可使用禁用属性，通过编程表明是否对控件进行操作。

① 启用——用户可操作该对象。

② 禁用——对象在前面板上正常显示，但是用户不能操作该对象。

③ 禁用并变灰——对象在前面板上显示为灰色，用户不能操作该对象。

（4）大小：设置对象的大小，以像素为单位。该选项对窗格和引用数字不可用。

① 高度——对象的高度，以像素为单位。无法设置数值对象的高度。

② 宽度——对象的宽度，以像素为单位。

（5）数值显示对象（下列选项对数值显示对象可用）

① 显示基数——显示对象的基数，通过基数改变数据的格式（如十进制、十六进制、八进制、二进制或 SI 符号）。

② 显示增量/减量按钮——显示对象的增量和减量按钮，改变该对象的值。也可用增量/减量按钮可见属性，通过编程显示或隐藏按钮。

（6）滑块对象（下列选项对"滑块"数值对象可用）

① 滑块或指针——设置所需配置的滑块或指针。也可使用激活滑块属性，通过编程选择滑块。

② 颜色——设置选定滑块的颜色。

- 滑块：所选滑块的前景色。也可使用滑块颜色:前景色属性，通过编程改变所选滑块的前景色。

- 填充：所选滑块的填充颜色。也可用填充颜色属性，通过编程指定颜色。

③ 填充样式——所选滑块的填充样式。也可使用填充样式属性，通过编程指定样式。

- 无填充：取消填充。

- 填充至最小值：从最小值填充至滑块的实际值。该选项为默认。

- 填充至最大值：从滑块的实际值填充至最大值。

- 填充至当前值以下：对具有多个滑块的对象有效。从右击选定的滑块填充到当前值以下滑块。如右击选定的滑块下没有其他滑块，则该选项将填充至最小值。

- 填充至当前值以上：对具有多个滑块的对象有效。从右击选定的滑块的值填充到当前值以上滑块。如右击选定的滑块上没有其他滑块，则该选项将填充至最大值。

④ 显示数字显示框——显示对象的数字显示框，显示对象的数值。

- 显示基数：显示对象的基数，通过基数改变数据的格式（如十进制、十六进制、八进制、二进制或 SI 符号）。

- 显示增量/减量按钮：显示对象的增量和减量按钮，改变该对象的值。也可用增量/减量按钮可见属性，通过编程显示或隐藏按钮。

⑤ 显示当前值提示框——当移动滑块或指针时，显示数值控件的值。也可使用显示当前值提示框属性，通过编程禁用提示框值。

⑥ 添加——添加新滑块或指针。

⑦ 删除——删除所选滑块或指针。

（7）旋转对象（下列选项仅对旋转对象如旋钮、转盘、量表和仪表可用）

① 滑块或指针——设置所需配置的滑块或指针。也可使用激活滑块属性，通过编程选择滑块。

② 指针颜色——所选指针的前景色。也可使用滑块颜色:前景色属性，通过编程改变所选指针的前景色。

③ 锁定在最小值至最大值之间——锁定旋钮或转盘。锁定可防止旋钮或转盘从最小值跳到最大值，或从最大值跳到最小值。禁用该功能可能引起数值的意外跳变。仪表和量表不可使用该选项。

- 跟随鼠标：关联对象至鼠标单击的位置。
- 显示数字显示框：显示对象的数字显示框，显示对象的数值。
- 显示基数：显示对象的基数，通过基数改变数据的格式（例如，十进制、十六进制、八进制、二进制或 SI 符号）。
- 显示增量/减量按钮：显示对象的增量和减量按钮，改变该对象的值。也可用增量/减量按钮可见属性，通过编程显示或隐藏按钮。

④ 显示当前值提示框——当移动滑块或指针时，显示数值控件的值。也可使用显示当前值提示框属性，通过编程禁用提示框值。

⑤ 添加——添加新滑块或指针。

⑥ 删除—　删除所选滑块或指针。

（8）颜色盒对象（下列选项对颜色盒对象可用）

允许透明：允许用户在颜色选择器中选择透明（T）框。也可使用允许透明属性，通过编程允许用户选择透明框。

## 2. 数据类型页

该页用于指定数据类型和范围。用户应当注意的是，设定最大值和最小值时，不能超出该数字类型的数据范围；否则，设定值失效。数据类型页面的各部分功能如下。

（1）表示法：为控件设置数据输入和显示的类型，如整数、双精度浮点等。可以注意到数据类型页面有一个表示法的小窗口，单击它，得到如图 3-3 所示的数值类型选板，各图标对应的数据类型见表 3-1。

（2）定点配置：设置定点数据的配置。启用该选项后，将表示法设置为定点，可配置编码或范围的设置。

- 编码——即设置定点数据的二进制编码方式。带符号与不带符号选项设置定点数据是否带符号。
- 范围——选项设置定点数据的范围，包括最小值和最大值。而所需 delta 选项用来设置定点数据范围中相邻两个数之间的差值。

## 3. 数据输入页

该页用于设置数值对象的数据范围。该页包括以下部分（某些元素仅适用于部分对象）：

- 当前对象——指定要配置的对象。
- 对超出界限的值的响应：增量——当用户键入的数值超出设定数据范围时，设置数值处理方式。有效值包括忽略、强制至最近值、向上强制、向下强制。
- 使用默认界限——针对所选的数据表示格式，设置默认的最小值、最大值和增量值。

取消勾选该复选框，可指定数据的取值范围。

- 最小值——设置数据范围的最小值。
- 最大值——设置数据范围的最大值。
- 增量——设置强制增量。
- 页大小——设置滚动范围的页大小。单击滚动框和箭头间的空白区域时，滚动条值将根据页大小而改变。滚动框的顶部或左侧位置可确定滚动条的值。如最小值为 0，最大值为 10，页大小为 2，则滚动范围为 0～8。页大小的值为 0 时，滚动条的值为最大值。如最小值为 0，最大值为 10，页大小为 0，则滚动范围为 0～10。如页大小的值小于或等于 0，可单击滚动块与箭头间的空间增加页大小（设置页大小为 1）。也可用页大小属性，通过编程设置页大小。
- 对超出界限的值的响应:最小值——当用户键入的数值超出设定数据范围时，设置数值处理方式。有效值包括忽略和强制。
- 对超出界限的值的响应:最大值——当用户键入的数值超出设定数据范围时，设置数值处理方式。有效值包括忽略和强制。

### 4. 显示格式页

该页用于设置数值对象的显示格式和精度。显示格式页包含两种编辑模式，即"默认编辑模式"和"高级编辑模式"，编辑模式选项位于该页的左下方。

如果勾选【默认编辑模式】页，包括以下部分（某些元素仅适用于部分对象）。

（1）类型：指定数值对象的类型。

- 浮点——显示浮点计数法的数值对象。
- 科学计数法——显示科学计数法的数值对象。例如，浮点计数法表示的 60 相当于科学计数法的 6E+1，E 代表 10 的指数幂。
- 自动格式化——按照 LabVIEW 指定的数据格式显示数值对象。LabVIEW 依据数字格式选择科学计数法或浮点计数法。
- SI 表示法——显示的数值对象的 SI 表示法，在数值值后显示测量单位。例如，浮点计数法表示的 6000 相当于 SI 表示法的 6k。
- 十进制——显示十进制格式的数值对象。
- 十六进制——显示十六进制格式的数值对象。有效位为 0 到 F。例如，浮点计数法表示的 60 相当于十六进制的 3c。如数值对象的表示法为浮点型，则该选项不可用。
- 八进制——显示八进制格式的数值对象。有效位为 0～7。例如，浮点计数法表示的 60 相当于八进制的 74。如数值对象的表示法为浮点型，则该选项不可用。
- 二进制——显示二进制格式的数值对象。有效位为 0 和 1。例如，浮点计数法表示的 60 相当于二进制的 111100。如数值对象的表示法为浮点型，则该选项不可用。
- 绝对时间——显示数值对象，即自通用时间 1904 年 1 月 1 日 12:00 a.m. [01-01-1904 00:00:00]经过的秒数。只能通过时间标识控件设置绝对时间。
- 相对时间——显示时间标识（小时、分钟、秒或从 0 起经过的小时、分钟和秒）。例如，相对时间 100 对应于 0 小时 1 分钟 40 秒。

（2）位数：如精度类型为精度位数，该栏可指定小数点后显示的数字位数。如精度类型为有效数字，该栏表示显示的有效数字位数。

对于单精度浮点数，如精度类型为有效位数，建议该值为 1～6。对于双精度或扩展精度浮点数，如精度类型为有效位数，建议该值为 1～13。如数值对象的类型为十进制、十六进制、八进制或二进制，则该选项不可用。

（3）精度类型：设置显示精度位数或者有效数字。如格式为十进制、十六进制、八进制或二进制，则该选项不可用。

- 精度位数——可确定小数点后的数字位数。
- 有效数字——可确定小数点后的有效数字位数。

（4）隐藏无效零：删除数据末尾的无效零。 如格式为十进制、十六进制、八进制或二进制，则该选项不可用。

（5）以 3 的整数倍为幂的指数形式：采用工程计数法表示数值，指数始终为 3 的整数倍。格式为浮点、SI 符号、十进制、十六进制、八进制或二进制时，该选项有效。

（6）使用最小域宽：在数字的左侧和右侧填充 0 或空格。勾选该复选框，可设置最小域宽和填充。

- 最小域宽——所需数据字段宽度。只有勾选使用最小域宽复选框后，该选项才可用。
- 填充——设置在左端或者右端填充空格或零。只有勾选使用最小域宽复选框后，该选项才可用。

> 提示：如果勾选"高级编辑模式"页，包括以下部分（某些元素仅适用于部分对象）。
> （1）格式字符串：指定用于设置数字格式的格式代码。
> （2）合法：表示格式字符串的格式是否有效。
> （3）还原：如格式字符串存在格式错误，单击该按钮可使格式字符串还原至之前的合法格式。
> （4）格式代码类型：设置数值格式代码列表中显示的格式代码类型。数值格式代码——显示用于格式字符串的数值格式代码。 相对时间格式代码——显示用于格式字符串的相对时间格式代码。 绝对时间格式代码——显示用于格式字符串的绝对时间格式代码。
> （5）插入格式字符串：将所选格式代码插入至格式字符串。双击格式代码列表中的格式代码可将其插入格式字符串。

### 5. 说明信息页

该页用于描述该对象的目的，并给出使用说明。具体包括以下部分（某些元素仅适用于部分对象）。

- 输入控件、显示控件和常量——可在说明和提示对话框的说明部分输入控件或常量的说明。可打开说明和提示对话框查看说明，也可将鼠标移至相关的对象，并打开即时帮助窗口查看说明。
- VI 和函数——在说明和提示对话框中，还可为函数选板上的 VI 和函数输入说明信息。即时帮助窗口不显示用户为函数输入的说明信息。

可为说明中的文本添加格式，使其在即时帮助窗口中以粗体显示。如需在即时帮助窗口中显示回车，必须使用两个回车进行分段。

提醒：在 VI 运行过程中，光标移至对象上时，显示对象的简要说明。

### 6. 数据绑定页

该页位于属性对话框，用于将前面板对象绑定至网络发布项目项以及网络上的 PSP 数据项。该页包括以下部分（某些元素仅适用于部分对象）。

（1）数据绑定选择：指定用于绑定对象的服务器。

- 未绑定——指定对象未绑定至网络发布的项目项或 NI 发布订阅协议（NI-PSP）数据项。
- 共享变量引擎（NI-PSP）——（Windows）通过共享变量引擎，使对象绑定至经网络发布的项目项或网络上的 PSP 数据项。
- DataSocket——通过 DataSocket 服务器、OPC 服务器、FTP 服务器或 Web 服务器，使对象绑定至网络上的数据项。如需为对象创建或保存 URL，应创建共享变量，无需使用前面板 DataSocket 数据绑定。

（2）访问类型：指定 LabVIEW 为正在配置的对象设置的访问类型。

- 只读——指定对象从网络发布的项目读取数据，或从网络上的 PSP 数据项读取数据。
- 只写——指定对象在网络发布的项目项或网络上的 PSP 数据中写入数据。
- 读/写——指定对象在网络发布的项目或网络上的 PSP 数据项中读取和写入数据。

（3）路径：指定与当前配置的共享变量绑定的共享变量或数据项的路径。NI 发布订阅协议（NI-PSP）数据项的路径由计算机名、数据项所在的进程名，以及数据项名组成：\\computer\process\data_item。

（4）浏览：显示文件对话框或选择源项对话框，浏览并选择用于绑定对象的共享变量或数据项。单击按钮时显示的对话框由数据绑定选择栏中选定的值确定。

（5）预警开时闪烁：指定控件的连接显示控件在预警触发后是否闪烁。只有安装 LabVIEW DSC 模块后，才显示该复选框。

### 7. 快捷键页

用户在此页面可以自由设置增量、减量，选中和各种数据绑定的相应快捷键操作。

## 3.2 布尔型数据

布尔型数据类型只有两种值或状态，即 1 和 0 值，或真（True）和假（False）状态，相对比较简单。通常情况下，布尔型也被称为逻辑型。在前面板上右击空白处，在弹出的

【控件】选板中选择【布尔】选项，就会弹出【布尔】子选板，如图 3-5 所示。除了布尔型输入（输出）控件外，还有布尔常数，其同样有两种值（True/False），在程序框图空白处右击，在弹出的【函数】选板中选择【布尔】选项，弹出【布尔函数子选板】，如图 3-6 所示，其中 ▣ 和 ▣ 为布尔"真常量"和"假常量"。单击布尔常数，可以使其在两个值之间切换。

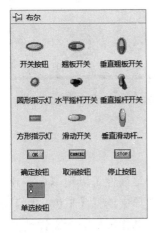

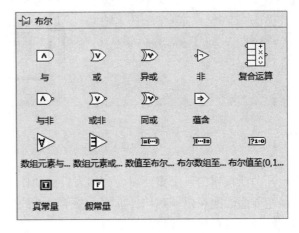

图 3-5　【布尔】子选板　　　　　　　图 3-6　布尔函数子选板

从图 3-5 中可以看到各种布尔型输入和输出控件，如开关、按钮以及指示灯等。开关和按钮为输入控件，其外观的两个状态用于输入不同的布尔值（True/False）。指示灯用于输出布尔值。指示灯"亮"表示输出 True，指示灯"灭"表示输出 True。

【例 3-1】将两个布尔控件的输入值分别进行"与"和"或"逻辑运算，并将结果输出。

⚙ 设计过程

（1）右击程序框图空白处，在弹出的【函数选板】中的【编程】/【结构】中单击【while 循环】，在程序框图适当位置按下鼠标左键并滑动鼠标到适当位置，松开左键后程序框图中出现 while 循环方框，如图 3-7（b）所示。

（2）将图 3-6 中的【假常量】▣ 拖入程序框图，并与 while 循环中的【循环条件】◉ 相连，其目的是使循环一直进行下去。

（3）将图 3-6 中的【与】运算函数 ▲ 和【或】运算函数 ▼ 添加到程序框图中。

（4）在图 3-5 中选择两个输入布尔控件和两个输出布尔控件添加到前面板，如图 3-7（a）所示。

（5）按照图 3-7（b）的方式连接程序框图。

（6）运行程序，利用鼠标改变输入控件的输入值，观察输出结果。

如图 3-7 所示，布尔按钮被按下输入 True，布尔滑动开关滑至左端输入 False，这两个输入量被【与】运算函数 ▲ 运算后输出值在圆形指示灯显示，运算结果为 False，所以指示灯"灭"；这两个输入量被【或】运算函数 ▼ 运算后输出值在方形指示灯显示，运算结果为 True，所以指示灯"亮"。

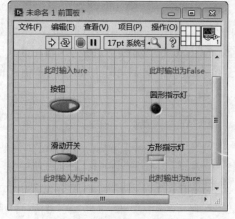
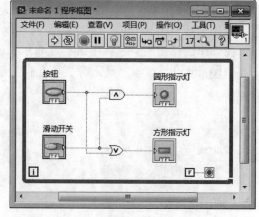

（a）前面板 　　　　　　　　　　　（b）程序框图

图 3-7　布尔控件应用实例

　　布尔开关或按钮的一个重要属性被称为机械动作，使用该属性可以模拟真实开关的动作特性。在前面板的布尔输入控件上右击，从弹出的快捷菜单中选择【机械动作】选项，弹出布尔控件机械动作选择界面，如图 3-8 所示。各种机械动作图标的含义详细说明见表 3-2。

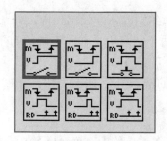

图 3-8　布尔控件机械动作选择界面

表 3-2　各种机械动作图标的含义详细说明

| 机械动作图标 | 动 作 名 称 | 动 作 说 明 |
|---|---|---|
|  | 单击时转换 | 按下鼠标时改变值，并且新值一直保持到下一次按下鼠标为止 |
|  | 释放时转换 | 按下鼠标时值不变，释放鼠标时值改变，并且新值一直保持到下次释放鼠标为止 |
|  | 保持转换直到释放 | 按下鼠标时值改变，保持新值一直到释放鼠标时为止 |
|  | 单击时触发 | 按下鼠标时改变值，保持新值一直到被 VI 读取一次为止 |
|  | 释放时触发 | 释放鼠标时改变值，保持新值一直到被 VI 读取一次为止 |
|  | 保持触发直到释放 | 按下鼠标时改变值，保持新值一直到释放鼠标，并被 VI 读取一次为止 |

　　在前面板的布尔控件上右击，从弹出的快捷菜单中选择属性菜单项，可打开如图 3-9 所示的布尔属性对话框。这里仅对外观页面及操作页面进行简单说明，其余部分可参考前面对数值属性对话框的介绍。

图 3-9　布尔属性对话框

### 1. 外观页

打开布尔控件属性对话框，外观页面为默认页面。可以看到，该页面与数值型数据属性对话框中的外观设置页面基本一致。本节只介绍与数值控件外观页面不同的选项及其相应功能。

- 开：设置布尔对象状态为 True 时的颜色。
- 关：设置布尔对象状态为 False 时的颜色。
- 显示布尔文本：在布尔对象上显示用于指示布尔对象状态的文本，同时使用户能够对开始文本和关时文本进行编辑。
- 文本居中锁定：将显示布尔对象状态的文本居中显示；也可使用锁定布尔文本居中属性，通过编程将布尔文本锁定在布尔对象的中部。
- 多字符串显示：允许为布尔对象的每个状态显示文本。如取消勾选，在布尔对象上将仅显示关时文本框中的文本。
- 开时文本：布尔对象状态为 True 时显示的文本。
- 关时文本：布尔对象状态为 False 时显示的文本。
- 文本颜色：说明布尔对象状态的文本颜色。

### 2. 操作页

该页面用于为布尔对象指定按键动作，包括按键动作、动作解释、所选动作预览和指示灯等选项，各项功能如下。

（1）按键动作：用于设置布尔对象的动作，与表 3-2 中列出的动作对应。

（2）动作解释：描述选中按键的动作。

（3）所选动作预览：显示具有所选动作的按钮，用户可测试按键的动作。

（4）指示灯：当预览按键的值为 True 时，指示灯变亮。

## 3.3 枚举型数据

LabVIEW 中的枚举类型和 C 语言中的枚举类型定义相同。它提供了一个选项列表，其中每一项都包含一个字符串标识和数字标识。数字标识与每一项在列表中的顺序一一对应。右击前面板空白处，在弹出的控件选板中选择【下拉列表与枚举】选项，枚举类型的控件包含在弹出的子选板中，如图 3-10（a）所示；枚举型常数位于程序框图函数选板的数值子选板中，如图 3-10（b）所示。

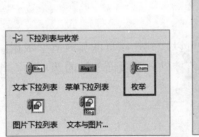

（a）控件

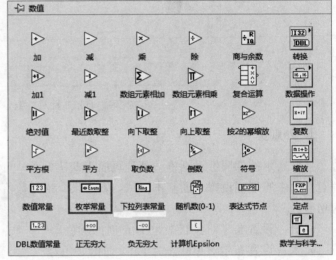

（b）常数

图 3-10 枚举型控件与常数

枚举数据类型可以以 8 位、16 位或 32 位无符号整数表示，这 3 种表示方式之间的转换可以通过右键快捷菜单中的【表示法】实现。

【例 3-2】 创建一个枚举输入控件，使其 a、b、c、d、e 和 f 的"字符串标识"分别对应 0、1、2、3、4 和 5 的数字标识。

### ⚙ 设计过程

（1）从图 3-10（a）的选板中选择枚举输入控件添加到前面板中。

（2）然后右击控件，从弹出的快捷菜单中选择【编辑项】，打开如图 3-11 所示的枚举型编辑对话框。

（3）在枚举型编辑对话框中单击【插入】按钮，使枚举类型的"值"列中的数字标识增加至 5 个，然后在"项"列添加相应的字符串标识，编辑完成后单击【确定】按钮。

（4）单击该枚举控件，如图 3-11（b）所示。

图 3-10（a）中除了枚举控件外，还有另一类与之相似的控件，即下拉列表控件。下拉列表控件是将数值与字符串（或图片）建立关联的数值对象。下拉列表控件可用于选择互斥项，如触发模式。例如，用户可在下拉列表控件中从连续、单次和外部触发中选择一

种模式。右击下拉列表控件，并从快捷菜单中选择编辑项，向控件的下拉列表中添加内容。下拉列表属性对话框的编辑项选项卡中的项顺序决定了控件中的项顺序。下拉列表控件可配置为允许用户在为下拉列表控件所定义的项列表中输入与记录不相关的数值。

（a）编辑项　　　　　　　　　（b）前面板显示

图 3-11　枚举类型

枚举型控件与下拉列表控件的不同之处如下：

（1）枚举控件数据类型包括控件中所有数值及其相关字符串信息。下拉列表控件仅是数值型控件。

（2）枚举控件的数值表示法有 8 位、16 位和 32 位无符号整型。下拉列表控件可有其他表示法。右击控件，在快捷菜单中选择表示法可更改这两种控件的数值表示法。

（3）用户不能在枚举控件中输入未定义数值，也不能给每个项分配特定数值。如需要使用上述功能，应使用下拉列表控件。

（4）只有在编辑状态，才能编辑枚举型控件。可在运行时通过属性节点编辑下拉列表控件。

（5）将枚举型控件连接至条件结构的选择器接线端时，LabVIEW 将控件中的字符串与分支条件相比较，而非控件数值。在条件结构中使用下拉列表控件时，LabVIEW 将控件的数值与分支条件相比较。

（6）将枚举型控件连接至条件结构的选择器接线端时，可右击结构并选择为每个值添加分支，为控件中的每项创建一个条件分支。但是，如连接一个下拉列表控件至条件结构的选择器接线端，就必须手动输入各个分支。

# 3.4　时间型数据

时间型数据是 LabVIEW 中特有的数据类型，用于输入与输出时间和日期。时间标识控件位于控件选板的数值子选板中，相应的常数位于函数选板定时子选板中，如图 3-12 所示。

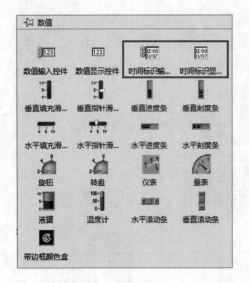

图 3-12　时间型控件与常数

　　右击时间标识控件，在弹出的快捷菜单中选择【显示格式】，弹出如图 3-13 所示的对话框，该对话框可以用于设置时间日期的显示格式和显示精度。该对话框也可以通过右击时间标识控件，选择快捷菜单中的【属性】，在弹出的【时间标识属性】对话框中选择【显示格式】页面打开。关于其他页面的设置方法，参见 3.1 节内容。下面仅对【显示格式】页面进行介绍。

图 3-13　【显示格式设置】对话框

　　（1）时间类型：设置输入控件或显示控件中的时间显示格式。只有指定数值对象的类型为绝对时间时，该选项才可用。

　　· 自定义时间格式——配置自定义时间格式。

- 系统时间格式——使用操作系统的时间格式。
- 不显示时间——选择不在控件中显示时间。

（2）AM/PM：设置使用带 AM/PM 表示的十二小时制或二十四小时制。 只有选择时间类型为自定义时间格式时，该选项才可用。

- AM/PM——设置时间使用 12 小时制（AM/PM）。
- 24 小时制——设置坐标轴使用 24 小时制。

（3）时分秒：设置显示小时和分钟，或者显示小时、分钟和秒。

- HH:MM——指定在时间中显示小时和分钟。
- HH:MM:SS——指定在时间中显示小时、分钟和秒。

（4）位数：指定小数点后的数字位数，用于显示秒数。

只有在自定义时间格式中选择系统时间格式或 HH:MM:SS 时，该选项才可用。

（5）数据类型：设置输入控件或显示控件中的日期显示格式。只有指定数值对象的类型为绝对时间时，该选项才可用。

- 自定义日期格式——配置自定义日期格式。
- 系统日期格式——使用操作系统的时间格式。
- 不显示日期——选择不在控件中显示日期。

（6）年月日：设置年、月和日的显示顺序。 只有选择日期类型为自定义日期格式时，该选项才可用。

- M/D/Y——设置按照月/日/年的顺序显示日期。
- D/M/Y——设置按照日/月/年的顺序显示日期。
- Y/M/D——设置按照年/月/日的顺序显示日期。

（7）年份：设置是否显示年，以及显示两位或四位年份。只有选择日期类型为自定义日期格式时，该选项才可用。

- 不显示年份——设置不显示年份。
- 显示两位年份——设置显示两位年份。
- 显示四位年份——设置显示四位年份。

（8）格式代码类型：设置数值格式代码列表中显示的格式代码类型。

- 数值格式代码——显示用于格式字符串的数值格式代码。
- 相对时间格式代码——显示用于格式字符串的相对时间格式代码。
- 绝对时间格式代码——显示用于格式字符串的绝对时间格式代码。

右击【时间标识】控件，在弹出的快捷菜单【数据操作】的子选项中选择【设置时间和日期】选项，弹出【设置时间和日期】对话框，如图 3-14 所示。单击时间标识输入控件旁边的【时间与日期】选择按钮 ▦，也可以打开如图 3-14 所示的【设置时间和日期】对话框。此对话框可以选择时间和日期。

时间类型数据可以与双精度浮点型相互转化。转换函数分别在【函数选板】/【编程】/【数值】/【转换】中的【转换为双精度浮点数】函数 𝐃𝐁𝐋 和【函数选板】/【编程】/【定时】中的【转换为时间标识】函数 ⧘⧘ 。

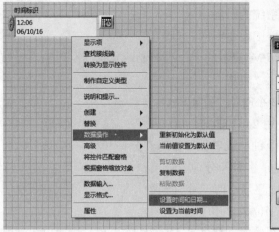

图 3-14 【设置时间和日期】对话框

【例 3-3】 时间类型与双精度浮点型转化实例。

⚙ 设计过程

（1）通过【设置时间和日期】对话框将【时间标识输入控件】设置为如图 3-15 所示的时间。

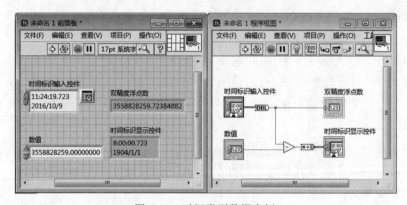

图 3-15 时间类型数据实例

（2）将【时间标识输入控件】的输出连接至【转换为时间标识函数】，并将其输出连接输出数值控件【双精度浮点数】，如图 3-16 所示。

（3）【转换为时间标识函数】的输出值减去另一个浮点数，该浮点数由【数值】控件输入，再经过【转化为时间标识函数】将相减的结果转化成时间类数据并显示。

（4）在【数值】控件输入浮点数 3558828259.000000000 后运行程序。

# 3.5 变体型数据

有些情况下，可能需要 VI 以通用的方式处理不同类型的数据。可为每种数据类型各写一个 VI，但是，有多个副本的 VI，如有变动，较难维护。为此，LabVIEW 提供了变体数据作为解决方案。变体数据类型是 LabVIEW 中多种数据类型的容器。将其他数据转换为变体时，变体将存储数据和数据的原始类型，保证日后可将变体数据反向转换。例如，如将字符串数据转换为变体，变体将存储字符串的文本，以及说明该数据是从字符串（而不是路径、字节数组或其他 LabVIEW 数据类型）转换来的信息。

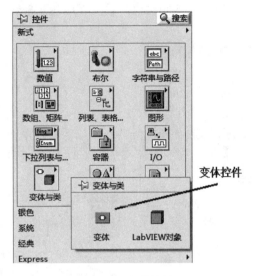

图 3-16　变体控件

　　变体数据类型可存储数据的属性。属性是定义的数据及变体数据类型所存储的数据的信息。例如，如需知道某个数据的创建时间，可将该数据存储为变体数据并添加一个属性——时间，用于存储时间字符串。属性数据可以是任意数据类型，也可从变体数据中删除或获取属性。可以从控件选板中找到该数据类型的控件，如图 3-16 所示。

　　变体数据类型主要用在 ActiveX 技术中，以方便不同程序之间的数据交互。在 LabVIEW 中可以把任何数据都转化为变体数据类型，这样就可以仅使用一种数据类型与其他程序通信，从而简化通信接口。因此，变体数据类型也被称作"通用"数据类型。

## 3.6　局部和全局变量

　　由于 LabVIEW 图形化编程的特点，在有些情况下需要在同一 VI 的不同位置或不同 VI 中访问同一控件，这就会导致控件对象间的连线无法实现。这时就需要用到局部变量或全局变量来实现在程序框图中的不同地方或不同程序框图读写同一控件。局部变量只能用于同一 VI 程序框图，而全局变量可以用于不同 VI 之间（同一计算机上）。

### 1. 局部变量

　　局部变量只是在同一程序内部使用。每个局部变量都对应前面板的一个控件。一个控件可以创建多个局部变量。局部变量位于函数选板中的结构子选板中，如图 3-17 所示。

从结构函数子选板中选中局部变量节点 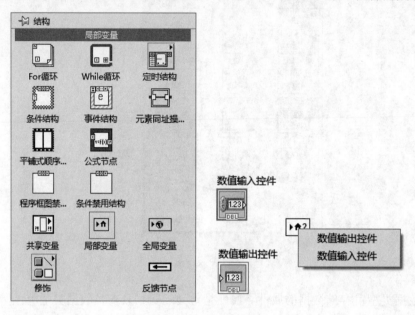，将其拖动到程序框图中，由于这时局部变量还没有和相应的输入或显示控件相关联，故图标上显示一个问号。接下来介绍如何建立起局部变量和某一控件的关联。如图 3-17 所示，在前面板中添加一个【数值输入】控件和一个【数值输出】控件，单击此图标显示一个下拉菜单，其中列出了前面板上的控件名称，选择其中一个名称就完成了一个局部变量的创建，或者右击此图标，从弹出的快捷菜单的【选择项】中选择前面板中控件的名称，来建立局部变量和某一控件的关联。

图 3-17　局部变量节点

另外，还可以使用其他方法创建局部变量。在前面板或程序框图中右击需要创建局部变量的控件或节点，在弹出的快捷菜单中的【创建】子菜单中选择【局部变量】。

局部变量是不能单独存在的，必须与某个控件相对应。LabVIEW 通过自带标签将局部变量和前面板对象相关联，因此必须用描述性的自带标签对前面板控件进行标注。一个控件可以生成数量不受限制的局部变量，每一个局部变量都需要复制它所代表的控件包含的数据。局部变量有读和写两种属性，用户可在局部变量图标上右击，从弹出的快捷菜单中选择【转换为读取】或【转换为写入】。当一个局部变量为读属性时，说明可以从该局部变量中读取数据；相反，当其为写属性时，则可给该局部变量赋值，如图 3-18 所示。

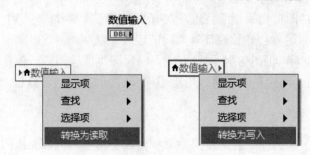

图 3-18　局部变量读/写属性切换

【例3-4】 输入数值超过临界值后报警亮起。

## ⚙ 设计过程

（1）在前面板中添加数值输入控件、数值输出控件和布尔输出控件，并分别将它们的标题修改为"输入值""输入显示""报警灯"，如图3-19所示。

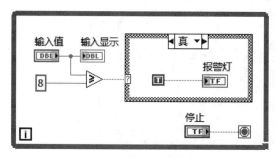

（a）条件结构"真"

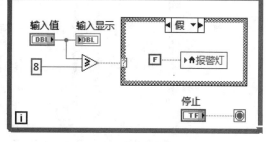

（b）条件结构"假"

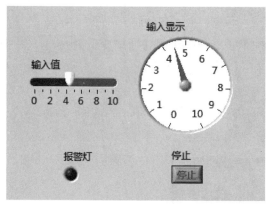

（c）无报警时前面板

（d）有报警时前面板

图 3-19　含局部变量的程序

（2）在程序框图中添加一个while循环和条件选择结构，并为while循环中的循环条件◙连接一个布尔输入控件。

（3）为"报警灯"布尔输出控件创建局部变量。

（4）如图3-19所示连接程序框图，并运行程序。

图 3-19 中，【输入值】控件将值传递给【输入显示】控件，同时如果输入值大于等于8，"报警灯"亮，如果输入值小于8，"报警灯"灭。该程序中，报警灯控件及其局部变量分别被放置在条件结构中的"真"和"假"两个界面中。

在上例中，下一次程序启动时【输入】控件的初始值由上一次结束时【输入】控件的值决定。如图3-20所示，利用【帧结构】以及【输入】控件的局部变量，在每次程序开始时为【输入】控件赋一个初始值0。

### 2. 全局变量

局部变量主要用于在 VI 内部传递数据，但是不能实现程序之间的数据传递。局部变量的这个缺陷可通过全局来实现，它可以在同时运行的多个 VI 或子 VI 之间传递数据。LabVIEW 的全局变量存储在单独的文件中，文件的后缀名也是 VI，但不同的是，它只有前面板没有程序框图，不能用来编程，可以放入多个输入或输出控件，每个控件都相当于一个全局变量，都可以起到数据存储和传递的作用。

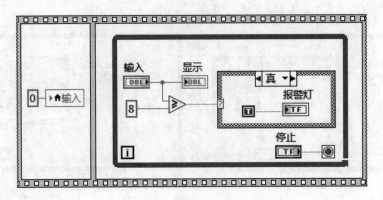

图 3-20　利用局部变量为控件初始化

创建全局变量可以在【函数】选板/【结构】子选板中选择【全局变量】，并拖曳到程序框图中来完成，如图 3-21 所示。

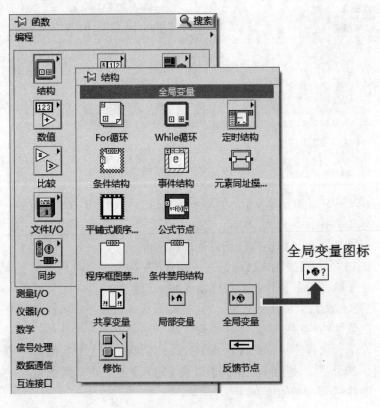

图 3-21　全局变量图标

双击全局变量图标，可以获得一个与前面板界面相似的【全局变量前面板】，可以在该前面板放置输入和显示控件。每个控件都是一个全局变量。图 3-22 就在一个全局变量 VI 中放置了多个全局变量，放置完成后可以使用描述性的自带标签对这些控件进行标注，以便区分。在全局变量前面板的【文件】下拉菜单中选择【保存】，在弹出的对话框中选择目录，并为全局变量文件命名，单击【确定】按钮保存。

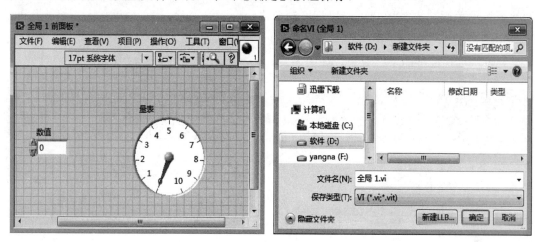

图 3-22　全局变量界面

另外一种创建全局变量的方法是在 LabVIEW 菜单栏的【文件】下拉菜单中选择【新建】选项，打开如图 3-23 所示的窗口。在该窗口中选择【全局变量】并单击【确定】按钮，同样可以创建一个全局变量的前面板。

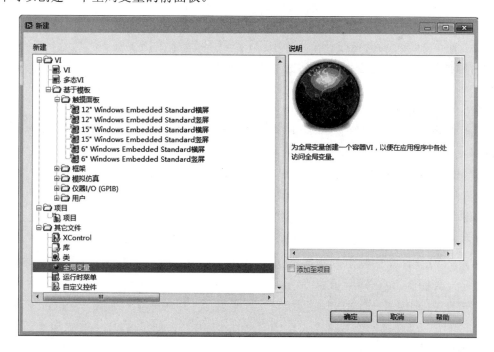

图 3-23　从"文件"下拉菜单中创建全局变量

在创建并保存全局变量 VI 以后，就可以在不同 VI 之间调用它进行数据传递了。调用全局变量 VI 的方法是利用函数选板中的【选择 VI】项，选择全局变量保存的文件，并选择需要的全局变量 VI 放置到程序框图中。

当全局变量 VI 的前面板中包含多个控件时，调用时应当将这个全局变量与其前面板的某个控件关联起来，用户可以鼠标右键单击该全局变量图标，并从弹出的快捷菜单的【选择项】中选择一个前面板对象，如图 3-24（a）所示；或者单击全局变量图标，同样可以得到可供选择控件的下拉菜单，如图 3-24（b）所示。

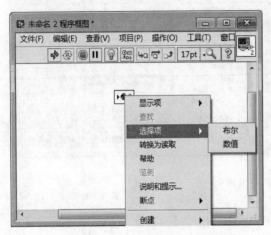

（a）快捷菜单

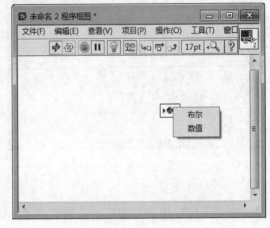

（b）下拉菜单

图 3-24　全局变量关联方法

为了使读者对全局变量有一个形象的认识，图 3-25 中给出了示例。

【例 3-5】 利用全局变量在两个 VI 间传递数据。

## 设计过程

（1）如图 3-25（a）所示，建立了两个 VI（程序 1 和程序 2）。为了使用全局变量在它们之间传递数据，还建立了一个全局变量 VI（全局 1）。

（2）在全局变量 VI 的前面板中添加 3 个控件，并修改它们各自的标签，如图 3-25（b）所示。

（3）在 VI 程序 1 中利用基本函数生成器产生正弦波形，并将波形函数的三组数据 $t_0$、$dt$ 和 $y$ 传递给全局变量 VI 中的 3 个全局变量，如图 3-25（d）所示。

（4）在 VI 程序 2 中将全局变量 VI 中的 3 个全局变量的值合并成波形数据，并在波形图中显示，如图 3-25（f）所示。

先运行 VI 程序 1，通过 VI 前面板可以观察到产生的波形图，如图 3-25（c）所示。同时，波形数据已经传递给全局变量 VI；再运行 VI 程序 2，通过 VI 前面板可以观察到利用全局变量传递过来的波形图数据，如图 3-25（e）所示。

（a）

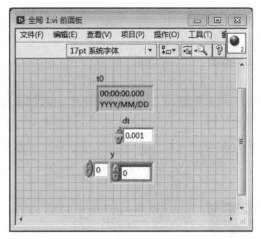

（b）

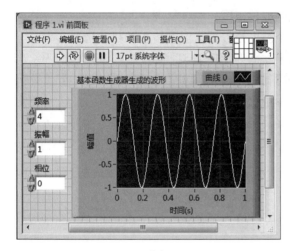

（c）

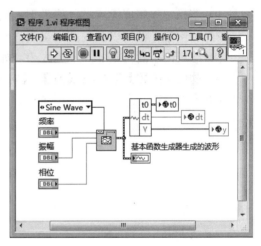

（d）

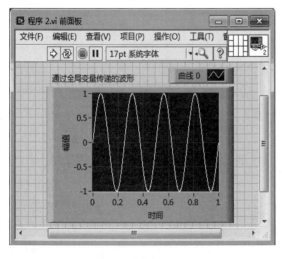

（e）

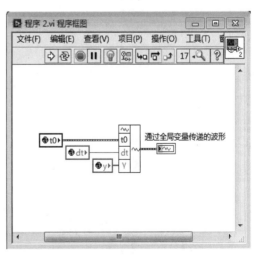

（f）

图 3-25　含全局变量程序

# 3.7　小结

　　本章主要对 LabVIEW 常用的数据类型进行介绍，包括整数型数据、布尔型数据、枚举型数据、时间型数据、变体型数据。对每种类型的介绍主要包括对其控件和常量的选取、操作和属性设置方法等。另外，本章还对局部和全局变量进行了介绍，通过实例介绍局部变量如何在 VI 内部传递数据，以及全局变量如何在 VI 间传递数据。

# 3.8　思考与练习

　　（1）请确定双精度浮点型数值类型数据的取值范围。
　　（2）利用条件结构以及局部变量设计一个温度报警器（温度可由随机数函数产生）。
　　（3）比较两个随机数 $a$ 和 $b$ 的大小，如果 $a>b$ 时，LED 灯亮起。
　　（4）利用【函数】选板/【编程】/【定时】子选板中的【获取日期\时间（秒）】函数获取计算的系统时间，并编写一个程序实时显示系统时间。

# 第4章 字符串、数组、矩阵和簇

任何一种编程语言都应该能够对其自身的各种数据类型进行有效的组织，即数据由哪些成员构成、以什么方式组织、呈现出什么样的结构，这也被称为数据结构。LabVIEW 作为一种编程语言自然也具有这种特性。本章将主要对 LabVIEW 的数据结构进行介绍。LabVIEW 的数据结构主要包括 4 个方面，即字符串、数组、矩阵、簇。

## 4.1 字符串

字符串是 LabVIEW 中一种基本的数据类型。LabVIEW 为用户提供了功能强大的字符串控件和字符串函数。另外，路径在 LabVIEW 中也是一种专门的数据类型，与字符串有着密切的关系，它们可以自由转换，这一点有别于其他语言。在其他常规的语言中，很少将路径设定为专门的数据类型，路径只不过被当作一种特殊格式的字符串。组合框提供了预先定义的一组字符串，以供用户选择。

在前面板右击，在弹出的快捷菜单中选择【控件】选板/【字符串与路径】子选板，如图 4-1 所示。其中共有 3 种对象供用户选择：字符串输入/显示控件、组合框控件以及文件路径输入/显示控件。

### ▶4.1.1 字符串控件

字符串控件用于输入和显示各种字符，就像是一个装字符的容器。其属性配置页面与数值控件、布尔控件相似，用户可参见前面的介绍，在此不再详细说明。右击字符串控件，在弹出的快捷菜单中可以看到字符串有 4 种显示格式：正常显示、'\' 代码显示、密码显示以及十六进制显示，如图 4-2 所示。每种显示的含义见以下介绍。

图 4-1 【字符串与路径】控件子选板界面

图 4-2 【字符串控件快捷菜单】部分选项

（1）正常显示：在这种显示格式下，除了一些不可显示的字符，如空格符、制表符、退格符等，字符串控件显示所有输入的字符。

（2）'\' 代码显示：在这种显示格式下，字符串控件除了允许普通字符正常的输入和显示外，还可以将回车、换行、空格等一些特殊控制字符显示为"\+字符"的代码方式。特殊控制字符与 "\ +字符"的代码对照关系见表 4-1，并且允许所有字符以 "\ + ASCII 十六进制数"的方式输入，如：输入 "\4F"表示输入 "O"字符、输入 "\20"表示输入 "空格"符号。

表 4-1  特殊控制字符与 "\ +字符"的代码对照关系

| 代　　码 | 含　　义 | 代　　码 | 含　　义 |
|---|---|---|---|
| \b | 退格符号 | \s | 空格符号 |
| \n | 换行符号 | \\ | "\"符号 |
| \r | 回车符号 | \f | 进格符号 |
| \t | 制表符号 | | |

> 提醒：此斜杠后面的字符必须小写，十六进制数中的 A、B、C、D 必须大写。

（3）密码显示：该格式主要用于输入密码，输入的字符均以 "*"显示。

（4）十六进制显示：在该模式下，输入需要字符对应的十六进制 ASCII 码，显示也是字符对应的十六进制 ASCII 码。

图 4-3 所示的 VI 中，一个字符串输入控件与 3 个字符串输出控件相连，输入控件设置为 "正常显示"模式，3 个输出控件分别设置为 "\代码显示" "密码显示"和 "十六进制显示"。在输入控件中输入 A、空格、B、换行、C 字符，这些字符传递给显示控件以不同的模式显示。可以看到，在 "\代码显示"模式下， "空格"字符显示为 "\s"， "换行"字符显示为 "\n"。

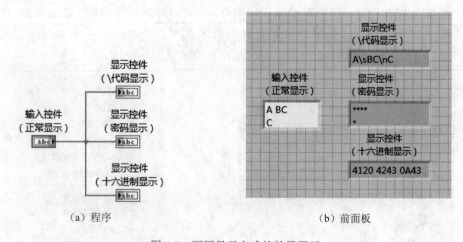

（a）程序　　　　　　　　　　　　　（b）前面板

图 4-3  不同显示方式的效果展示

字符控件的快捷菜单和属性对话框中提供了非常实用的几个属性选项，如图 4-4 所示。

图 4-4 【属性设置和快捷菜单】界面

（1）限于单行输入：选中该选项，将只允许字符串控件输入一行文本，不响应换行操作，输入的回车被忽略。

（2）键入时刷新：选中该选项，控件的值在输入每个字符时将同步刷新。未选中该项时，必须在结束输入时才会产生字符串值的改变。在默认情况下，该项未选中。

（3）启用自动换行：默认情况下，自动换行功能是启用的。这样，当输入到字符串控件的行末时，将自动转到下一行。需要说明的是，这种换行只是显示上的，实际字符串中并没有真正换行。

如果不启用自动换行，则输入的字符始终单行显示。选择"显示"快捷菜单下的"水平滚动条"项，可以查看不在显示区域的行文本。启用自动换行时，"水平滚动条"项是不允许选择的。

结束输入有两种方法：

- 执行文本输入操作时，工具栏左侧显示"确定输入"按钮，图标为对号，如图 4-5 所示。单击"确定输入"按钮后，按钮消失且文本输入被确认。

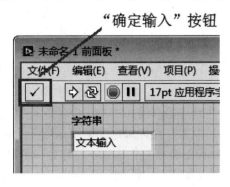

图 4-5　确定输入按钮

- 另外一种更方便的方法是，单击前面板或前面板上的其他控件，使字符串控件失去焦点，则 LabVIEW 将自动确认文本输入。

## ▶4.1.2 组合框控件

组合框控件可以用来创建一个字符串列表。在前面板上可按次序浏览该列表。组合框控件类似于文本型或菜单型下拉列表控件。但是，组合控件的值属性包含的是字符串型数据，而下拉列表控件包含的是数值型数据。

在【组合框】控件上打开【快捷菜单】，选择【编辑项】选项，即可弹出如图 4-6（a）所示的【组合框属性：组合框】对话框，在该对话框中可以通过"插入""删除""上移"和"下移"编辑列表中行的数量以及调整某一行的位置，并且可以向列表的第一列中添加字符串提供用户选择。在该列表中的字符串顺序，决定了控件中的字符串顺序，如图 4-6（b）所示。

（a）编辑项设置　　　　　　　　　　　　　（b）效果

图 4-6　组合框编辑控件

配置组合框控件的字符串列表时，在【组合框】控件上打开【快捷菜单】，选择【编辑项】选项，打开【组合框属性】对话框，在对话框的【编辑项】选项卡中，取消【值与项值匹配】复选框的勾选，如图 4-7（a）所示。然后在该对话框表格的【值】列中，修改与控件中每个字符串对应的值即可。可为每个字符串指定一个自己定义的值，使前面板组合框控件中显示的字符串与程序框图中的组合框控件连线端返回的字符串不同，如图 4-7（b）所示。

默认状态下，组合框控件允许用户输入未在该控件字符串列表中定义的字符串值。在组合框控件上打开快捷菜单，取消"允许未定义字符串项"的勾选，即可禁止用户输入未定义的字符串。如果在运行时向组合框控件输入字符串，LabVIEW 将即时显示输入字母开头的第一个最短的匹配字符串。如果没有匹配的字符串，也不允许输入未定义的字符串值，LabVIEW 将不会接受或显示用户输入的字符。

（a）编辑项设置　　　　　　　　　　　　　　　（b）程序

图 4-7　组合框编辑控件

## ▶4.1.3　路径控件

路径控件是 LabVIEW 提供的、独特的数据类型，专门用来表示文本或目录的路径。常规语言一般都用字符串控件附加一些特殊的格式来表示路径。而通过 LabVIEW 的路径控件，可以极大地方便文件和目录的选择操作。

与字符串控件不同的是，路径控件包括一个【浏览】按钮，单击【浏览】按钮，将弹出【文件选择】对话框，如图 4-8（a）所示。这里可以选择相应的文件，并单击【确定】按钮后，该文件的绝对路径就会在路径控件中显示为图 4-8（b）所示形式。

（a）选择文件

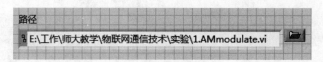

（b）显示绝对路径

图 4-8　路径控件

拖动文件或者文件所在文件夹到路径控件，路径控件会如图 4-8（b）所示显示它们的绝对路径。

路径控件本身比较简单，但是 LabVIEW 对路径控件的【浏览】按键提供了专门的属性设置，如图 4-9 所示。

图 4-9　浏览按键的属性设置

：浏览按钮。

属性设置界面中的【浏览选项】包含很多可设置的选项。

（1）提示：这里可以输入文件对话框的标题条。如果为空，文件对话框标题栏显示为"打开"。

（2）类型标签：这里可以设置文件类型匹配符。如选择 Word 文档，可以设置"类型标签"为"Word"，右边"类型"设置为"*.doc"，则在对话框文件类型中将用 Word（*.doc）显示所有 doc 型文档。

（3）类型：这里可以设置要选择的文件类型。全部文件（*.*）是内部存在的，不需要设置。若要选择多种类型，则用分号隔开，注意不能有空格。如"*.doc;*.txt"，表示显示所有 doc 和 txt 型文件。

（4）选择模式：选择其中的某个单选框，可以设置打开文件或者文件夹、打开现有文件或文件夹、新建文件或文件夹。

（5）允许选择 LLB 和打包项目库中的文件：LLB 是 LabVIEW 特有的文件格式，可以把多个 VI 或自己定义的控件压缩存储在一个 LLB 类型的文件中。选择该复选框，将 LLB

文件作为文件夹后，可以选择其中包括的文件。不勾选该复选框，则只能选择 LLB 文件，而不能选择其中包含的文件。

（6）起始路径：这里可以指定初始路径。如未指定初始路径，将默认使用最近打开的文件路径。指定该项后将显示指定路径下的文件和文件夹。

## 4.2　数组

数组是相同类型数据的集合。在程序设计过程中，数组是常用的一种数据结构，是存储和组织相同数据类型数据的良好方式。LabVIEW 提供了丰富的数组控件和函数，供用户在编程过程中使用。LabVIEW 中，数组也是数值、布尔或字符串中某一数据类型的集合。

元素和维度是构成数组的基本要素。元素是组成数组数据。维度是数组在组织数据的过程中用到的量度。数组可以是一维的，也可以是多维的。在内存允许的情况下，LabVIEW 数组在每个维度上的元素可以达到 $2^{31}-1$（约为 21 亿）个。一维数组将数据组织成一行或一列的形式，相当于几何中的一条线；二维数组将数据组织成若干行和若干列的形式，相当于几何中的面；三维数组将数据组织成若干层的形式，每一层都是一个二维的数字组，相当于几何中的体。

不论是几维，数组中的每一个元素都有唯一的索引与之对应，对数组中每个元素的访问都是通过索引进行的。

在前面板和程序框图中可以创建数值、布尔、字符、波形和簇等数据类型的数组。接下来以前面板创建数组为例。

首先，右击【前面板】，弹出【控件】选板，选择某一显示风格下的【数组、矩阵与簇】子选板，找到【数组】图标，并将其拖曳到前面板上，如图 4-10 所示。

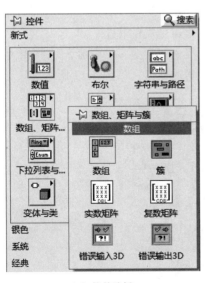

（a）控件选板　　　　　　　　　　（b）控件

图 4-10　【数组、矩阵与簇】控件选板

此时创建的只不过是一个数组的"壳"，里面还没有任何内容，接下来需要为这个数组控件添加一个数据类型。例如：根据需要，用户需要建立的是用来存放数值型数据的数组，那么就应该为此时这个数组的"壳"添加一个数值数据类型，这样才能完成数值型数组的建立。

【例4-1】 创建数值型数组。

### ⚙ 设计过程

（1）在前面板中放入一个数值型控件。

（2）单击【数值型控件】，并将其拖曳到【数组控件】中，如图4-11所示。

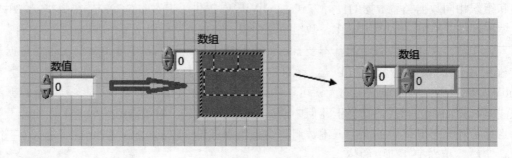

图4-11　创建数值型数组

 提醒：创建后的数组虽然默认只有一个元素，但是可以根据需要向里面添加元素。

【例4-2】 改变所创造数组的元素个数和值。

### ⚙ 设计过程

（1）将鼠标移动到数组边框的右下角，图标会变为可拖曳的状态。

（2）然后按住鼠标左键向左或右拖动，则可让数组中包含更多的元素，这就相当于为数组添加元素的个数，然后还可以改变数组中添加元素的数值，如图4-12所示。

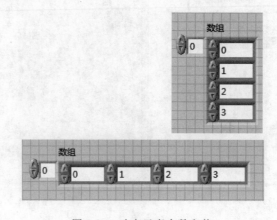

图4-12　改变元素个数和值

　　如图 4-13 所示，数组左侧的方框是数组索引框。通过改变索引框中的数值，可以显示该索引对应数组中的元素。同时，利用数组索引改变数组中元素的值。例如，在依次调整索引的值为 0、1、2、3、4 的同时，将数组元素框中的值改为 4、3、2、1、0，这样就给一个一维数组的前 5 个元素分别赋了初值，然后按照上面的方法横向或纵向拖曳数组边框，就可以看见为数组添加的元素，如图 4-14 所示。

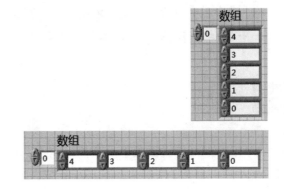

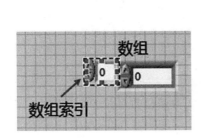

　　图 4-13　改变数组维度　　　　　图 4-14　利用索引改变数组中元素的值

　　以上内容为创建一维数值的方法，如果要创建二维或以上数组，可以利用鼠标拖动索引框或者右击数组控件，在弹出的快捷菜单中利用属性对话框来设置需要的维度，然后再为多维数组添加元素。下面以二维数组为例介绍。

　　**【例 4-3】** 创建二维数组。

## ⚙ 设计过程

　　（1）将鼠标放到数组索引框上。

　　（2）当鼠标图标变为双箭头时按下鼠标左键向下拖动，使数组索引的个数变为两个，它们分别对应行索引和列索引，这样就创建了一个二维数组，如图 4-15 所示。

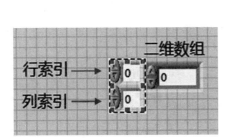

　　图 4-15　创建二维数组

提醒：除此以外，还可以右击数组控件，在弹出的快捷菜单中选择【属性】选项，在弹出的【属性设置】对话框中修改数组的维度。修改后，前面板数组控件的索引的个数也会增加。建立二维数组后可以添加元素，方式与一维数组相似。

需要注意的是，数组中不能再创建数组，不能创建元素为子面板控件、选项卡控件、NET 控件、ActiveX 控件、图表或多曲线 XY 图的数组。

## 4.3　矩阵

LabVIEW 的矩阵数据类型是以行、列的形式存储实数或复数标量的数据类型，在一些执行代数矩阵运算的 VI 中，应使用矩阵数据类型，而不是使用二维数组表示矩阵数据。大多数 LabVIEW 数值函数支持矩阵数据类型和矩阵运算，如乘函数可将一个矩阵与另一个矩阵或数字相乘，从而可以创建执行精确矩阵算的数学 VI，这些 VI 接收矩阵数据类型，并返回矩阵结果。

### ▶4.3.1　创建矩阵输入控件、显示控件和常量

矩阵控件位于【控件选板】的【数组、矩阵与簇】子选板上，如图 4-16 所示。该子选板上有两个矩阵控件：实数矩阵控件和复数矩阵控件。将矩阵控件拖曳到前面板上，可以看到矩阵控件有两个维度，并且每个维度均显示滚动条。实数矩阵中需要输入双精度实数元素，复数矩阵中需要输入由双精度数组成的复数元素。另外，图 4-16 中还给出了矩阵控件在程序框图中的连线端子，其外观与实数二维数组或复数二维数组的连线端子类似，但它们的连线样式不同。默认状态下，矩阵控件显示一个以上的元素，可以像数组控件那样通过拖动边框增减元素的个数，但由于矩阵控件属于自定义类型，只能是二维的，所以索引的个数只能是两个，不能改变，并且快捷菜单也不包括添加维度和删除维度选项，但快捷菜单中包括自定义类型的选项。

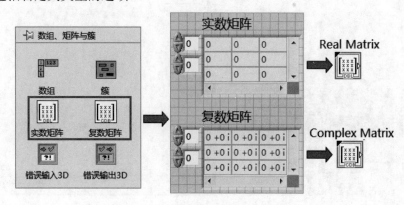

图 4-16　矩阵控件

　　如需在程序框图上创建矩阵常量，可在矩阵控件对应程序框图接线端上右击，在弹出的快捷菜单上选择"转换为常量"，如图 4-17 所示；或从快捷菜单的"创建"项中选择"创建常量"。矩阵的显示控件也可以采用这种方法创建。

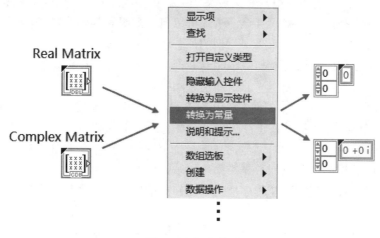

图 4-17　矩阵常量

 提醒：不能创建以矩阵为元素的数组，但利用捆绑函数可联合两个或更多的矩阵创建一个簇。

## 4.3.2　矩阵的默认大小和值

　　矩阵的大小不可限制为固定个元素。但对于矩阵控件，则可设置其默认大小。不要将默认大小设置得太大。如果矩阵的默认大小设置过大，矩阵中每个元素的默认数据将与 VI 同时保存，并增加 VI 占用的磁盘空间。

　　矩阵控件放置在前面板时，其初始状态下为空白矩阵，每个维度均为 0，矩阵元素以灰色显示。前面板矩阵控件有两个默认值，即矩阵默认值（浮点或复数）和标量默认值。

　　矩阵默认值与其他前面板控件的默认值相似。该值是 VI 加载后矩阵的值。调用方 VI 未连接值时，子 VI 中的矩阵也使用该默认值。

　　标量默认值是矩阵扩展时填充矩阵的值。例如，将矩阵索引设置为超出已定义范围的某个值，并在已定义的最后一行后的某行元素中输入一个值，则先前的最后一行与后来输入值所在行之间的所有元素都被设为标量默认值。

# 4.4　簇

　　簇是 LabVIEW 中比较独特的一种概念，与数组类似，也是一种集合型的数据结构，它在本质上与 C 语言等文本编程语言中的结构体变量对应。在很多应用中，为了便于管理，需要将不同类型的数据组合成一个整体来引用。例如：某人的资料中姓名、年龄、身高、体重、学历等数据需要用到不同的数据类型，只有把这些数据类型组合成一个有机的整体，才能真正反映一个人的基本情况。LabVIEW 正是为了满足这类应用的需要才提供了簇这种独特的数据类型。虽然簇和数组都是集合型的数据类型，但数组只是同一类型数据的集合，而簇能够包含任意类型的数据，甚至一个簇可以包含数组和其他类型的簇。数组中元素各自的位置不能独立随意拖动，而簇中元素的位置可以随意独立地通过拖动而改变。如果簇中的元素数据类型相同，还可能与数组相互转换。对于 LabVIEW 这种图形化语言编程语言，合理使用簇数据类型会使程序非常简洁、漂亮。

在【前面板】右击，弹出【控件】选板，在【数组、矩阵与簇】子选板中可以找到【簇】控件的图标，左键选择图标，并将其拖曳到前面板适当的位置就创建了一个簇，如图 4-18 所示。与数组的创建类似，此时创建的只是一个空的簇，还不包含任何内容，接下来需要为其添加所需的数据类型。添加数据类型可以从控件选板上选择对象放入簇内，或者将前面板上已有的对象拖入簇内。在程序框图中创建簇的方法与前面板中的创建方法相同，这里不再赘述。

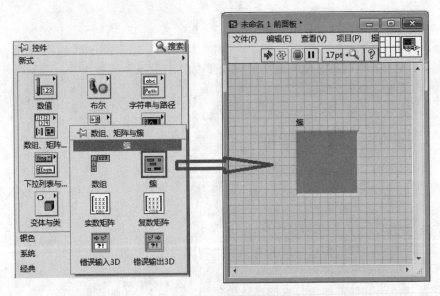

图 4-18　簇控件

簇对其包含元素的组织方法与数组相似，都是通过索引标定其排序来进行组织。利用簇函数等对簇中元素进行操作时都需要利用索引来完成。但不同的是，数组中元素空间排列的位置与其索引直接相关，如：一维行数组中从左至右第 1 个和第 3 个元素的索引号分别为 0 和 2，而簇中元素空间位置与其索引不相关，为了达到美观的效果，可以按照需要任意调整元素的空间位置。由于元素在空间位置上组织的松散性，容易使用户忽略簇中元素索引的存在。接下来将数值型、布尔型和字符串型控件依次添加到一个空的簇控件中，如图 4-19 所示，表面上看不到元素的索引，但按照添加的顺序，簇已经为这些元素分配了索引号。查看元素的索引号，可以右击簇边框，选择弹出快捷菜单中的【重新排序簇中控件】选项，弹出的界面如图 4-20 所示。可以看到，在簇中每个元素旁边都有两个数字，其中白色背景的是元素的当前索引号（原索引），由于该界面不但可以显示元素索引，还可以按需要对其修改，所以另一个黑色背景的数字是修改后的索引号（新设定索引）。

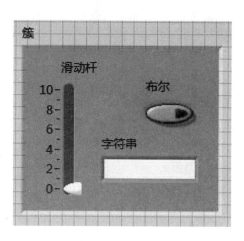

图 4-19 添加簇元素

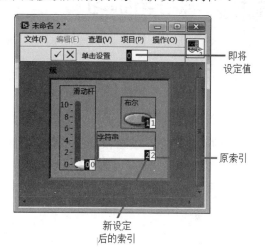

图 4-20 调整簇元素索引号

接下来介绍调整元素索引的方法。通常情况下只需按照希望的先后顺序逐个单击控件的索引，它就会自动按照单击的顺序为元素分配新的索引号。除此之外，还可以在"单击设置"栏中输入需要设定的值，然后单击某一控件索引处来设置其索引。全部设置完毕后，单击【完成】按钮就完成了簇内控件的索引设置。

✓：完成按钮。

簇控件的大小可以通过拉动边框进行设置，还能选择是否自动根据内部元素大小设定。右击簇的边框，选择弹出快捷菜单中的【自动调整大小】/【调整为匹配大小】，簇控件的边框大小就会根据其包含元素自动调整，其中【无】选项代表手动设置，如图 4-21 所示。

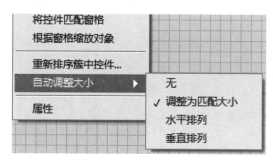

图 4-21 调整簇图标大小

# 4.5 小结

本章内容的结构比较清晰，主要对数组、矩阵和簇 3 种 LabVIEW 数据结构进行了讲解，包括它们控件的建立和调整等方面的内容。另外，又补充了字符串数据类型。

# 4.6 思考与练习

（1）创建一个 3 行 3 列的二维数组，数组中的元素为：$\begin{pmatrix} 2 & 0 & 2 \\ 0 & 2 & 0 \\ 2 & 0 & 2 \end{pmatrix}$。

（2）创建一个簇输入控件，其包含 3 种元素：字符串、数值和布尔，并分别把它们的标签修改为：姓名、成绩和及格，然后以此簇作为元素建立一个簇数组。

# 第5章　LabVIEW 中的基本函数

数据处理是 LabVIEW 编程的重要内容。LabVIEW 对数据的操作是通过各种基本函数实现的，本章将介绍 LabVIEW 的各类基本函数。与常规语言不同，LabVIEW 不存在专门的运算符，它所有的运算都是通过函数实现的。所以，学会函数的使用方法是 LabVIEW 程序开发人员必备的技能。

为避免概念和含义上的混淆，在开始学习之前，首先对 LabVIEW 帮助文件中的节点、函数和函数节点 3 个经常出现的名词做一下简要的区别。

节点所包含的内容比函数多，它包含函数。当然，除了函数节点外，还有其他类型的节点，如公式（或表达式）节点、代码接口节点（CIN）、属性节点、调用节点、子 VI、Express VI 以及循环结构等。

所以，根据以上论述，应该能够理解函数节点本质上也是函数，所以不论提到函数节点或是函数，都是一个含义。

## 5.1　标量运算函数

### ▶5.1.1　运算函数

普通编程语言中的运算符在 LabVIEW 中等同运算函数。在程序框图界面中，右击空白处，弹出【函数】选板，选择【函数】选板上【编程】栏中的【数值】，弹出【数值】函数选板，如图 5-1 所示。

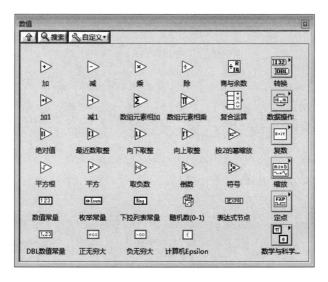

图 5-1　【数值】函数选板

【数值】函数选板包含了加、减、乘、除等基本运算函数，还包含了很多高级的运算函数，如平方、取整、随机数（0～1）、常数和类型转换等。这类运算函数的功能和使用方法读者可以通过自行实验和"即时帮助"途径进行掌握，这里不再赘述。这里只给出一个小小的程序，作为范例。

【例 5-1】 连线产生 0～2 之间变化的随机数，并将它们在波形图表中显示。

⚙ 设计过程

（1）使用随机数函数📟产生 0～1 之间变化的随机数。

（2）用乘函数▷将随机数的变化范围扩大 1 倍。

（3）将产生的随机数传递给波形图表显示。

（4）为了使随机数的产生连续进行下去，将产生随机数的程序放入 While 循环中，如图 5-2 所示。

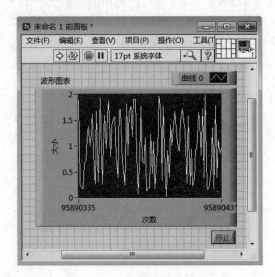

（a）前面板　　　　　　　　　　　　　（b）程序框图

图 5-2　0～2 范围内的随机数

 注意：数值函数选板中的运算函数都适用于标量的运算，并且很多函数可以进行数组和簇的运算，这些函数被称为多态函数。运用多态函数是 LabVIEW 的基本技巧，必须熟练掌握。接下来对多态函数进行讲解。

## ▶5.1.2　标量与数组的运算

标量与数组的运算是标量与数组中的每一个元素都进行运算，然后运算结果依然构成相同维数的数组。如图 5-3 所示，一个二维数组与不同的几个标量进行运算，依然生成一个二维数组。

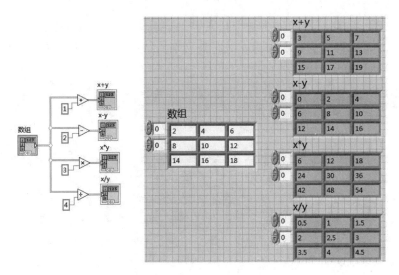

图 5-3　标量与数组的运算

## ▶5.1.3　数组与数组的运算

数组与数组的运算只能够发生在相同维数的数组之间，于是，数组运算方式分为大小相同和大小不同的相同维数的数组之间的运算。

### 1. 相同维数、相同大小的数组运算

相同维数、相同大小的数组运算就是相同索引的数组元素之间进行运算，然后形成相同维数和大小的数组，运算后数组的结构不发生变化。如图 5-4 所示，两个 3 行 3 列的数组 *a* 和 *b* 进行相乘运算，每个相同索引的数组元素分别进行相乘运算，最后生成一个新的 3 行 3 列的数组 *c*。

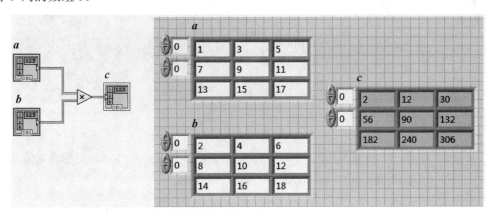

图 5-4　相同维数、相同大小的数组运算

### 2. 相同维数、不同大小的数组运算

对相同维数、不同大小的数组进行运算时，要对数组进行剪裁，使两个数组大小相

等，再进行运算，运算的方式依然是相同索引的数组元素进行相应的运算。如图 5-5 所示，3 行 5 列的 **a** 数组和 5 行 3 列的 **b** 数组被分别剪裁成 3 行 3 列的数组，然后进行乘法运算，生成一个 3 行 3 列的数组 **c**。

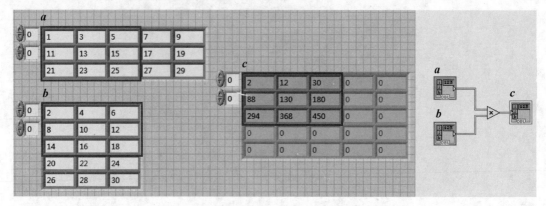

图 5-5　相同维数、不同大小的数组运算

### 3. 空数组

空数组是只有维度而不包含任何元素的数组。新建立的数组控件或数组常数在未给其添加任何元素的时候就是一个空数组，如图 5-6 中所示的 **b** 和 **c** 数组。空数组中元素的位置显示灰色，表示此元素处于不可用状态。

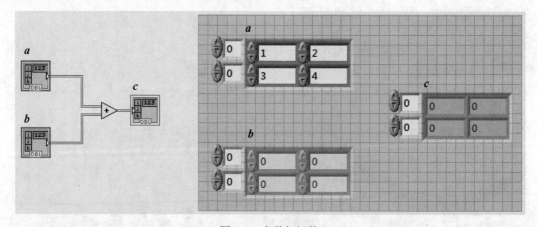

图 5-6　空数组运算

 提醒：第一，在某些场合下，运用空数组十分重要；第二，相同维度的非空数组和空数组的运算结果为空数组，如图 5-6 所示。

## ▶5.1.4　标量与簇的运算

如果簇中的元素是数值型数据，则标量与簇的基本运算相当于标量和簇的每个元素进行算术运算，并返回一个新的簇。

### 1. 标量与簇的运算

图 5-7 中的簇 $X$ 由 $a$、$b$ 和 $c$ 3 个数值型数据构成，该簇减去一个标量 $Y$ 后仍然是一个簇，该簇的结构与簇 $X$ 的结构相同。由此来看，标量与簇的运算只是将簇中每个元素分别与标量 $Y$ 进行了运算。

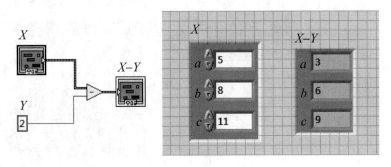

图 5-7  标量与簇的运算

### 2. 标量与簇数组的运算

如图 5-8 所示，在一个簇中放入了两个数值控件，其中"点的 $X$ 坐标"数值控件对应的簇索引为 1，如果用其表示 $X-Y$ 平面坐标系中某坐标点的横坐标值，那么簇索引为 2 的"点的 $Y$ 坐标"数值控件就表示该坐标点的纵坐标值。这样的簇描述坐标系中的一个点的坐标，所以可以称其为"点簇"。

图 5-8  点簇

把这样的"点簇"作为数组的元素构成的簇数组，就可以描述平面坐标系中的一条曲线。例如：$y=2x$ 曲线，当横坐标 $x$ 分别取 $[1,2,3,4,5,6,7,8,9,10]$ 时，其对应的纵坐标 $y$ 分别为 $[2,4,6,8,10,12,14,16,18,20]$。那么，这条曲线上的相应点的坐标值就可以表示为 $\begin{bmatrix} x \\ y \end{bmatrix} = \begin{bmatrix} 1 \\ 2 \end{bmatrix} \begin{bmatrix} 2 \\ 4 \end{bmatrix} \begin{bmatrix} 3 \\ 6 \end{bmatrix} \cdots \begin{bmatrix} 8 \\ 16 \end{bmatrix} \begin{bmatrix} 9 \\ 18 \end{bmatrix} \begin{bmatrix} 10 \\ 20 \end{bmatrix}$。如果每对坐标值构成一个"点簇"，再由这些点簇构成一个簇数组，该数组就可以表示这条曲线了，如图 5-9 所示，将 11 个"点簇"构成一个"簇数组"，再将该数组的值传递给"$XY$ 图"进行显示，就可以得到 $y=2x$ 曲线。

标量与簇数组的运算是该标量与数组中的每个簇进行运算，而标量与簇的运算前面已经探讨过。下面以图 5-9 中的簇数组为例，对其进行运算，运算结果如图 5-10 所示。

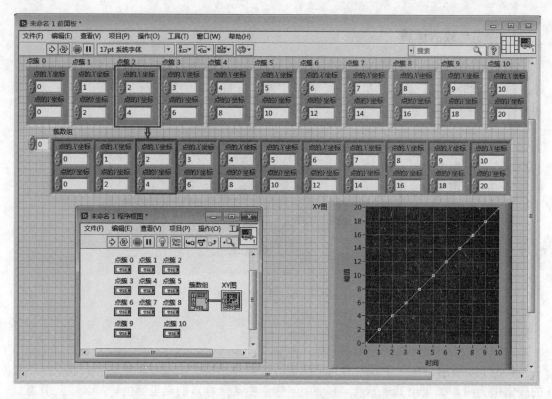

图 5-9　点簇的曲线描述

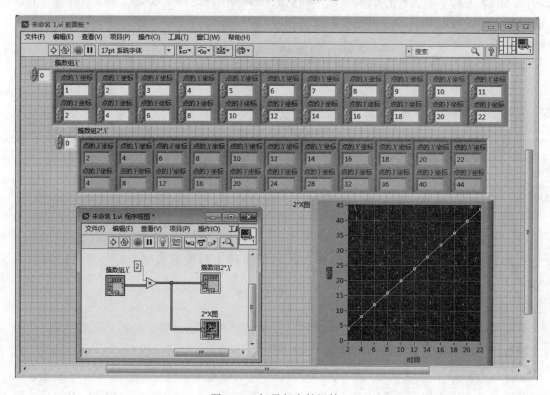

图 5-10　标量与点簇运算

### ▶5.1.5　簇与簇的运算

不同类型的簇之间是不允许直接进行运算的，只有相同类型的簇之间才可以进行运算。相同类型的簇是指两个簇中包含的对应元素类型相同，而且两个簇中包含的元素个数也相同，即簇的大小也完全相同。

簇与簇的运算实质上是对应元素相运算，最终的运算结果是与原来簇类型相同的新簇，如图 5-11 所示。

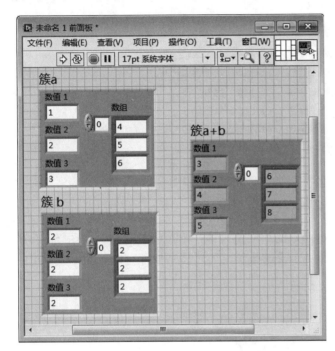

图 5-11　簇与簇的运算

## 5.2　数组函数

LabVIEW 中的数组函数用于对一个数组进行一些常用操作，如求数组的长度、替换数组中的元素、取出数组中的元素、对数组排序或初始化等各种常用的运算。这些数组函数在 LabVIEW 的函数选板下【编程】子选板下的【数组】子选板内，如图 5-12 所示。

这些数组函数是以功能函数节点的形式表现的。本节将介绍常用的数组函数，并通过一些实例具体说明数组函数的使用方法。

### 1. 数组大小

"数组大小"函数图标如图 5-13 所示，该函数的功能是获取某一数组中元素的个数，即数组的大小。该函数在很多场合都很有用处，如对一个未知的数组进行操作时，需要了解数组的一些情况，其中了解数组的大小就很有必要。下面对该函数进行介绍。

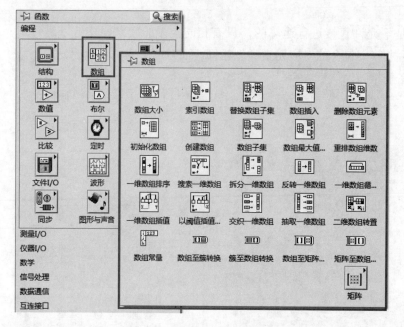

图 5-12 "数组"子函数选板

图 5-13 "数组大小"函数图标

当该函数的输入为一维数组时，该函数的返回值为该一维数组的长度。如图 5-14 所示，利用 for 循环和随机数函数产生一个一维数组，通过显示控件可以看到生成数组的情况，将该数组输入到数组大小函数，其返回值则为该数组的长度。

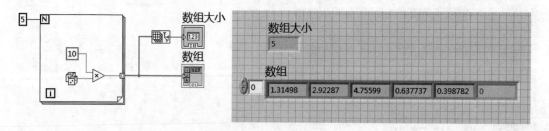

图 5-14 一维数组大小

如果"数组大小"函数的输入数组是多维数组时，该函数的返回值也是一个数组，该返回数组的每个元素对应输入数组在每个维度的长度，如图 5-15 中由两个嵌套的 for 循环产生一个 4 行 5 列的二维数组，该数组输入数组大小函数，返回数组中的两个元素 4 和 5 分别对应输入数组的行数和列数，输入数组大小等于 4×5。

### 2. 索引数组

数组中的每个元素都有一个索引与之对应。"索引数组"函数就是利用索引来搜索数组元素的函数。"索引数组"函数图标如图 5-16 所示，将"n 维数组"和"索引"输入该函数，其返回值为该"n 维数组"在"索引"位置的元素或子数组。将鼠标移到"索引数组"函数图标的下边缘，当光标变为 ⇕ 时，如图 5-16 所示，按下鼠标左键向下拖动，可以增加"索引数组"函数图标上"索引"的个数。除此以外，当将不同维数的数组接入该函数时，其索引的个数也会自动调整，如将一个二维数组接入函数时，其输入"索引"的个数会自动变为两个。

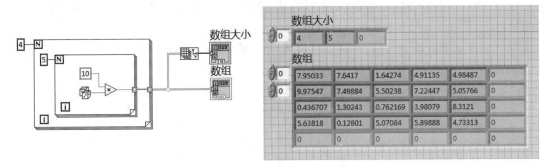

图 5-15　二维数组大小

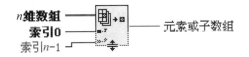

图 5-16　"索引数组"函数图标

如图 5-17 所示，利用"索引数组"函数将"一维数组 *a*"中"索引 1"对应的元素"2"取出。如图 5-18 所示，利用"索引数组"函数将"二维数组 *b*"中"索引（行）3"和"索引（列）4"对应的元素"19"取出。

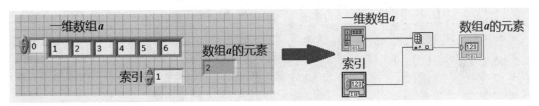

图 5-17　搜索一维数组中的元素

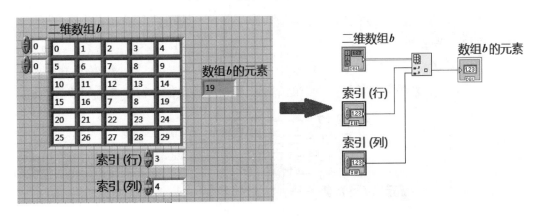

图 5-18　搜索二维数组中的元素

　　"索引数组"函数的使用很灵活，不但可以索引出数组的单个元素，也可以索引出数组中一行或一列的元素，如图 5-19 所示。对于"二维数组 *c*"，可以只接"索引（行）"而返回该数组的某一行元素，或者只接"索引（列）"而返回该数组的某一列元素。

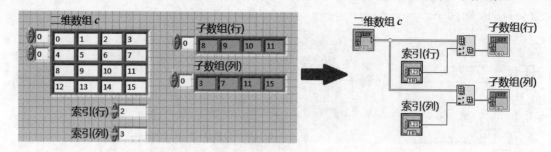

图 5-19　搜索数组的行或列

　　如果需要索引出几个连续或间隔很小的数据，可以使用顺序索引方式。以一维数组为例，如图 5-20 所示，向下拖动"索引数组"函数图标下边框，会增加输入索引和输出端，输入 3 个"索引"值，在数组中相应索引位置的元素分别被输出。多维数组也支持这种顺序索引的方式，读者可以自行实验。

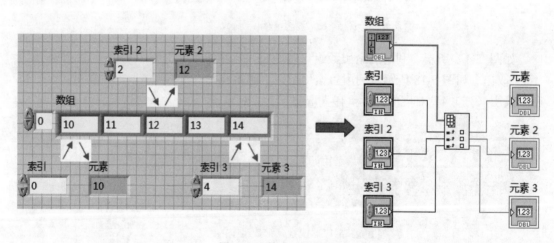

图 5-20　单个元素搜索

### 3. 替换数组子集

　　"替换数组子集"函数图标如图 5-21 所示。该函数从"索引"中指定的位置开始，用输入的"新元素/子数组"来替换数组中的某个元素或子数组，并将替换后的数组输出。

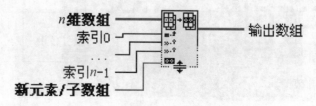

图 5-21　"替换数组子集"函数图标

一维数组中，替换的可以是一个元素，也可以是一个子数组，如图 5-22 中所示，利用"替换数组子集"来替换"数组"中的某一元素：第一次将"索引"位置 3 的元素"4"替换为新元素"10"。第二次虽然"索引"输入端子没有连接，但"索引"输入值默认为"0"，所以将"索引"位置 0 的元素"1"替换为新元素"10"。

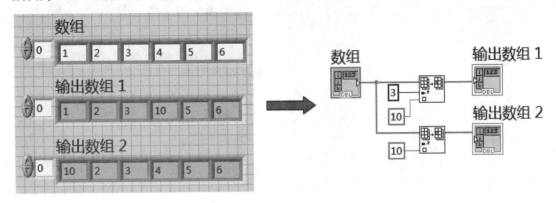

图 5-22　替换数组中的某一元素

图 5-23 是利用"替换数组子集"来替换"数组"中的一个子数组，两次都是用输入的"子数组"[8,8,8] 来替换从"索引"中指定的位置（"2"和"4"）开始的子数组，但第二次中输入子数组的长度大于"索引"中指定的位置后的子数组长度，所以只替换到尾部，多余部分被忽略。

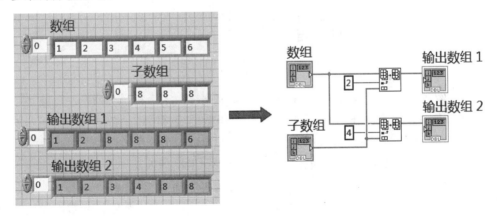

图 5-23　替换数组的子数组

同理，对于二维或多维数组，也可以利用"替换数组子集"函数进行元素、行、列或行列子集的替换。替换的开始位置依然由"索引"输入值决定，当数组"索引"不连接时依然默认为 0。如果替换部分超出原数组的长度，超出部分将被忽略。图 5-24 中的例子则是对该方法的运用，读者可自行分析，在此不作额外的说明。

### 4. 数组插入

"数组插入"函数图标如图 5-25 所示，其作用是在 $n$ 维数组中索引指定的位置插入元素或子数组。

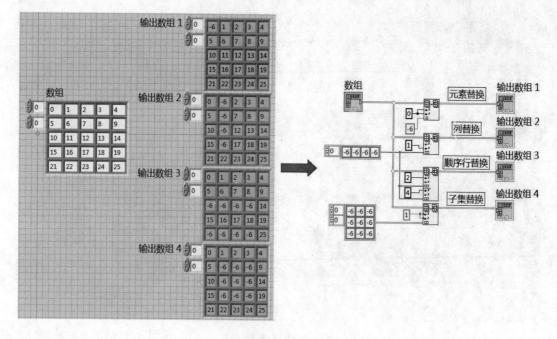

图 5-24  二维数组元素、行或列替换

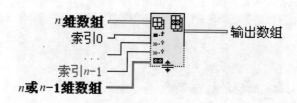

图 5-25  "数组插入"函数图标

将一个数组连接到"数组插入"函数时，函数图标的大小将自动调整，以显示数组各个维度的索引，如图 5-26 和图 5-27 所示，当一维数组连接时，函数只有一个输入索引，而当二维数组连接时，函数图标自动变大，将输入索引的个数变为两个。

图 5-26 为利用"数组插入"函数对一维数组进行多次插入操作，从上到下一共 5 次插入操作，前两次是在指定索引位置"2"和"3"插入新元素"−6"和新子数组 [−6,−6,−6]；第三、四次操作未连接任何索引输入，新元素和子数组被函数添加到数组的末尾；第五次操作中索引的指定位置"8"，超出了数组的长度"7"，该操作不成立被忽略，即输出的数组没有发生任何变化是在索引指定位置连续插入了两次"新子数组"。

对于多维数组，不允许插入单个元素（标量），只能插入子数组，而且只能对行或列插入，所以只能单独连接行或列索引。图 5-27 是对一个二维数组进行插入：第一次将子数组 $(j, i)$ 插入第 2 行，由于子数组长度小于数组行长度，插入时缺失的元素用 0 补齐；第二次将子数组 [−6,−6,−6,−6,−6,−6,−6] 插到第 3 列，子数组超出数组列长度的元素被忽略；第三次从第 4 行连续插入；第四次插入时没有连接行或列索引，默认将子数组插到末尾行。

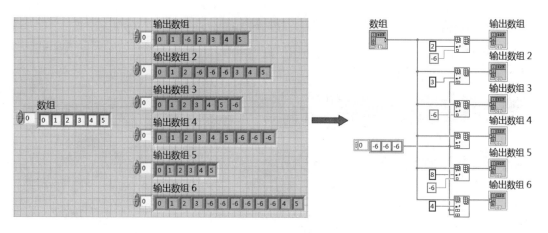

图 5-26　一维数组插入

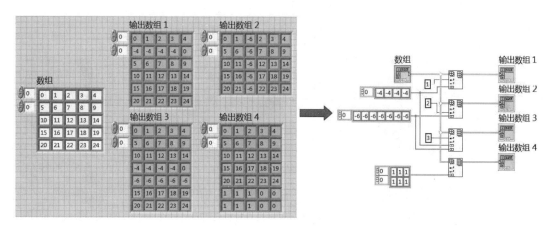

图 5-27　二维数组插入

## 5. 删除数组元素

"删除数组元素"函数图标如图 5-28 所示，其作用是在 $n$ 维数组的索引位置开始删除一个元素或指定长度的子数组，返回两个内容，一个是已删除元素的数组子集部分，另一个是已删除的部分。

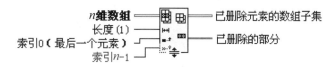

图 5-28　"删除数组元素"函数图标

图 5-29 为利用该函数对一维数组进行两次删除操作，第一次从指定索引位置"1"开始删除两个元素，删除之后的数组为 $[0,3,4,5]$，已删除的数组为 $[1,2]$；第二次删除元素的个数为"2"，但没有指定索引位置，系统默认从数组的末尾删除两个元素。

当多维数组连接该函数时，函数的图标大小自动调整，以显示数组的各个维度的索引。图 5-30 中，将二维数组连接该函数，函数图标自动显示两个索引，程序中三次利用该函数进行删除操作，每次都指定删除的长度为 2，即删除两行或两列。第一次指定从第 2 列开始删除两列，第二次指定从第二行开始删除两行，第三次没有指定删除开始的索引位置，系统默认从数组的末尾行删除两行。

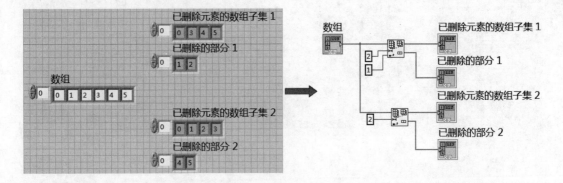

图 5-29　一维数组删除元素

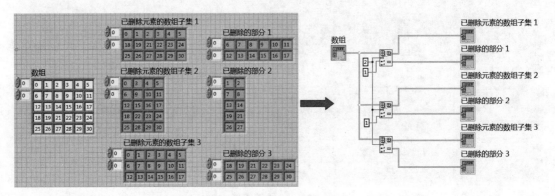

图 5-30　多维数组删除元素

 注意：二维数组中的删除操作只能是整行或整列，不允许行和列同时删除。

### 6. 初始化数组

"初始化数组"函数图标如图 5-31 所示，该函数包括"维度大小"和"元素"两个输入端子，输出端子返回创建的数组，其作用是创建 $n$ 维数组，每个元素都初始化为输入"元素"的值，数组每个维度上的长度由"维度大小"决定，鼠标移到图标下边缘会变成如图 5-31 所示的拖动图标，按住鼠标左键向下拖动可以增加数组的维度。

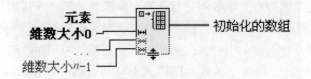

图 5-31　"初始化数组"函数图标

图 5-32 中，利用该函数多次产生不同维度的数组，第一次产生的数组只有一维数组，所以只使用一个"维度大小"的输入端子，输入值为"5"，"元素"输入端子的值为 2，所以产生长度为 5，所有元素都为 2 的一维数组；第二次是创建二维数组；第三次是产生三维数组，但三个维度输入的"维度大小"值都为 0，所以产生的是三维空数组；第四次 3 个维度的输入端子都没连接，由于系统默认这种情况的输入"维度大小"的值为 0，所以仍然生成三维空数组。

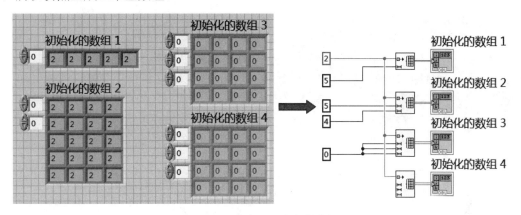

图 5-32　产生不同维度的数组

## 7. 创建数组

"创建数组"函数图标如图 5-33 所示，其作用是连接多个数组或向 n 维数组添加元素。

在程序框图上放置该函数时，只有一个输入端可用，如图 5-34 所示。右击函数，在弹出的快捷菜单中选择【连接输入】可向函数增加输入端，或将鼠标移动到函数图标的边缘，当鼠标的形状变为如图 5-33 所示时，可以按下鼠标左键向下拖动图标边框调整函数大小，也可向函数增加输入端。

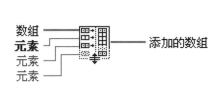

图 5-33　"创建数组"函数图标　　　　　图 5-34　"创建数组"函数快捷菜单

"创建数组"函数有两种模式。如图 5-34 所示，右击函数图标，在弹出的快捷菜单中选择或取消选择【连接输入】，可在两种模式之间切换。若选择【连接输入】，函数将顺序添加全部输入，形成输出数组，该数组的维度与输入数组的维度相同。例如，如图

5-35 所示，连接两个一维数组 $a\{1, 2\}$ 和 $b\{3, 4, 5\}$ 至该函数，然后在弹出的快捷菜单中选择【连接输入】，则输出为一维数组 $\{1, 2, 3, 4, 5\}$。

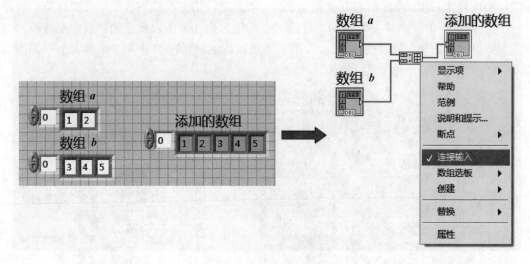

图 5-35　连接输入

如未选择【连接输入】，函数创建的数组比输入数组多一个维度。如图 5-36 所示，连接两个一维数组 $a\{1, 2\}$ 和 $b\{3, 4, 5\}$ 至该函数，不选择【连接输入】，则输出结果为二维数组 $\{\{1, 2, 0\}, \{3, 4, 5\}\}$，第一个输出被填充 0，是因为要匹配第二个输入的长度。

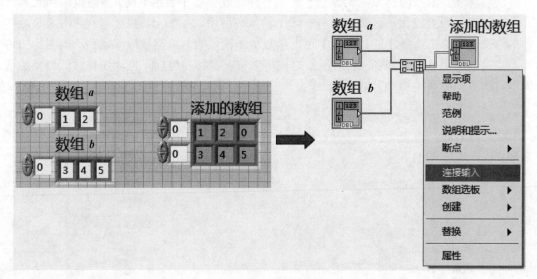

图 5-36　非连接输入

如输入数组的维度相等，可右击函数，取消勾选或勾选【连接输入】快捷菜单项。但是，如果输入数组的维度不相等，LabVIEW 将自动选择【连接输入】，且不可取消，如图 5-37 所示，函数将一维数组 $b$ 连接到二维数组 $a$ 的尾部产生一个新二维数组，其维度与输入数组 $a$ 相同。

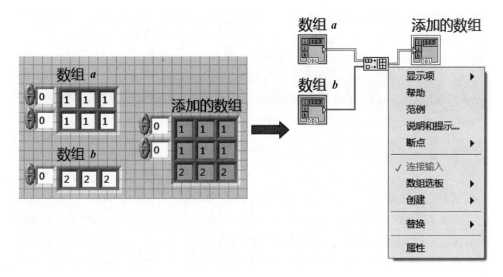

图 5-37　不同维度数组连接

如图 5-38 所示，如所有的输入为标量元素，LabVIEW 可自动取消勾选【连接输入】，且不能选择。输出的一维数组按顺序存储输入的标量元素。

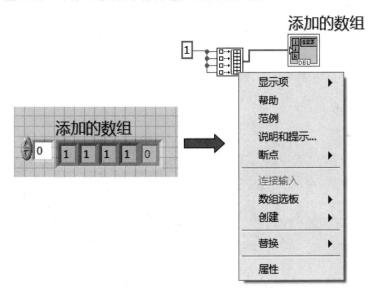

图 5-38　标量连接

在弹出的快捷菜单中选择【连接输入】时，创建数组图标上的符号会发生变化，以区别两个不同的输入类型。输入和输出维数一致时，符号显示为数组。输入比输出小一个维度时，符号显示为元素。

### 8. 数组子集

"数组子集"函数图标如图 5-39 所示，其作用是从"索引"处开始，包含 "长度"个元素，返回输入数组的一部分。

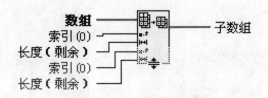

图 5-39 "数组子集"函数图标

"数组"输入端可以是任意类型的 $n$ 维数组。"索引"端子指定要返回的部分数组中包含的第一个元素、行、列或页。如果索引小于 0，函数可视为 0。如索引大于等于数组大小，函数返回空数组。"长度"指定要返回的部分数组中包含的元素、行、列或页的数量，如果"长度"为 0，则返回同类型的空数组。如果索引与长度的和大于数组大小，函数返回尽可能多的数组。默认值是从索引至数组结尾的长度。

连接数组至该函数时，函数可自动调整图标大小，显示数组各个维度的索引。如连接一维数组至该函数，函数可显示元素的索引输入端。如连接二维数组至该函数，函数可显示行和列的索引输入。如连接三维至 $n$ 维数组至该函数，函数将显示页索引输入端。

如图 5-40 所示，四次利用"数组子集"函数提取一维数组 $a$ 的部分子集。第一次，函数将数组 $a$ 中从索引"1"位置对应元素开始的 3 个元素提取出来，并在"子数组 $a$1"中显示；第二次，由于指定函数的"长度"为 0，所以只能提取出空数组，并在"子数组 $a$2"中显示；第三次，由于指定函数的"索引"大小为 10，其超过数组 $a$ 的长度，所以只能返回空数组，并在数组子集 $a$3 中显示；第四次，指定的函数"长度"为 5，大于指定"索引"2 位置后数组的长度，所以将数组 $a$ 中"索引"2 位置及其以后的全部元素提取出来，并在子数组 $a$4 中显示。

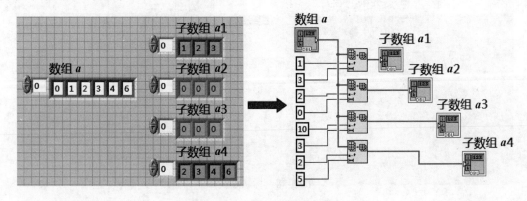

图 5-40 提取一维数组子集

如图 5-41 所示，将二维数组 $b$ 连接到"数组子集"函数，函数的图标自动增加了"索引"和"大小"的个数，分别对应二维数组的行和列。图 5-41 中显示的程序已经详细解释了上述问题，在此不过多解释，请读者自行理解。

### 9. 数组的最大值和最小值

数组的最大值和最小值函数图标如图 5-42 所示。该函数的作用是返回数组中第一个最大值、最小值及其索引。

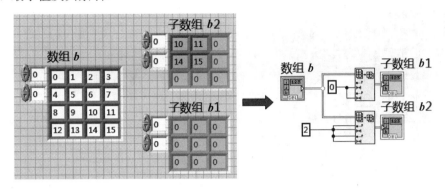

图 5-41　提取二维数组子集

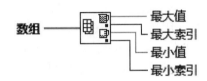

图 5-42　数组的最大值和最小值函数图标

如图 5-43 所示，一维数组中元素的最大值为 6，两个最大值的索引分别为 2 和 4，最小值为 0，两个最小值的索引分别为 1 和 6。将该数组连接到"数组的最大值和最小值"函数，该函数返回输入数组的"最大值"和"最小值" 6 和 0，以及第一个最大值和最小值对应的索引 2 和 1。

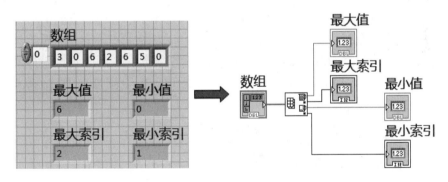

图 5-43　一维数组最大最小值元素

图 5-44 中将二维数组与"数组的最大值和最小值"函数相连，该数组中元素的最大值为 4，两个最大值的索引位置分别为 $[2,2]$ 和 $[3,4]$；最小值为 0，两个最小值的索引位置分别为 $[1,4]$ 和 $[3,1]$。该函数将最大值和最小值 4 和 0，以及其对应的最小索引返回。

注意：返回的索引是数组。

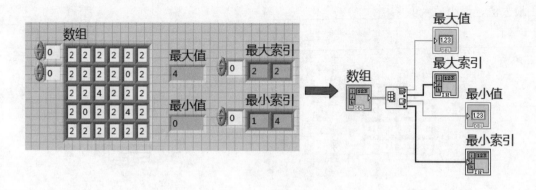

图 5-44    二维数组最大最小值

### 10. 重排数组维数

"重排数组维数"函数图标如图 5-45 所示,其作用是根据给定维数和维数大小,重新排列一维数组或者多维数组。如果给定数组元素的个数大于原来数组元素的数量,则用默认值补齐。反之,原来数组多余的元素被舍弃。若维度大小设置为 0,则返回空数组。

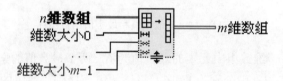

图 5-45    "重排数组维数"函数图标

如图 5-46 所示,两次利用"重排数组维数"函数将一维数组"数组 $a$"重新排序,第一次,依然排成一维数组,但新一维数组的维度为 4,小于原数组元素的个数,从而使原数组中的多余元素被舍弃,结果在"输出数组 $a2$"中显示;第二次,将一位数组 $a$ 排序成二维数组,新的二维数组的两个维度大小都为 4,所以新数组的元素个数为 $4\times4$,大于原数组元素的个数,则新数组中不足的元素由默认值 0 补齐,结果在"输出数组 $a2$"中显示。

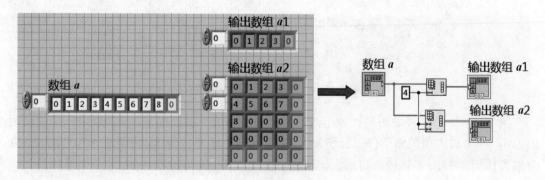

图 5-46    重排一维数组

图 5-47 为利用"重排数组维数"函数将二维数组重新进行排序,图中显示比较详细,请读者自行分析。

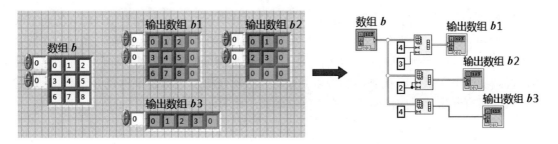

图 5-47 重排二维数组

### 11. 一维数组排序

"一维数组排序"函数图标如图 5-48 所示。该函数的作用是将输入的一维数组中的元素按照升序排列。如果数组是簇数组，该函数可按照第一个元素的比较结果对元素进行排序。如第一个元素匹配，函数可比较第二个和其后的元素。连线板可显示该多态函数的默认数据类型。

图 5-48 "一维数组排序"函数图标

图 5-49 中利用 for 循环结构和随机数函数 产生一个一维数组，该数组在"未排序数组"中显示，可以看到该数组中元素的大小是随机的，没有顺序，将该数组输入"一维数组排序"函数，函数的返回数组在"已排序数组"中显示，可以看到返回数组中的元素按从大到小的顺序被重新排列。

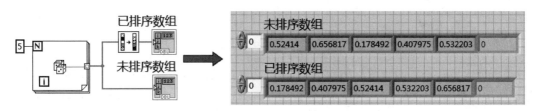

图 5-49 一维数组排序实例

### 12. 搜索一维数组

"搜索一维数组"函数图标如图 5-50 所示，起作用的部分是在输入"一维数组"中从"开始索引"处搜索输入"元素"。由于搜索是线性的，调用该函数前不必对数组排序。找到输入"元素"后将其索引号输出，并命令 LabVIEW 立即停止搜索，如果不存在该元素，则返回-1。

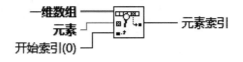

图 5-50 "搜索一维数组"函数图标

如图 5-51 所示,搜索一维数组中的"元素"3,数组中有两个元素 3,对应的两个索引号为 2 和 6,第一次利用"搜索一维数组"函数从索引号 0 处开始搜索,当第一次搜索到"3"时停止,并返回其对应的索引号 2;第二次配合 while 循环以及移位寄存器连续搜索,直到将两个元素 3 都找到,当搜索完最后一个元素 3 后,数组不再包含元素 3,这时返回-1,所有元素 3 对应的索引号在"索引数组"中显示。

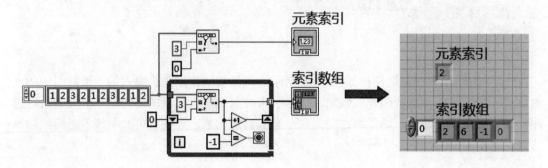

图 5-51　搜索一维数组实例

 提示:请读者一定要留心这种程序的书写风格。

 注意:"搜索一维数组"函数为多态函数,支持字符串数组。

### 13. 拆分一维数组

"拆分一维数组"函数图标如图 5-52 所示,该函数以指定"索引"为界,把一维数组分成两个一维数组。第一个子数组包含索引 0 到指定索引减 1 的所有元素。也就是说,指定索引元素包含在第二个数组中。如果指定索引为 0,则第一个子数组为空数组,第二个子数组为原数组。如果指定索引大于数组的最大索引,则第一个子数组为原数组,第二个子数组为空数组。

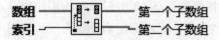

图 5-52　"拆分一维数组"函数图标

图 5-53 为对应的例子,由于其比较简单,在此不再详细介绍,读者可以再行(自己进行)实验分析。

### 14. 反转一维数组

"反转一维数组"函数图标如图 5-54 所示,其作用是将输入数组中所有元素的顺序反转，如图 5-55 所示，输入数组$[6,5,4]$经"反转一维数组"函数处理后，输出的数组变为$[4,5,6]$。

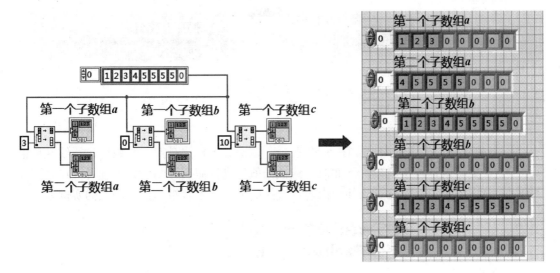

图 5-53　拆分一维数组实例

图 5-54　"反转一维数组"函数图标　　　　图 5-55　反转一维数组实例

### 15. 一维数组移位

"一维数组移位"函数图标如图 5-56 所示，其作用是使"数组"中的元素循环移动一定的位置，循环移动方向和位数由 $n$ 决定。当$n>0$时，数组中的元素循环右移 $n$ 位；当$n<0$时，数组中的元素循环左移$|n|$位。

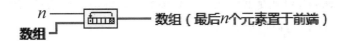

图 5-56　"一维数组移位"函数图标

如图 5-57 所示，当输入的 $n$ 为 3，"一维数组移位"函数先将数组$[1,2,3,4,5,6,7,8]$最后一位元素 8 移动到数组的第 1 位，同时数组其他元素$[1,2,3,4,5,6,7]$整体右移，数组变为$[8,1,2,3,4,5,6,7]$，然后相同的操作再进行两次，最后数组变为$[6,7,8,1,2,3,4,5]$。当输入的 $n$ 为–4时，"一维数组移位"函数先将数组$[1,2,3,4,5,6,7,8]$的第一位元素 1 移动到数组的最后一位，同时数组中的其他元素 $[1,2,3,4,5,6,7]$ 整体左移，数组变为$[2,3,4,5,6,7,8,1]$，然后这样相同的操作再进行 3 次，最后数组变为$[5,6,7,8,1,2,3,4]$。

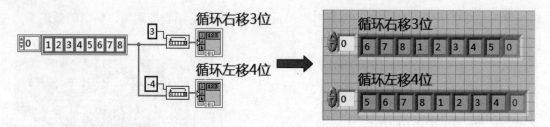

图 5-57  一维数组移位实例

### 16. 一维数组插值

"一维数组插值"函数图标如图 5-58 所示，该函数的作用是对一维数组进行线性插值操作。为了更好地理解该函数，下面对"线性插值"进行简要介绍，如果读者已经对该部分的知识有所了解，可以跳过该部分内容，直接阅读"一维数组插值"函数的实例。

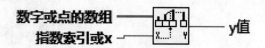

图 5-58  "一维数组插值"函数图标

### 线性插值

许多实际工程问题都用函数 $y = f(x)$ 来表示内在规律的数量关系，其中相当一部分函数是通过实验或观测得到的。虽然 $f(x)$ 在 $[a,b]$ 上是存在的，有的还是连续的，但只能给出 $[a,b]$ 上的一系列点 $x_i$ 的函数值 $y_i = f(x_i)$，$(i = 0, 1, \cdots, n)$，这是一个函数表，有的函数虽然有解析表达式，但由于计算复杂，使用不方便，通常也会建立一个函数表，如大家熟悉的三角函数表、对数表等。

为了研究函数的变化规律，往往需要求出不在表上的函数值。因此，我们希望可以根据给定的函数表定义一个既能反映函数 $f(x)$ 的特性，又便于计算的简单函数 $P(x)$，使 $P(x)$ 近似 $f(x)$。通常选一类简单的函数作为 $P(x)$，并使 $P(x_i) \approx f(x_i)$ 对 $i = 0, 1, \cdots, n$ 成立。这样确定下来的 $P(x)$ 就是我们希望的插值函数，此方法即为插值法。插值法的种类很多，下面只简单介绍"线性插值"。

假设已知坐标 $(x_0, y_0)$ 与 $(x_1, y_1)$，要得到 $(x_0, x_1)$ 区间内某一位置 $x$ 在直线上的 $y$ 值。根据图 5-59 中所示，假设 $AB$ 上有一点 $(x, y)$，可作出两个相似三角形，得到 $(y - y_0)/(y_1 - y_0) = (x - x_0)/(x_1 - x_0)$。假设方程两边的值为 $\alpha$，那么这个值就是插值系数——从 $x_0$ 到 $x$ 的距离与从 $x_0$ 到 $x_1$ 距离的比值。由于 $x$ 值已知，所以可以从公式得到 $\alpha = (x - x_0)/(x_1 - x_0)$。同样，$\alpha = (y - y_0)/(y_1 - y_0)$ 在代数上就可以表示成 $y = y_0 + \alpha(y_1 - y_0)$。

如图 5-60 所示，"一维数组插值"函数的输入数组是数字数组，即数组中的每个元素都是数字，可以理解此例中的数组是用来表示为某一函数 $y = f(x)$ 上的几个点 $(x_i, y_i)$，这些点的横坐标由数组元素的索引表示——$x_i = [0, 1, 2, 3, 4, 5]$；纵坐标由数组元素表示——$y_i = [1,2,3,6,9,10]$。输入的索引 $x = 2.3$ 代表插值点的横坐标，介于索引（横坐标）2 和 3 之间，设这两个索引对应点的坐标为：

$$\begin{cases} x_0 = 2 \\ y_0 = 3 \end{cases} 和 \begin{cases} x_1 = 3 \\ y_1 = 6 \end{cases}$$

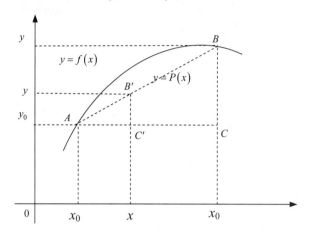

图 5-59　插值原理图

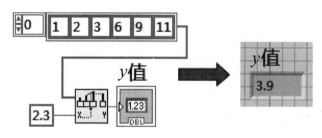

图 5-60　一维数组插值实例

利用上面线性插值的方法可以计算出插值系数：

$$\alpha = (x - x_0)/(x_1 - x_0) = (2.3 - 2)/(3 - 2) = 0.3$$

并利用该系数计算出插值点的纵坐标

$$y = y_0 + \alpha(y_1 - y_0) = 3 + 0.3(6 - 3) = 3.9$$

图 5-59 中，"一维数组插值"函数的输出结果正是该插值点的纵坐标 $y = 3.9$。

按照本章前面部分的介绍可知，数字数组并不是表示直角坐标系中坐标点的最佳方法，簇数组才是最佳方法。如图 5-61 所示，"一维数组插值"函数的输入数组就是一个簇数组，它的每个元素都是一个点簇，点簇中的第一个和第二个元素分别代表几何点的横坐标和纵坐标，该输入数组代表的几何点的坐标 $\begin{bmatrix} x_i \\ y_i \end{bmatrix}$ 为 $\begin{bmatrix} 2 \\ 7 \end{bmatrix}\begin{bmatrix} 6 \\ 9 \end{bmatrix}\begin{bmatrix} 10 \\ 14 \end{bmatrix}\begin{bmatrix} 15 \\ 30 \end{bmatrix}$。于是，"一维数组插值"函数的输入值 $x$ 就代表插值点的横坐标，输出的就是插值点的纵坐标。读者可以按照上面的计算方法来验证程序结果的正确性。

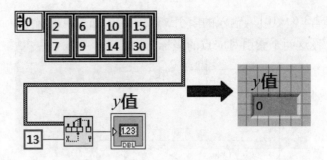

图 5-61　簇维数组插值实例

注：可连接数值数组或数据点集合数组至该函数。如连接数值数组，函数可使指数索引或 $x$ 解析为数据元素的引用。如连接数据点集合数组，函数可使指数索引或 $x$ 解析为每个数据点集合中的 $x$ 值元素。如连接数据点数组至该函数，数据点必须按照 $x$ 值升序排列。

### 17. 以阈值插值一维数组

"以阈值插值一维数组"函数图标如图 5-62 所示，该函数实际上是一维数组插值的逆运算，此方法通过实例对其讲解。

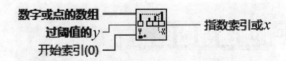

图 5-62　"以阈值插值一维数组"函数图标

如图 5-63 所示，首先运用"一维数组插值函数"求取点索引 2.25 下的插值 6，然后通过"以阈值插值一维数组"函数进行逆运算，把插值的结果作为阈值，返回索引值 2.25。

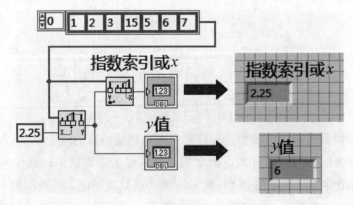

图 5-63　以阈值插值一维数组实例

### 18. 交织一维数组

"交织一维数组"函数图标如图 5-64 所示，其作用是将输入数组（0～$n$-1）中的元素交织输入一个新数组。如图 5-65 所示，3 个一维数组输入该函数，该函数依次将输入 3 个数组的第一个元素 1,3,5 放入新数组，新数组名为"交织的数组"，然后再将 3 个数值的第二个 2,4,6 依次放入"交织的数组",由于第一个输入数组没有第三个元素,所以结束向新数组中放置元素。

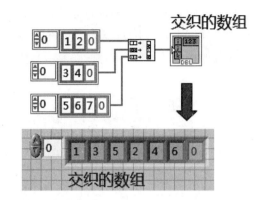

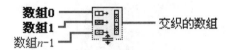

图 5-64　"交织一维数组"函数图标　　　　图 5-65　交织一维数组实例

注意:该函数输入端子连接的必须是一维数组,生成的也是一维数组。如果输入数组的长度不同,自动按输入数组的最小长度截取,然后再依次抽取截断后输入数组中相应索引的元素放入新数组。新数组的长度等于最小输入数组的长度乘以输入数组的个数。

## 19. 抽取一维数组

"抽取一维数组"函数图标如图 5-66 所示,该函数的作用是使数组的元素分成若干输出数组,依次输出元素。此函数舍弃所有使输出数组长度不同的元素。从另一个角度即可将该函数看作是"交织一维数组"函数的逆运算。

图 5-66　"抽取一维数组"函数图标

图 5-67 是利用"抽取一维数组"函数将数组分成多个数组,读者分析该程序时注意数组元素分配的方式,以及为了保证分解后的数组 $2a$ 和数组 $2b$ 长度相等,舍弃数组元素 9。

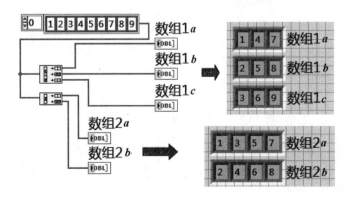

图 5-67　抽取一维数组实例

### 20. 二维数组转置

"二维数组转置"函数图标及实例如图 5-68 所示，该函数的作用是重新排列二维数组的元素，使二维数组 $[i,j]$ 变为已转置的数组 $[j,i]$。读者可以自行通过图 5-68 中的例子了解该函数的用法。

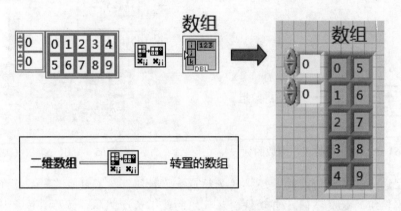

图 5-68　"二维数组转置"函数图标及实例

### 21. 数组至簇函数

"数组至簇函数"图标及实例如图 5-69 所示，该函数的作用是使任意型的一维数组转换为簇，转换后的簇元素与数组元素的类型相同。数组可以任意改变大小，但簇的大小是固定的，所以在利用数组至簇函数转换前需要手动指定簇的大小。具体做法是：右击该函数，在弹出的快捷菜单中选择【簇大小】，设置【簇中元素的数量】，如图 5-69 所示。簇的大小默认值为 9，最大值为 256。图 5-69 中还给出了具体的程序，请读者自行分析。

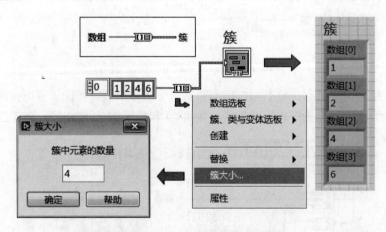

图 5-69　"数组至簇函数"图标及实例

 注意：如"簇大小"的值小于数组元素数量，函数会忽略超出"簇大小"的数组元素。如"簇大小"的值大于数组元素数量，则多余的簇元素将显示相应数据类型的默认值。

### 22. 簇至数组转换

"簇至数组转换"图标及实例如图 5-70 所示。其作用是将"簇"转换为"数组"，要求簇中的元素必须具有相同的数据类型，转换后数组中的元素与簇中的元素的数据类型以及数组中的元素与簇中的元素顺序一致。图 5-70 中簇中的元素也是簇（前面提到过的点簇），转换后数组中的元素依然是顺序相同的点簇。

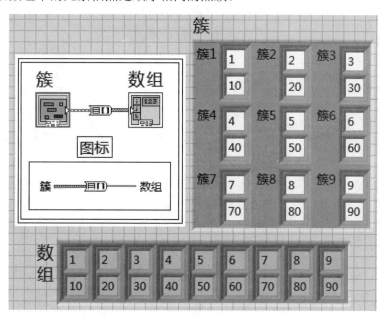

图 5-70　"簇至数组转换"图标及实例

### 23. 矩阵至数组

"矩阵至数组"函数实例如图 5-71 所示，该函数的作用是使矩阵转换为数据类型与矩阵元素相同的数组。需要注意矩阵是多态的，可以是实数矩阵，也可以是复数矩阵，转化后数组中的元素也相应为实数或者复数。

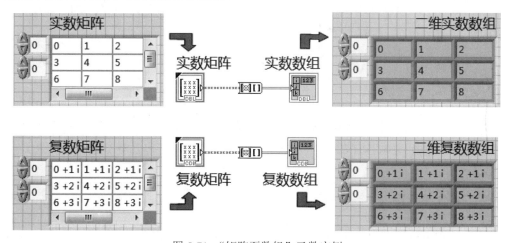

图 5-71　"矩阵至数组"函数实例

### 24. 数组至矩阵

"数组至矩阵"函数图标如图 5-72 所示,其可以理解为"矩阵至数组"函数的逆操作,也要注意该函数的多态性,即如果输入的是实数组,转化的结果就是实矩阵;如果输入的是虚数组,转化的结果就是虚矩阵。

数组 ——[]▦—— 矩阵

图 5-72 "数组至矩阵"函数图标

# 5.3 簇函数

前面介绍了如何利用运算函数来进行标量与簇、簇与簇之间的运算,但是在很多的场合下,需要处理簇中的一个或几个特定的元素,这需要一些特殊的函数,LabVIEW 的"簇、类与变体函数"选板中提供了这些函数,如图 5-73 所示。本节将对这些函数的用法进行介绍。

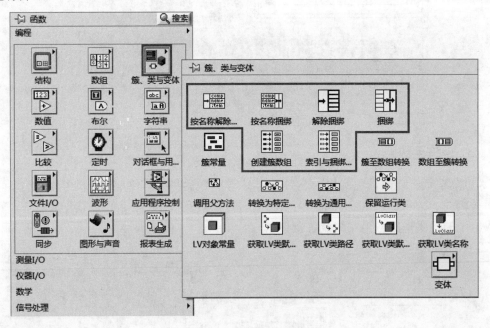

图 5-73 簇、类与变体函数选板

根据前面的介绍可知,簇中的元素是具有独立标签的,标签代表簇中元素的名称。另外,簇中的元素也是有次序的。因此,LabVIEW 中提供两种方法寻找特定的簇元素:按名称寻找和按次序寻找。

### 1. 按名称解除捆绑

"按名称解除捆绑"函数图标如图 5-74 所示。顾名思义,该函数的作用是按照元素的名称返回簇中的元素。可以通过选择多个名称返回多个簇元素，而不须关心这些元素在簇中的次序问题。"按名称解除捆绑"相比"按次序解除捆绑"来说更直观，不易出现错误。对于具有多种相同数据类型元素的簇，"按照名称解除捆绑"是建议使用的方式。

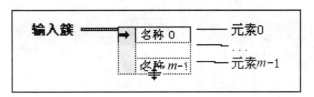

图 5-74　"按名称解除捆绑"函数图标

如图 5-75 所示，名为"实物参数"的簇中包含 3 个元素：体积（簇）、密度（数值）、颜色（字符串），其中"体积"簇中又包含 3 个数值型元素（长、宽、高）。将该簇与"按名称解除捆绑"函数相连，函数按名称将簇中的 3 个元素分解，按住鼠标左键拖动函数图标上下边框可以使其变为图中显示的样子，再将该函数输出的"体积"簇元素按名称分解，如图 5-75 所示经过两级解除"捆绑"将"实物参数"簇的全部元素分解出来并显示。

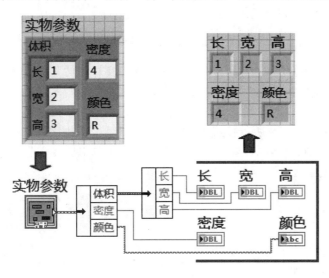

图 5-75　按名称解除捆绑实例

如果想要直接取出嵌套的簇元素，可以按图 5-76 所示，单击选取元素即可。"实物参数"簇中的簇元素"体积"中的"高"选取对应的选项名称为"体积.高"。

## 2. 按名称捆绑

"按名称捆绑"函数图标如图 5-77 所示，其作用是依据名称替换"输入簇"中的一个或多个簇元素。

　注意：虽然该函数的名称为"捆绑"，但实际功能却是"替换"。

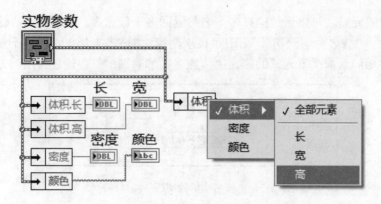

图 5-76　嵌套的簇元素提取

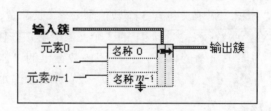

图 5-77　"按名称捆绑"函数图标

如图 5-78 所示，首先建立一个"输入簇"，并将其与"按名称捆绑"函数连接，单击名称接线端，在弹出的快捷菜单中选择【元素】。本例子中输入簇包含 4 个元素：大小、接受、名称和参数，其中"参数"元素依然是一个簇，包含体积和密度两个元素。由于存在簇中有嵌套元素的情况，所以接线端的名称有"参数.体积"的显示，该名称为替换元素的完整名称，可以右击名称连线端，在弹出的快捷菜单中选择【隐藏完整名称】，则接线端的名称"参数.体积"就会变为"体积"。

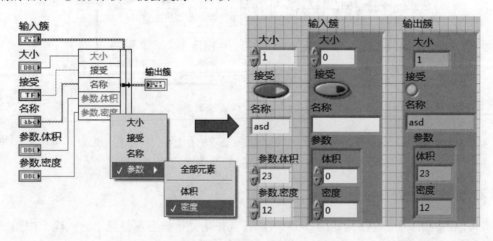

图 5-78　按名称捆绑实例 1

　注意：输入簇中的元素必须具有"标签"，即名称，才能被该函数替换。

有时会遇到这种情况：利用"按名称捆绑"函数时，并没有输入控件，只有一个显示控件。显示控件是不能和函数的"类型"输入端子连接的。解决这一问题的方法是：将输出控件转化为常数，然后再与函数的"类型"输入端子连接，或者利用输出簇的"局部变量"或"值属性"，如图 5-79 所示。

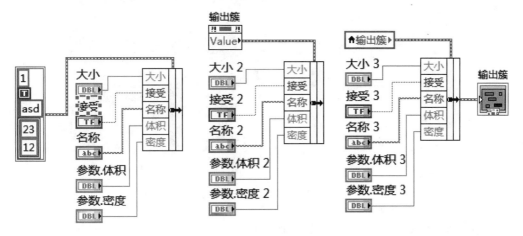

图 5-79　按名称捆绑实例 2

当簇非常大时，它的常数会占据很大的空间。这种情况下，可以创建子 VI，由子 VI 导出簇常数。实际上，需要的只是簇的数据类型，而各个数据的值到底是多少无关紧要。

### 3. 解除捆绑

"解除捆绑"函数图标及实例如图 5-80 所示，其作用是使簇分解为独立的元素。将簇连线到该函数时，函数可自动调整大小，并按在簇中的顺序显示各个元素，但连线板只显示元素的数据类型，当数据量较大时，很难区分元素。

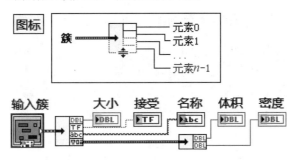

图 5-80　"解除捆绑"函数图标及实例

使用"解除捆绑"函数时，簇中的所有元素会被一次都显示出来，而"按名称解除捆绑"函数则可按需要选择簇中的一个或者几个元素，这是两个函数的另一个不同之处。

### 4. 捆绑

"捆绑"函数的作用是将独立元素组合为簇，或改变簇中一个或多个元素的值。其图标及实例如图 5-81 所示。实现这些操作的前提是要为该函数的"簇类型"连线端子指明簇中包含元素的数据类型，当一个数据类型的簇连到该端子的时候，函数图标将自动调整大小，从而显示簇中的各个输入元素。

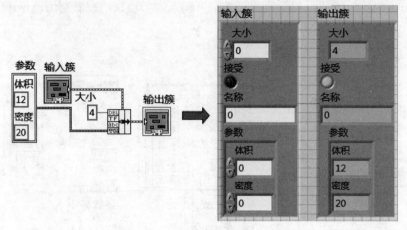

图 5-81　捆绑函数图标及实例

### 5. 创建簇数组

"创建簇数组"函数图标如图 5-82 所示，其作用是先将每个输入元素捆绑成簇之后，再将这些元素组合成数组。由于最终产生的是数组，所以要求所有元素 $0..n-1$ 输入端的类型必须一致。

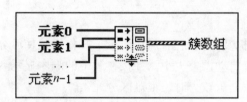

图 5-82　"创建簇数组"函数图标

如图 5-83 所示，利用"创建簇数组"函数将 3 个"布尔"型输入元素分别捆绑成簇，然后再组合成数组。为了使读者更好地理解该函数的作用，我们利用另外一种方法产生了同样的数组。把布尔型数据放入簇常量中生成包含一个布尔型元素的簇，再利用"数组初始化函数"将该簇作为数组的 3 个元素合成数组。两种方法的过程等效，结果相同。

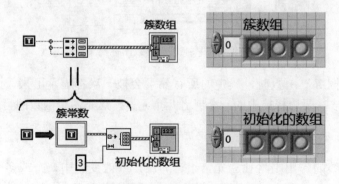

图 5-83　创建簇数组实例

#### 6. 索引与捆绑簇

"索引与捆绑簇"函数图标如图 5-84 所示,该函数的作用是对多个数组建立索引,并创建簇数组。

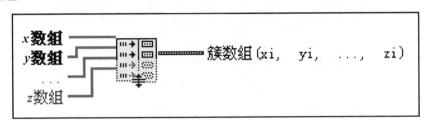

图 5-84　"索引与捆绑簇"函数图标

图 5-85 中,利用"索引与捆绑簇"函数将输入的 3 个数组 $X$,$Y$,$Z$ 中对应相同索引的元素 $X[i]$,$Y[i]$,$Z[i]$ 组合成一个簇,并将其作为簇数组 1 的第 $i$ 个元素。另外,图 5-85 中又给出了利用 for 循环和捆绑函数的方式构建簇数组 2,其结果与簇数组 1 的结果一致。对这两段程序进行比较,可以很好地理解"索引与捆绑簇"函数的功能。

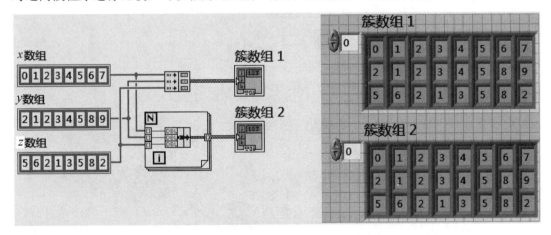

图 5-85　索引与捆绑簇实例

绘制 $X-Y$ 图或三维图形时,图中每一个点都由一个簇表示,簇中的元素分别表示点的 $X$,$Y$,$Z$ 坐标,整个曲线就是由这样的簇构成的簇数组表示的,所以"索引与捆绑簇"函数在这种场合下非常实用,相比之下,其可以缩短程序运行时间和内存的使用效率。

## 5.4 矩阵函数

在函数选板的数组选项中可以看到矩阵函数,如图 5-86 所示,其作用是对矩阵进行操作,类似于数组函数对数组的操作。

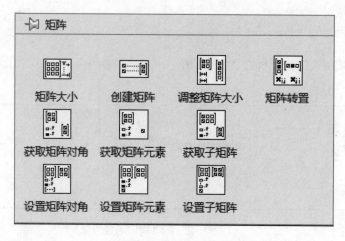

图 5-86 矩阵函数选板

## 1. 矩阵大小

"矩阵大小"函数图标及实例如图 5-87 所示，其作用是返回输入矩阵的行数和列数。利用该函数取出实数和复数矩阵的行和列的程序也在图 5-87 中有所显示。

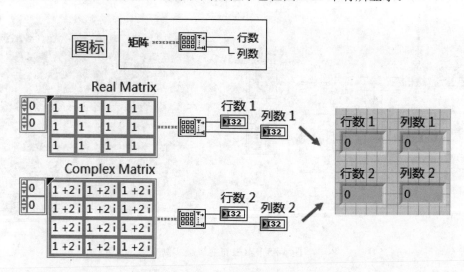

图 5-87 "矩阵大小"函数图标及实例

## 2. 创建矩阵

"创建矩阵"函数图标及实例如图 5-88 所示，其作用是按照行或列添加矩阵元素。在程序框图上添加该函数时，其只有一个输入端。右击函数，在弹出的快捷菜单中选择【添加输入】，或通过鼠标拖动调整函数图标大小，均可向函数增加输入端。

"创建矩阵"函数可进行两种模式的运算：【按行添加】和【按列添加】。在程序框图上放置函数时，默认模式为按列添加，如图 5-88 所示，右击函数图标选择不同的添加模式时，函数的图标会有相应的变化。图 5-88 中的例子是分别利用两种添加模式将矩阵 *b* 添加到矩阵 *a* 中：按列添加时，函数在矩阵 *a* 第一行的最后一列后添加矩阵 *b*。由于矩阵

*a* 的行数少于矩阵 *b* 的行数，添加后的矩阵 1 中缺失元素用默认值 0 补齐。按行添加，函数在矩阵 *a* 第一列的最后一行后添加矩阵 *b*，添加后的矩阵 2 中缺失元素也用默认值 0 补齐。

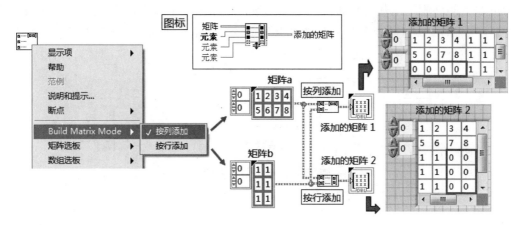

图 5-88　"创建矩阵"函数图标及实例

由于单个数值可以看作是一行一列的矩阵，所以函数的输入"矩阵"或"元素"可以是数值标量、实数、复数、一维或二维数组。如元素为空矩阵或数组，函数可忽略空的维数。但是，元素的维数和数据类型可影响添加矩阵的数据类型和维数。如连线不同的数值类型至"创建矩阵"函数，添加的矩阵可存储所有输入且无精度损失。

### 3. 调整矩阵大小

"调整矩阵大小"函数图标如图 5-89 所示，其作用是依据"行数"和"列数"调整"矩阵"大小。图中的例子是利用该函数调整一个 3 行 3 列的矩阵的大小。如未连线"行数"，函数可通过矩阵的行数确定已调整大小的矩阵的行数。如未连线"列数"，函数可通过矩阵的列数确定已调整大小的矩阵的列数。如"行数"或"列数"大于矩阵的行数和列数，已调整大小的矩阵中缺少的元素由 0 补齐。

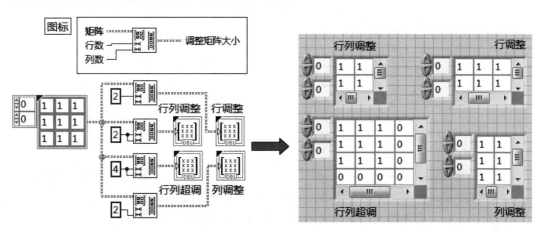

图 5-89　"调整矩阵大小"函数图标

### 4. 矩阵转置

"矩阵转置"函数图标及实例如图 5-90 所示，该函数的作用是返回矩阵的共轭转置。矩阵的"共轭转置"函数可重新排列矩阵元素，使原来位于矩阵 $(i, j)$ 的元素在转置的矩阵中位于 $(j, i)$。对于实数矩阵，转置和共轭转置运算的结果相同。该函数的输入矩阵必须为实数或复数矩阵、一维或二维数组。具体例子如图 5-90 所示，请读者自行分析。

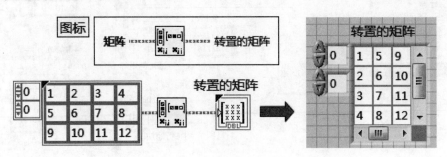

图 5-90 "矩阵转置"函数图标及实例

### 5. 获取矩阵对角

"获取矩阵对角"函数图标及实例如图 5-91 所示，返回矩阵中从输入"行"和"列"值对应的索引位置开始的对角线元素。当函数的"行"和"列"的连线端口未连接时，其值默认为 0，于是从(0,0)索引位置开始(1,1)、(2,2)索引位置，即输出对角线上的元素[1,6,11]。只连线"列"，则"行"的默认输入值为0。图 5-91 中，第二组"对角"输出为(1,0)、(2,1)索引对应的元素[5,10]。同理，只连线"行"，则"列"的默认输入值为0。图 5-91 中，第三组"对角"输出为 (0,1)、(1,2)、(2,3)索引对应的元素[2,7,12]。另外，由于连线的"行"和"列"值大于矩阵的行和列值，第四组"对角"返回空的矩阵。

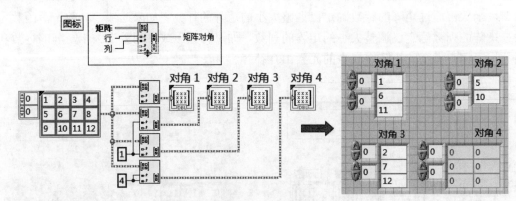

图 5-91 "获取矩阵对角"函数图标及实例

注意：（1）如连接负数至"行"且"列"未连接，矩阵对角的返回值与连线相同值的正数至"列"且"行"未连线时一致。（2）如连接负数至"列"且"行"未连接，矩阵对角的返回值与连接相同值的正数至"行"且"列"未连接时一致。（3）如连接"行"和"列"时，其中有一个为负数，则矩阵对角返回空矩阵或数组。

### 6. 获取矩阵元素

"获取矩阵元素"函数图标及实例如图 5-92 所示,其作用是返回矩阵中位于"行"和"列"输入值对应索引位置的元素。图 5-92 中,将标量数据 2 和 3 连接至函数的"行"和"列",函数返回矩阵(2,3)索引位置的标量 12;未连接"列"接线端,且连接数值 2 到"行"接线端,元素返回索引对应的 2 的行向量[9,10,11,12]。如未连接"行"接线端,且连接了数值 2 到"列"接线端,元素返回索引对应 2 的列向量[3,7,11]。如未连接"行"和"列"接线端,函数返回矩阵的第一列的列向量[1,5,9]。如将一维数组[1,2]连接至"行"输入端,不连接"列"输入端,返回数组元素 1 和 2 对应的行矩阵。如将一维数组连接至"列"接线端,不连接"行"输入端,返回数组所有元素所对应的列矩阵。连接数组[0,2,3]至"列"输入端,连接整数 1 至"行"输入端,函数返回索引为(1,0)、(1,2)和(1,3)的矩阵元素 5,7,8。

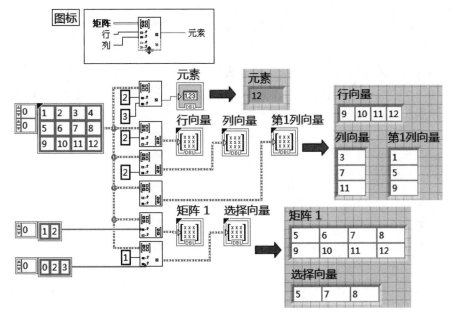

图 5-92　"获取矩阵元素"函数图标及实例

### 7. 获取子矩阵

"获取子矩阵"函数图标及实例如图 5-93 所示,该函数的作用是返回输入矩阵,从"行 1"和"列 1"开始,到"行 $N$"和"列 $N$"结束的子矩阵。如图 5-93,"行 1"和"行 $N$"输入端的数值为 1 和 3,"列 1"和"列 $N$"输入端的数值为 0 和 2,矩阵中行索引从 1~3 和列索引从 0~2 的子矩阵被选出。

注意:如只连接"矩阵"输入端,不连接其他输入端,函数返回整个矩阵。如未连接"行 1"和"列 1"输入端连线,函数返回的子矩阵从矩阵中的第一个元素开始。如未连接"行 $N$"和"列 $N$",函数返回的子矩阵以矩阵中的最后一个元素结束。

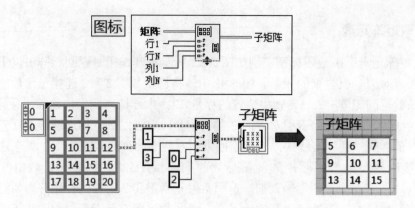

图 5-93 "获取子矩阵"函数图标及实例

# 5.5 关系运算与比较函数

LabVIEW 将所有的关系运算和比较函数都放在了程序框图函数选板的"比较"子选板中，如图 5-94 所示。仔细观察"比较"子函数选板不难发现，LabVIEW 的关系运算可分为基本关系运算和 0 关系运算。比较函数基本上可以分为字符函数和其他高级比较函数。

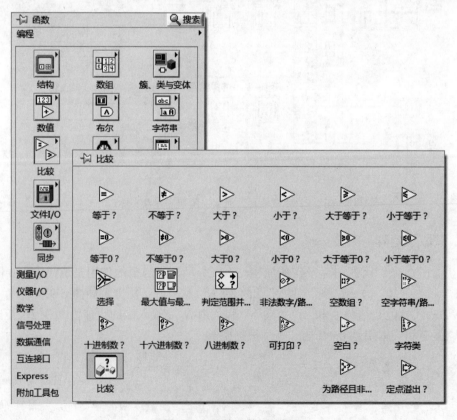

图 5-94 比较函数子选板

## ▶5.5.1 基本关系运算

基本关系运算函数主要包括：等于、不等于、大于、小于、大于等于、小于等于 6 个"比较"函数，它们位于图 5-94 中比较子函数选板中的第一行。这几个函数的使用方法基本相似。因为它们的功能是对两个输入对象进行比较，所以都有两个参数输入端，并且它们都可以设置比较模式。如图 5-95 所示，右击"比较"函数，在弹出的快捷菜单中可以看到【比较模式】项，其包括【比较元素】和【比较集合】两种模式。在【比较集合】模式下，"比较"函数将返回一个布尔值。在【比较元素】模式下，函数将逐个比较数组或簇的元素，并返回所有比较结果相应布尔值构成的数组或簇。【比较集合】模式要求输入类型完全相同，而【比较元素】模式没有这种限制。它们都支持字符串的比较，本质上是比较字符串所对应的 ASCII 数组。

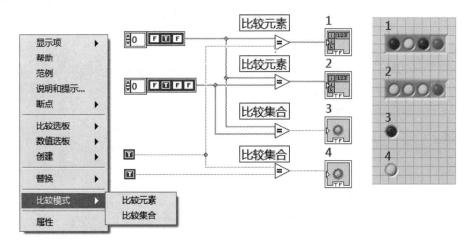

图 5-95 不同的比较模式

## ▶5.5.2 "比较 0"关系运算

"比较 0"关系运算函数位于图 5-94 中比较子函数选板中的第二行，是通用关系运算函数的特殊形式，相当于已将"0"输入通用关系运算函数的一个输入端。由于不允许数组和簇等复合数据类型与标量"0"直接进行"集合比较"，所以"比较 0"关系运算函数自动采用【比较元素】方式，并且 LabVIEW 没有提供【比较模式】选项。

"比较 0"函数只接受数值标量、数值型数组、数值型簇和时间标识作为输入，不支持字符串，如图 5-96 所示。

注意：同其他编程语言一样，LabVIEW 中的浮点数也存在精度损失的问题。浮点数只有 2 的 $N$ 次方是可以精确标识的，如 0.5、0.25、0.125 等。其他的都是根据精度取一个尽可能精确的 2 的 $N$ 次幂来表示。这样，浮点数计算的误差不可避免。在使用关系运算函数判断等于或不等于的情况下要特别注意，误差的问题往往会造成判断结果错误。

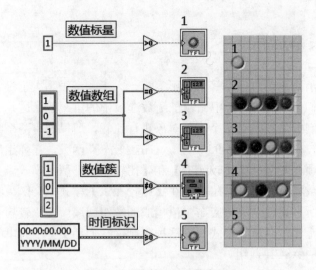

图 5-96 "比较 0"函数实例 1

如图 5-97 所示，从数学角度看，$0.42 - 0.5 + 0.08 = 0$ 和 $0.42 + 0.08 - 0.5 = 0$ 应该满足交换律，运算结果完全相同。但 LabVIEW 中，两者的计算结果却不满足交换律，前者不等于 0，后者等于 0，如图 5-97 所示。这种错误是可以修改的，如图 5-97 中的放大法。

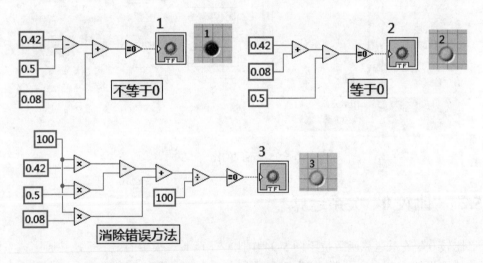

图 5-97 "比较 0"函数实例 2

## 5.5.3 复杂关系运算函数

在 LabVIEW 的比较子函数选板中，还有一类可以实现比较复杂功能的函数，本部分对其进行介绍。

### 1. "选择"函数

"选择"函数图标及实例如图 5-98 所示，相当于 C 语言中的三目条件运算符，依据 $s$

的值，返回连线至 *t* 输入或 *f* 输入的值。*s* 为 True 时，函数返回连线至 *t* 的值。*s* 为 False 时，函数返回连线至 *f* 的值。

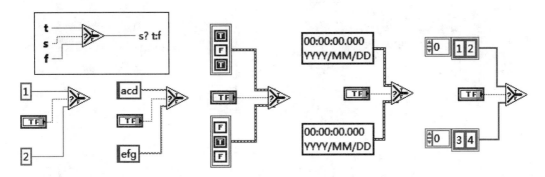

图 5-98　"选择"函数图标及实例

"选择"函数是多态函数，选择端 *s* 只接受布尔输入，*t* 和 *f* 可连接各种类型，但是必须保证两者类型完全相同。*t* 和 *f* 可以连接数值、数组、簇、字符串、路径、时间标识和矩阵等，如图 5-98 所示。

### 2. 最大值与最小值函数

如图 5-99 所示，"最大值与最小值"函数有 *x* 和 *y* 两个输入端，还有 max 和 min 两个输出端。顶部输出端 max 返回 *x* 和 *y* 中的最大值，底部输出端 min 返回 *x* 和 *y* 的最小值。

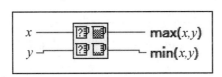

图 5-99　最大值与最小值函数

如图 5-100 所示，"最大值与最小值"函数的 *x* 和 *y* 输入端可以连接数值、数组、簇、字符串、路径和时间标识等，但必须保证两个输入端子的数据类型相同。当两个时间标识输入该函数时，比较新的时间为最大值，较早的时间为最小值。该函数允许设置比较模式，使用"比较元素"（默认）模式比较数组时，函数可比较每个输入数组中的对应元素，并返回含有最大值的元素。max(*x*, *y*) 是由最大值元素组成的数组，min(*x*, *y*) 是由最小值元素组成的数组使用"比较集合"模式比较数组时，函数从数组起始处比较数组的对应元素。如对应元素不相等，max(*x*, *y*) 返回包含较大值的数组，min(*x*, *y*) 返回包含较小值的数组。

### 3. 判断范围并强制转换函数

"判断范围并强制转换"函数如图 5-101 所示。"判断范围并强制转换"函数相对较复杂，它可以连接布尔、数值、字符串、路径、数组、簇、矩阵等多种类型数据，而且可以选择【比较模式】。

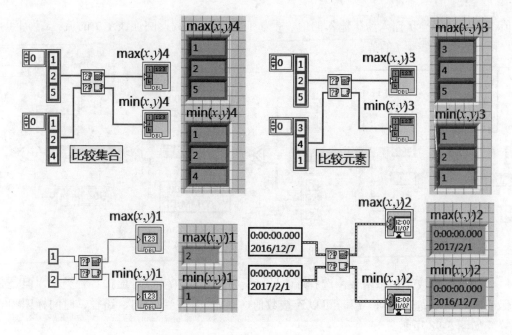

图 5-100　最大值与最小值函数应用实例

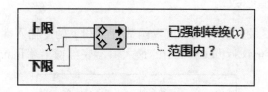

图 5-101　判断范围并强制转换函数

"判断范围并强制转换"函数包含两个功能：（1）测试输入的 $x$ 是否在"下限"～"上限"的指定范围内，该功能属于关系运算；（2）强制转换功能，属于数据处理功能。如 $x$ 在上限和下限输入端设定的范围内，或函数处于【比较集合】模式，值不会更改。如 $x$ 不在设定的范围内，并且函数处于【比较集合】模式，函数可把该值转换为上限或下限。

如图 5-102 所示，在"判断范围并强制转换"函数的快捷菜单中，可以选择指定的数据范围是否包含上限和下限。比如，"上限"连接 4，"下限"连接 −4，当指定包括下限时，$-4 \leqslant x < 4$ 为指定范围。当指定包括上限时，$-4 < x \leqslant 4$ 为指定范围。当选择【包含】时，函数的图标中菱形框自动变成黑色，表示上限和下限被包括。

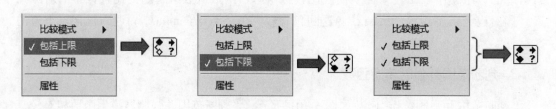

图 5-102　上下限设置

该函数支持比较模式，对于复合数据，可以选择【比较元素】或者【比较集合】。与其他关系函数一样，在【比较集合】方式上，要求所有输入参数的上限、x、下限类型必须完全相同，即只能作数组和数组、簇和簇的比较。而对于【比较元素】方式，可以作标量和数组、标量和簇的比较，如图 5-103 所示。

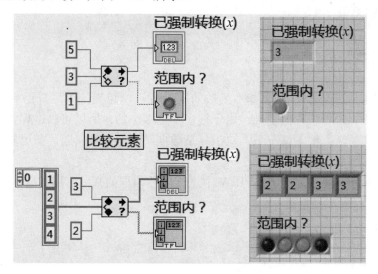

图 5-103　判断范围并强制转换函数实例

 注意：对于标量和标量的关系运算，选择"比较集合"与选择"比较元素"是等价的。

当输入的上限和下限完全相同时，可对数组和数值型簇中的所有元素赋相同的值，这是非常有用的特性。对于数组操作，只有初始化数组可以完成定义数组的同时，还为其中所有元素赋同样的值。对于已经创建的数组，可采用元素替代方法实现所有元素赋相同的值。此时使用"判断范围并强制转换"函数更方便，不需要复杂的编程，如图 5-104 所示。

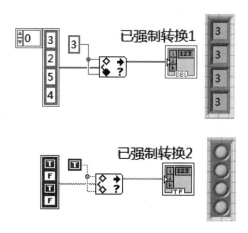

图 5-104　判断范围并强制转换函数特殊用法

此函数在设计子 VI 时非常重要，接收数据流传输过来的数据时，子 VI 的设计者必须检查数据的合理性，剔除不合理数据。例如，一个人的年龄超过 500 显然是错误的，应该提示警告或者强制转化为合理数据。

# 5.6 小结

本章介绍了 LabVIEW 常用基本函数的应用方法，包括基本运算函数和关系运算函数，它们是 LabVIEW 编程的基础，由于很多都是多态的，所以可以进行多种数据类型的计算，使用极其灵活。很多情况下，对于复杂数据结构的计算问题，使用多态运算函数就能解决，必须熟练掌握。

数组、矩阵和簇函数是在 LabVIEW 中进行组件编程的基础，同样应熟练掌握。

# 5.7 思考与练习

（1）创建一个数组，其包含的元素为 $\begin{pmatrix} 1 & 2 & 3 & 4 \\ 5 & 6 & 7 & 8 \end{pmatrix}$，并将该数组转置。

（2）将题（1）中转置后的二维数组转化为一维数组。

（3）计算出题（1）中所有数组元素的和。

（4）利用 For 循环产生一维随机数数组，并对该数组中的元素排序，以及找到数组中元素的最大值与最小值。

（5）编写程序，计算 $y = 2x^3 - 5x^2 + x + 6$。

# 第 6 章　LabVIEW 程序结构

无论使用何种语言进行编程，仅仅使用顺序执行的语法是不能够设计出功能完整的应用程序的，必须使用如循环、分支、条件等控制程序流程的结构。虽然，LabVIEW 使用图形化语言，但它与基于文本的计算机语言在语法和语义上没有任何区别，除了拥有文本语言（如 C 语言）所有的程序结构外，还拥有一些特殊的程序结构，如事件结构、公式节点等，使其可以方便快捷地实现任何复杂的应用程序。

LabVIEW 的程序结构位于程序框图函数选板下的【结构】子选板中，如图 6-1 所示。

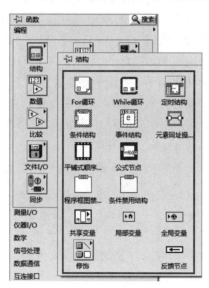

图 6-1　【结构】子选板

# 6.1　循环结构

如图 6-1 所示，可以看到，在 LabVIEW 的结构中有两类循环结构：For 循环和 While 循环，而且这两类结构被放置在函数结构子选板的第一和第二醒目的位置，这主要是因为这两种循环是计算机语言（包括文本和图形化语言）中最常用的两种结构。接下来本节对这两种循环结构进行介绍。

## ▶6.1.1　For 循环结构概述

单击图 6-1 中的【For 循环】图标后，函数选板消失，同时光标变为内部包含 N 和 i

两个字母的小虚框，将光标移动到程序框图上合适放置的位置，按下鼠标左键向任意方向拖动，当鼠标拖动出的虚框大小合适时，释放鼠标，框图中就会出现同样大小的 For 循环结构，如图 6-2 所示。

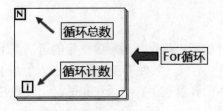

图 6-2  For 循环结构界面

如图 6-2 所示，For 循环结构包含 3 部分：循环框架、循环总数（接线端）和循环计数（接线端）。为了更好地理解这 3 部分结构的作用，可以与熟悉的 C 语言中的 For 循环做类比。LabVIEW 中 For 循环的框架类似于 C 语言 For 循环中的大括号，用于界定所有参与循环的程序，框架内的所有程序构成 For 循环的循环体。LabVIEW 中 For 循环的【循环总数】和【循环计数】相当于 C 语言中的 n 和 i。另外需要注意，C 语言中的 i 的初值需要且可任意设定，而 LabVIEW 中的"循环计数"接线端不用设定，默认从 0 开始，每循环一次自动加 1，而且该接线端为输出端，用于获取循环计数值。"循环总数"接线端需要连接输入值 n，当"循环计数"值累加到 n-1 时，结束循环。

```
For (i=0; i<n; i++)
{
/*循环内容*/
}
```

选中 For 循环结构体后可以对其进行复制、移动、删除、对齐和调整大小等（与普通函数相同的）编辑操作。

右击 For 循环结构体边框，弹出快捷菜单，如图 6-3 所示，其中包含 5 个重要选项。这 5 个重要选项功能的简要描述见表 6-1。

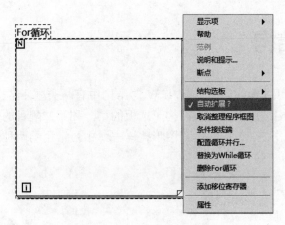

图 6-3  For 循环快捷菜单

表 6-1　快捷菜单选项

| 选　　项 | 功　能　描　述 |
|---|---|
| 自动扩展 | 选中时，循环框架会随拖入程序的大小自动调整 |
| 条件接线端 | 用于指定 For 循环的结束条件 |
| 替换为 While 循环 | 把 For 循环转换成 While 循环 |
| 删除 For 循环 | 保留循环体内部程序的情况下删除循环，而 Delete 键则全部删除 |
| 添加移位寄存器 | 新建移位寄存器 |

如图 6-4 所示，将一段程序选中并拖入 For 循环结构体中，当循环体框架内侧出现虚线框时，说明程序已放入到循环体内部。如果选中的这段程序占用的面积大于结构体的面积，在选中和未选中"自动扩展"两种情况下，放入后的效果是不一样的。很显然，选中后，For 循环结构体会根据添加程序的面积大小自动调整自身的面积，使其可以显示全部的程序。未选中时，结构体面积不发生变化，不能够全部显示放入的程序，需要手动调整循环框架大小。LabVIEW 默认选中【自动扩展】。

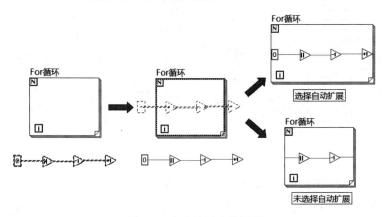

图 6-4　自动扩展功能展示

选择【条件接线端】和【移位寄存器】项后，For 循环结构体的形式会发生变化，如图 6-5 所示。For 循环通常在完成总数接线端指定的循环次数后结束。条件接线端可用来指定在某个条件（如错误）发生时停止 For 循环。默认状态下，条件接线端设置为真（T）时停止。也可以在快捷菜单中将条件接线端改变为真（T）时继续。移位寄存器用于获取上一次循环的数据，并将该数据传递至下一次循环。

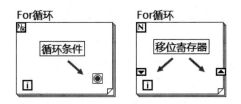

图 6-5　条件接线端与移位寄存器

⟳：快捷菜单中将条件接线端改变为真（T）时的图标。

◉：条件接线端设置为真（T）时停止对应的图标。

▽ △：移位寄存器。

## ▶6.1.2 For 循环的"隧道"

图形化语言的特点是通过连线传递数据，于是 For 循环结构体的内部和外部进行数据传递时就会出现边框与连线的交叉点，这样的交叉点在 LabVIEW 中被称为"隧道"，暗含数据流穿过 For 循环结构体边界通道的意思。

如图 6-6 所示的程序中，For 循环外部数组中的数据通过【隧道】进入循环，循环体内部的数据也通过【隧道】流出循环体。另外，可以发现 For 循环【隧道】有不同的样式，接下来从输入和输出循环两个方面介绍不同【隧道】样式的含义。

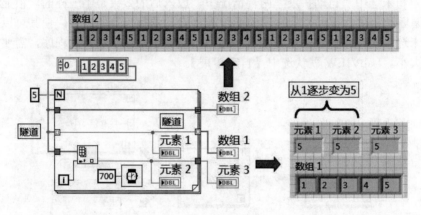

图 6-6　隧道

【隧道】输入的两种样式见表 6-2。通过选择输入【隧道】快捷菜单中的【启用索引】和【禁用索引】可在两种样式间切换。图 6-6 中，【禁用索引】索道，每次循环都将整个数组输入循环，循环体内利用索引数组函数和循环计数 i 将此输入数组的每个元素依次提取出来，在元素 2 中显示，由于每次循环都被延迟 700ms，所以在运行该函数时可以看到元素 2 输出控件的依次变化。每循环一次【索引】索道都将数组中的一个元素输入循环，所以"元素 1"依次显示数组中的元素。

表 6-2　【隧道】输入的两种样式

| 名　　称 | 样　式 | 含　　　义 |
|---|---|---|
| 禁止索引 | ━━■━ | 每次循环隧道都将整个数组传入 For 循环，不进行额外处理 |
| 索引隧道 | ━□━ | 每次循环隧道依次读取数组的一个元素 |

【隧道】输出的 3 种样式见表 6-3 所示。右击输出【隧道】，在弹出的快捷菜单中可以选择这 3 种工作模式。图 6-6 中，每个循环，索引数组都输出数组的一个元素，直到循环结束，数组中的元素都被轮流输出一次，但其与"最终值"样式的隧道相连，最后一次循环的输出值才能在"元素 3"中显示，所以运行该程序，在其他输出控件的值发生变化时，"元素 3"一直保持不变，直到循环结束，其值变为数组的最后一个元素 5。【索引】模式"隧道"的作用是将每次循环输出的数依次放入到一个存储空间中，在循环结束后，存储的这些数以数组的形式输出，所以，图 6-6 中"数组 1"控件在循环结束后变为[1,2,3,4,5]数组。

图 6-6 中输入数组通过【禁止索引】进入循环，再通过【连接】工作模式的"隧道"将数组输出。【连接】工作模式是将每个循环的输出数组[1,2,3,4,5]首尾连接起来成为一个新数组输出，结果见"数组 2"控件输出。

表 6-3　【隧道】输出的 3 种样式

| 模 式 | 样 式 | 含 义 |
|---|---|---|
| 最终值 | ■ | 显示的是最后一次循环的输出值 |
| 索引 | □ | 循环生成的带索引数组 |
| 连接 | ■ | 自动连接离开循环的数组组合成一个新数组，但维数不变 |

除了表 6-3 中列出的 3 种输出"隧道"的工作模式外，还有一种工作模式：条件工作模式。依然可以通过"隧道"的快捷菜单进行选择，如图 6-7 所示。实质上，【条件】模式并不是一个输出"隧道"的一种单独的工作模式，而是一种附加的模式，即在选择了【最终值】、【索引】或【连接】模式后，再选择是否选择【条件】。图 6-6 中是在输出"隧道"索引模式的情况下，又选择【条件】模式，于是在原来图标的下面多了条件输入端，可使 LabVIEW 根据条件将循环的输出值写入输出隧道。

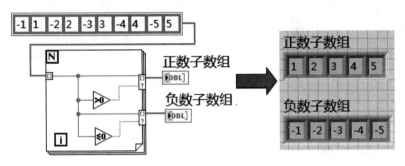

图 6-7　条件模式实例

图 6-7 所示的实例中，数组[-1,1,-2,2,-3,3,-4,4,-5,5]以【启用索引】方式输入循环，虽然没有指定 For 循环【循环总数】N 的值，但 For 循环会根据输入数组的大小自动设置循环次数，保证将数组中的元素按索引次序逐个地全部输入循环，数组元素进入循环后，通过比较函数判断是否大于 0 或小于等于 0，当元素大于 0 时，比较函数的输出为"真"，元素被放入输出条件索引模式的"隧道"，并在循环结束时将只包含正数的数组输出，并传递给"正数子数组"控件显示。当元素小于等于 0 时，比较函数的输出为"真"，元素被放入输出索引模式的"隧道"，并在循环结束时将只包含零和负数的数组输出，并传递给"负数子数组"控件显示。

：条件输入端。

：比较函数。

：比较函数。

## ▶6.1.3　For 循环与数组

通过上面关于 For 循环"隧道"的讲解，除了能够对"隧道"这个概念有一定的认识外，还应该能够感受到另外一个事实，就是 For 循环与数组之间有一种密不可分的关系。毫不夸张地说，没有数组参与的 For 循环基本没有意义。For 循环最重要的功能是处理数组数据。本节将对 For 循环与数组的一些知识点进行梳理。

### 1. 自动确定循环次数为数组的长度

通常情况下，For 循环的 N 端子未连接任何数据时，For 循环显示为不可运行状态。但是，当有数组连接 For 循环，且开启索引后，无需连接 N 端子 For 循环，便可根据数组的长度自动设定循环次数。

如图 6-8 所示，两个不同长度的数组 A 和 B 连接到 For 循环，循环次数 N 未接任何输入，程序运行结果显示循环进行了 5 次。

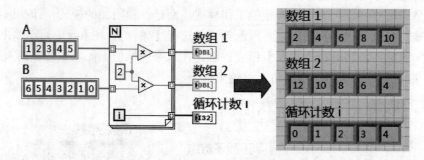

图 6-8　自动设定循环次数

 提醒：本例中，LabVIEW 根据两个数组中长度最短的数组 A 的长度设定循环次数。

### 2. 空循环产生空数组

当 For 循环的循环次数端子 N 连接 0 时，循环一次也不执行，此时成为空循环。输出"隧道"采用索引工作模式时，For 循环可以用来产生数组，而且利用空循环产生空数组，这一方法往往在实际编程中很有用处。

如图 6-9 所示，For 循环的循环次数 N 连接 0，输出"隧道"采用索引工作模式，当利用常数输出时，可产生一维空数组；当利用一维数组输出时，产生二维空数组。

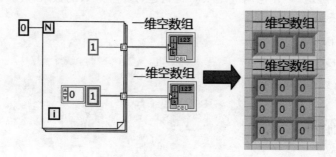

图 6-9　空循环产生空数组

### 3. 嵌套 For 循环和多维数组

利用单一的 For 循环可以产生和处理一维数组，嵌套的 For 循环可以处理和产生多维数组。

如图 6-10 所示，5 行 4 列的二维数组输入嵌套 For 循环，两层 For 循环的【循环次数 N】都没有接任何输入数值，它们的循环次数完全由输入数组决定。为了能够观察实际的循环次数，程序中将两个循环次数 N 用显示控件【循环次数 1】【循环次数 2】输出。可以看到最外层循环执行了 5 次，这取决于二维数组的行数。也就是说，在开启索引隧道时，最外层循环按照索引号每次读入二维数组中的一行元素，即二维数组按行索引分成 5 个一维数组被外层循环依次读入。在外部循环每次读入一行一维数组后，其再通过开启索引的隧道输入内层 For 循环，这样对于内层循环来说，就成了之前讲解的一维数组与 For 循环的问题，内层循环的次数取决于一维数组的元素个数 4（也就是二维数组的列数），每次内部循环读取一个元素并与 2 相乘，这样 5 次外循环，每次外部循环又进行 4 次内部循环，总共 5×4 次循环将输入二维数组的每一个元素都下设了乘 2 处理。这就是嵌套 For 循环对二维数组的处理过程。

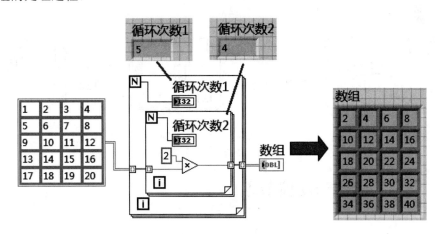

图 6-10　二维数组与 For 循环

内层每次循环处理的一个元素经过"索引模式"的隧道输出内层循环，输出长度为 4 的一维数组，一维数组经过"索引模式"的隧道输出外层循环，输出 5 行 4 列的二维数组，最终程序的输出依然是一个 5 行 4 列的，与输入数组维度和大小相同的数组，只不过该数组的每个元素是输入数组元素的 2 倍。对于嵌套 For 循环输出二维数组的理解，还可以参考图 6-11。

图 6-11 中主要的程序是将一个常数 2 放入嵌套 For 循环中，最终产生二维数组。如图 6-11 所示，可以将该程序拆分成两个程序来理解，第一个子程序是常数 2 放入循环次数为 4 的 For 循环中，产生一维数组[2,2,2,2]。第二个程序是将一维数组[2,2,2,2] 放入循环次数为 3 的 For 循环中，产生 3 行 4 列的数组。

多层嵌套 For 循环可用于处理和产生多维数组。

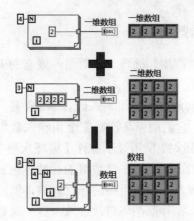

图 6-11 嵌套 For 循环产生二维数组

### 4. For 循环与数组额外练习

1）建立 0～100 的所有偶数数组（图 6-12）
2）初始化数组（图 6-13）

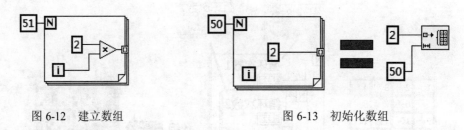

图 6-12 建立数组　　　　　　图 6-13 初始化数组

## ▶6.1.4 移位寄存器与反馈节点

### 1. 移位寄存器

通过以上内容的学习可知，For 循环的索引"隧道"本质上是一种数据的存储单元，用于循环结构体与外部交换数据。但是，除了这种存储单元外，For 循环结构体还拥有另外一种用于寄存循环过程中间结果的存储空间，即"移位寄存器"。如图 6-14 所示，右击 For 循环结构体左或右边框，在弹出的快捷菜单中选择"添加移位寄存器"，循环结构体的左、右边框就会出现黑色的一对箭头，这就是移位寄存器。移位寄存器本身就是数据的容器，可以用于存储 LabVIEW 支持的任何一种数据类型，当按照图 6-14 中的方式连接某一数据类型的常数或控件到移位寄存器的接线端时，移位寄存器的初值和寄存数据的类型就确定了，图标的颜色也随之发生变化，并且在程序运行的过程中，移位寄存器存储数据的类型是不允许更改的。

　　▽　△：移位寄存器。

图 6-15 是利用移位寄存器完成 1～100 自然数求和的运算。程序中指定 For 循环次数为 100 次，这样循环计数 i 就会从 0～99 变化，而 i+1 就会从 1～100 变化，将 i+1 通过索

引隧道输出就可以生成包含 1～100 自然数的数组，由于该数组太长没法显示，所以利用数组大小函数求出该数组的长度为 100，并利用数组最大和最小值函数确定该函数中的元素是从 1～100 变化，间接证明该数组中的元素分布情况。开始程序后，移位寄存器对应的存储空间被赋初值 0，同时第一次循环开始，循环计数 i=0，移位寄存器通过左侧箭头将存储空间中的 0 传递给加法函数，i+1（此时等于 1）值也传递给加法函数，初值 0 与 1 相加结果为 1，该计算结果移位寄存器右侧箭头再传递到其存储空间，将其原来存储的 0 替换为 1；第二次循环，循环计数 i=1，移位寄存器存储空间中的 1 通过左侧箭头输出与 2（i+1 此时的结果）相加，计算结果 3 再次通过移位寄存器右侧箭头传递到其存储空间，将其原来存储的 1 替换为 3。第二次循环后，移位寄存器存储空间里存储了前头两个自然数 1 和 2 的累加结果，以此类推，第三次存储空间里将会是前三个自然数 1、2 和 3 的累加结果，当 100 次循环结束后，移位寄存器存储空间里存储了自然数 1～100 的累加结果，其值 5050 传递给"数值"控件显示。为了验证该计算方法的正确性，利用数组元素求和函数对输出数组进行求和，其结果也为 5050。

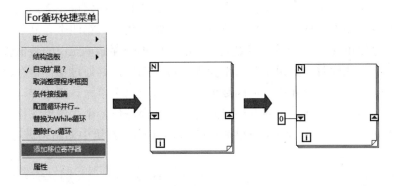

图 6-14　移位寄存器

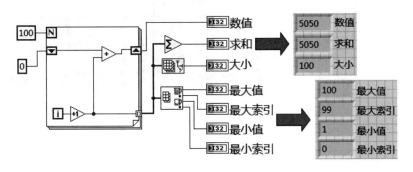

图 6-15　移位寄存器应用实例

- 　数组大小函数。
- 　数组最大值和最小值函数。
- 　数组元素求和函数。
- 　表示传递方向的箭头。

实质上，"移位寄存器"这个名称并非 LabVIEW 的首创，而是其借鉴了硬件结构的名词。硬件中实际的"移位寄存器"结构是一个"先进先出（FIFO）"的结构。前面介绍的移位寄存器的例子，本质上就是申请了一个内存中的存储单元，用于存储循环过程的计算结果，本次循环过程的计算结果替代上一次循环的测量结果，下一次的结果再代替这一次的。总之，新的数值输进去，之前存储的数值被挤出来。

在硬件"移位寄存器"结构中，当存储单元的数量非常多时，就构成数据缓存区，其在实际中有很重要的应用。LabVIEW 中的移位寄存器也借鉴了这种思路，可以申请多个寄存器单元。右击移位寄存器左侧箭头，在弹出的快捷菜单中选择【添加元素】或【删除单元】来获得合适数量的存储单元。图 6-16 中通过 3 次添加操作，使移位寄存器具有 4 个先进先出的存储单元，也可以通过按住鼠标左键拖动移位寄存器左侧箭头来增加或者减少移位寄存器的存储单元的数量。设图 6-16 中 For 循环左侧的箭头（从上至下）分别对应移位寄存器的存储单元 4、3、2、1。每个新增的存储单元都必须要求赋初值，如图 6-16 所示，这几个单元都赋初值 0。将长度为 6 的一维数组[1,2,3,4,5,6]通过索引隧道引入 For 循环，第一次循环开始，4 个移位寄存器存储单元中的数值都为初值 0，通过索引模式的隧道将它们都输出循环，并存入 4 个数组（取名对应"存储单元 1""存储单元 2"……），同时，数组的第一个元素被读入循环，并通过移位寄存器右侧箭头存入第四个存储单元。第二次循环开始，此时存储单元 4 中的数值已经是 1，依然将 4 个存储单元中的数值输出循环，并存入 4 个数组，与此同时，数组中第二个元素 2 进入循环，并通过移位寄存器右侧箭头传递给第四个存储单元，该单元中之前的数值 1 传递给第三个单元。就这样，随着循环的进行，输入数组中的元素依次从第四存储单元进入，并向着第一个存储单元移出。循环过程中各个存储单元中的数据流动情况可以通过图 6-16 中输出数组中的结果进行观察。

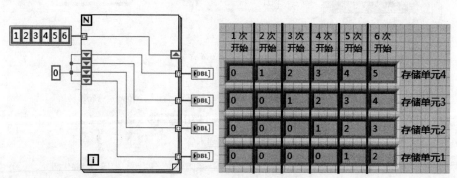

图 6-16　多个移位寄存器

提醒：移位寄存器是依附于循环结构体的，不能够单独存在。

### 2. 反馈节点

For 循环中，可以利用反馈节点来代替移位寄存器，这样可以避免连线过长的问题。反馈节点位于结构子函数选板中，如图 6-17 所示。

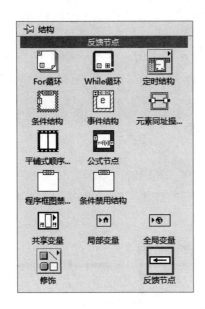

图 6-17　结构子函数选板

　　反馈节点图标及实例如图 6-18 所示。可以看到反馈节点的图标主要包括一个箭头和一个星号，星号反馈节点表示"初始化接线端"，这就说明反馈节点也存在和移位寄存器同样的初始化问题。如图 6-18 所示，右击反馈节点图标，在弹出的快捷菜单中选择【将初始化器移出一层循环】可以使反馈节点下面的"初始化接线端"移动到 For 循环的左边缘，然后反馈节点箭头方向发生改变。如图 6-18 所示，选择【修改方向】会使反馈节点的箭头方向改变。图 6-18 中的程序是利用反馈节点计算 1～100 之间的自然数求和，其结果为 5050，与图 6-15 的结果一致。在此应用中，反馈节点与移位寄存器的功能相似，读者可以自行体会。

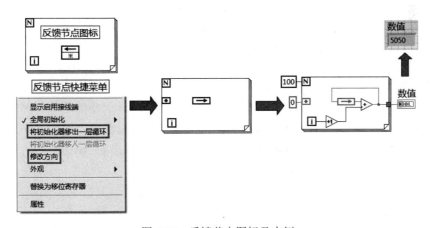

图 6-18　反馈节点图标及实例

　　米：反馈节点的图标。

　　：反馈节点的图标。

　　：反馈节点箭头方向。

　　：反馈节点箭头方向。

提醒：反馈节点可以脱离循环独立存在。

## ▶6.1.5 While 循环结构

LabVIEW 中第二个循环结构体是 While 循环，如图 6-1 所示，它位于程序框图函数选板下的【结构】子选板中。其在程序框图中放置的方法与 For 循环一样，结构如图 6-19 所示。

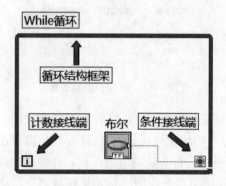

图 6-19　While 循环结构

如图 6-19 所示，While 循环结构体主要包括 3 部分：循环结构框架、计数接线端和条件接线端。循环结构框架的作用是包含 While 循环执行一次的代码，其与 For 循环框架的作用一致。计数接线端 i 用于提供当前的循环计数，第一个迭代的循环计数始终从零开始，如循环计数超过 2 147 483 647（即 $2^{31}-1$），在后续循环中，计数接线端的值保持为 2 147 483 647，条件接线端的作用是根据布尔输入值决定是否继续执行 While 循环。

通过观察图 6-19 可知，While 循环的循环次数完全取决于条件变化，可能仅执行一次，也可能执行多次，所以它可以适应不同的应用场合，这一点与 For 循环有明显的不同。While 循环同样支持数据隧道索引功能，但是在默认下不开启自动索引功能，因为循环次数不确定，无法预先分配数组的内存空间，如果开启索引功能，将以数据块的形式申请内存。另外需要注意的是，程序开始后，For 循环可以一次都不执行，而 While 循环至少会执行一次。

While 循环每执行一次循环，就要检查一遍循环条件是否满足，如果满足，循环继续；如果不满足，循环停止。图 6-19 中，While 循环的条件接线端对应的循环条件是"真（T）时停止"，即当输入的布尔值为真（True）时，停止循环。当输入的布尔值为假（False）时，循环继续。如图 6-20 右击条件接线端，在弹出的快捷菜单中选择"真（T）时继续"，条件接线端变化，其对应的循环条件是当输入的布尔值为真时（Ture）时，继续循环。当输入的布尔值为假（False）时，停止循环。当然，也可以通过单击条件接线端，使其在两种循环条件间切换。图 6-20 中用两种不同的循环条件来实现 1～100 之间自然数的求和，通过这样的实例，读者可以感受循环条件对 While 循环的作用，以及两种不同循环条件之间的区别与联系。

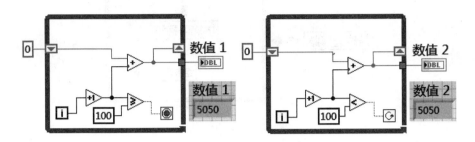

图 6-20　While 循环实例

⟳：快捷菜单中将条件接线端改变为真（T）时的图标。

◉：条件接线端设置为真（T）时停止对应的图标。

While 循环的条件接线端还可以连接错误簇，如图 6-21 所示。错误簇是 LabVIEW 定义好的控件。错误簇的输入和输出控件可以在"数组、矩阵与簇"控件选板中找到。如图 6-21 所示，错误簇包含：状态（布尔控件，表示是否发生错误）、代码（I32 数值控件，表示错误代码）、源（字符控件，以文字的形式指出错误发生的位置）。While 循环之所以可以使用错误簇来控制，就是因为其内部结构包含布尔型数据。

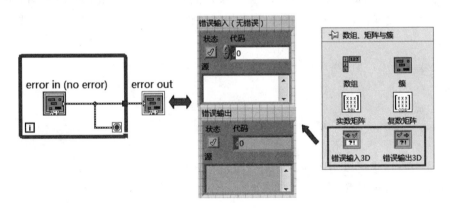

图 6-21　错误簇控制条件端子

## 6.2　条件结构

在所有文本语言中，如 C 语言，都有类似于 if…else…或 swith…这样的分支语句，其含义是"当满足某种条件时，就执行某某程序"，与循环和顺序语句配合即可以完成任意复杂的任务。采用图形化语言的 LabVIEW 中也有这类结构，即条件结构（Case Structure）。如图 6-1 所示，LabVIEW 的条件结构位于程序框图函数选板下的【结构】子选板中，其在程序框图中放置的方法与 For 循环和 While 循环一样，其结构如图 6-22 所示。

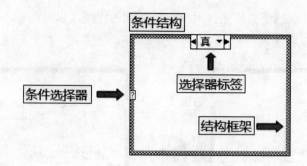

图 6-22   条件结构

通过图 6-22 可以看到条件结构体包含 3 部分结构。选择器标签用于显示和指定相关分支执行的值（单个值或一个值范围）；结构框架的作用是包含各个分支要执行的程序；条件选择器的作用是根据输入数据的值，选择要执行的分支。需要注意的是，输入数据可以是布尔、字符串、整数、枚举类型或错误簇，连线至条件选择器的数据类型决定了可输入条件选择器标签的分支。

## ▶ 6.2.1   两分支条件结构

C 语言中的 if…else…语句是利用"某一条件的满足与否"来选择执行不同的程序，如判断变量 a 是否是偶数，如果是偶数，将 a 加 2 赋给 b，如果不是偶数，将 a+1 赋给 b，对应的 C 程序为：

```
if(a%2==0)
b=a+2;
else
b=a+1;
end
```

此 C 语言程序也可以用图 6-22 所示的 LabVIEW 条件结构来实现，而且不需要任何改动。具体程序如图 6-23 所示。

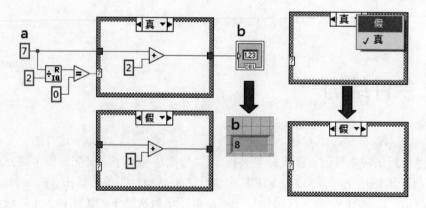

图 6-23   条件结构实例

图 6-23 中，利用"商与余"函数获取变量 a 与常数 2 相除的余数，并判断该余数是否为 0。如果为 0，则函数输出"真（True）"；如果不为 0，则函数输出"假（False）"。由于函数输出的布尔型数值与条件结构的条件选择器相连，选择器输入的布尔数值对应条件结构的"真"和"假"两个分支，单击选择器标签，可以利用弹出的快捷菜单选择显示条件结构的两个分支框架，这两个框架除了选择器标签中的值（一个显示"真"一个显示"假"）不同之外，样式相同。图 6-23 中还给出了两个分支所要执行的程序，也可以单击选择器标签或直接选择两个分支。

　："商与余"函数。

　：一种函数。

　：条件结构的条件选择器。

▼：选择器标签。

◀ ▶：选择器标签的两个分支。

编辑图 6-23 所示的程序时，可以发现在"假"条件分支框架中还没有数据给与 b 连接的输出隧道赋值时，输出隧道是空心的，如图 6-24 所示，并且程序不可执行。从数据流上看，选择条件为"假"时，没有数据流入 b，造成了"断流"，可以按照图 6-23 所示的方法，在"假"分支中给 b 隧道端口赋值。当然，如果在某些程序中，并不关心"假"分支的赋值情况，可以右击 b 隧道端口，在弹出的快捷菜单中选择【未连线时使用默认】选项，b 隧道端口改变，程序就可以执行了。该选项的意义是：在没有数据连接该端子的情况下，输出默认值 0。

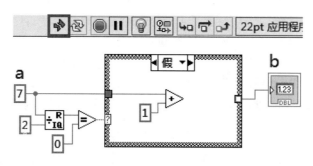

图 6-24　条件结构数据输出

　：输出隧道。

　：隧道状态。

将上面的 C 程序稍作修改，可变成下面的形式：

```
if(a%2==0)
b=a+2;
else
c=a+1;
end
```

对应的 LabVIEW 程序变为图 6-25，必须将 b 和 c 输出都放入到条件结构框架内部才行。

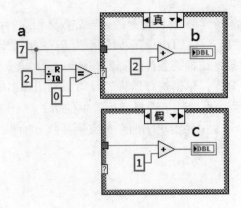

图 6-25　条件结构实例

## ▶6.2.2　多分支条件结构

当条件结构的条件选择器输入的不是布尔型数据时，该条件结构就可以从两分支变成多分支，等价于 C 语言中的 Switch 语句。如图 6-26 所示，将常整型输入控件与条件选择器相连，可以看到选择器标签的值变为："0，默认"和"1"，发生这一变化的原因是输入条件选择器数值的取值范围是负整数、0 和正整数，不再是"真"和"假"。右击选择器标签，在弹出的快捷菜单中选择【在后面添加分支】或【在前面添加分支】等，图中实线方框中的选项，调整条件结构调分支的个数，并且利用键盘输入每个分支对应的值（整数）。如图 6-26 所示，该条件结构一共设置了 4 个分支："..-2""-1,1""2,4..9"和"默认"。"..-2"值代表输入条件选择器的值小于等于-2 时执行该分支。"-1,1"值代表输入条件选择器的值为-1 或 1 时执行该分支。"2,4..9"值代表输入条件选择器的值为 2 或 4～9 时执行该分支。最后一个分支标签中没有输入任何数值，只是在右键快捷菜单中选择【本分支设置为默认分支】使标签值变为"默认"，代表其他整数值输入条件选择器时执行该分支。

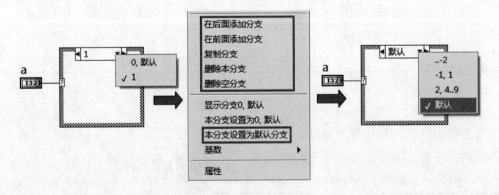

图 6-26　条件结构实例

 注意："默认"分支是必要的，它代表其他几条分支都不满足时的情况。

可以将图 6-26 中的判断函数去掉，并将"商与余"函数的余数输出端直接与条件选择器相连，将选择器标签的值设为："0""默认"，虽然其结果与图 6-26 中程序的结果一致，但却代表不同的条件结构。修改后的程序如图 6-27 所示。

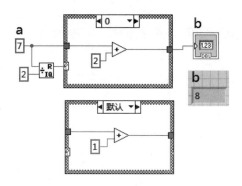

图 6-27　条件选择器输入不是布尔型的情况

下面是一段伪代码：

```
Switch(fruit);
{ case apple: price=9;
case banana: price=10
case pear: price=8;
default: price=0
}
```

通过利用 LabVIEW 的条件结构实现这段程序，使读者感受使用枚举类型连接条件选择器的情况，具体程序如图 6-28 所示。将枚举型输入控件与条件结构相连，条件选择器标签值变为："apple，默认""banana"。右击选择器标签，在弹出的菜单中选择【为每个值添加分支】，使枚举类型输入控件 Fruit 的全部选项都在选择器标签中出现，并在"pear"分支后添加一个分支，值为"空"并设为默认分支，如图 6-28 所示，再在各个分支框架中输入程序。

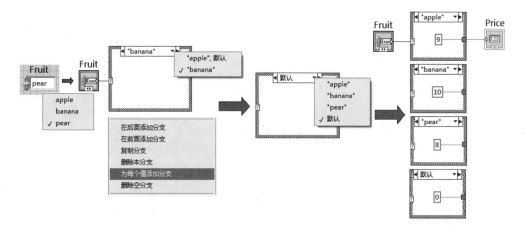

图 6-28　条件选择器输入为枚举型数据的情况

# 6.3 顺序结构

可以说，顺序结构是 LabVIEW 中特有的，其位于程序框图函数选板下的【结构】子选板中，如图 6-29 所示。顾名思义，顺序结构的作用是控制程序的运行先后次序，这种结构在文本语言中是不存在的，因为其本身就是按照语句的顺序执行的，其循环和条件结构不过是调整程序顺序执行的次序而已。但是，对于 LabVIEW 则完全不同，它的图形化语言天然地具备多线程和并行执行的特点。决定 LabVIEW 的节点是否运行的唯一条件是输入端有数据流入，这使得其程序框图运行次序很难保证具有很强的随机性。

图 6-30 中的程序存在加法和乘法两个线程，它们执行的先后顺序是无法判断的，在程序框图中的上下和左右位置并不能够决定它们执行的顺序。在某一循环中，可能乘法线程先执行，另一循环可能加法线程先执行，这两个线程执行的先后次序完全是随机的。

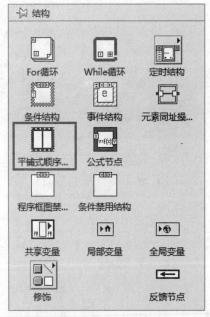

图 6-29　结构子函数选板

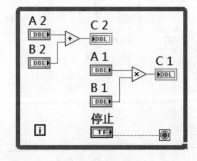

图 6-30　加法和乘法线程

在常规的文本语言程序中，要实现多线程操作非常复杂，LabVIEW 多线程并行运行的优势是毋庸置疑的。但任何事情都有两面性，某些情况下不得不人为地控制程序执行的次序。

## ▶6.3.1　两种顺序结构

将平铺式顺序结构放入程序框图的方法与以上其他结构的放置方式相同，这里不再赘述。顺序结构如图 6-31 所示。

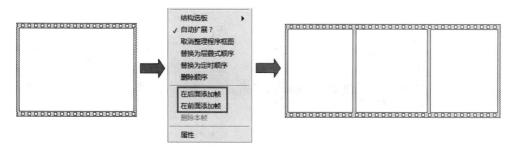

图 6-31　顺序结构

从图 6-31 中可以看到，顺序结构的外形像一张电影胶片，借用图像处理技术中的术语，将每张"胶片"称作 1 "帧"，这一帧相当于条件结构的一个分支，是整个顺序流程中的一个环节。很显然，在顺序结构中只使用一帧是没意义的。将顺序结构放到程序框图上时，整个结构就只有一帧，单击结构边框，在弹出的快捷菜单中选择【在后面添加帧】或【在前面添加帧】可以使顺序结构中出现很多个帧，将不同功能的代码写到不同的帧里面，可以保证整个程序按照帧的顺序从左到右一帧一帧地执行。例如：需要控制两台电机相互配合来完成某一工作，那么对电机的控制就需要"按部就班"，顺序结构是最可靠的选择，它将整个控制过程按顺序分成几步，然后再放入各个帧中去，此过程的示意描述如图 6-32 所示。

图 6-32　平铺式顺序结构

图 6-32 所示的顺序结构被称为"平铺式顺序结构"，其最大的优点是直观，但缺点是太占用空间，如果在帧数不多的简单情况下，是绝对适用而且直观的。但是，对于复杂的情况，如需要很多帧才能完成的顺序过程，恐怕就难以适用了。前面提到顺序结构中的帧相当于条件结构的分支，在条件结构中，各个分支在空间上是重叠在一起的，那么，为了节省占用程序框图的空间，顺序结构中的各个帧是否可以重叠在一起呢？答案是肯定的。

如图 6-33 所示，右击平铺式顺序结构边框，在弹出的快捷菜单中选择【替换为层叠式顺序】，则图 6-32 中平铺式顺序结构变为图 6-33 中层叠式顺序结构。层叠式顺序结构很节省程序框图的面积，可以通过选择器标签来选择显示和编辑各个帧中包含的程序。图 6-33 中，选择器标签中显示的数值为 0[0..7]，其含义是：本层叠式顺序结构总共有 8 帧，分别对应编号 0～7，目前显示的帧为第 0 帧。单击选择器标签的两个分支可以循序显示各个帧，也可以单击选择器标签的下拉菜单的箭头，利用弹出的快捷菜单选择显示不同的帧。如图 6-33 所示，利用快捷菜单也可以再次将层叠式顺序结构转变回平铺式顺序结构，并且可以根据需要在层叠式顺序结构中继续添加或删除帧。

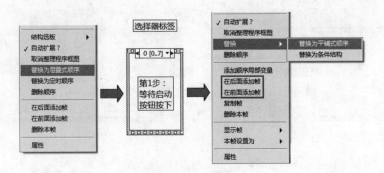

图 6-33　层叠式顺序结构

 注意：对于只有单一帧的顺序结构来讲，层叠式和平铺式的显示样式一致，只有帧数大于等于 2 的情况才会有显示样式上的区别。

## ▶6.3.2　隧道与顺序局部变量

平铺式顺序结构各帧之间可以通过隧道传递数据，每一帧也可以通过隧道单独输入数据和输出数据。所以，平铺式顺序结构每一帧的运行不但取决于前一帧是否完成，还取决于这一帧的输入隧道是否流入隧道。

如图 6-34 所示，平铺式顺序结构的隧道只有非索引型，即数据的传递都是一次完成的。图 6-34 中是利用顺序结构以及索引数组函数将输入数组[1,2,3,4,5]中的元素依次取出并求和。输入数组通过隧道依次通过各个帧，每个帧都有一个数值通过隧道流入帧，并作用到数组索引函数上，取出一个数组元素与上一帧输出结果求和，并且每一帧的结果都通过隧道输出。

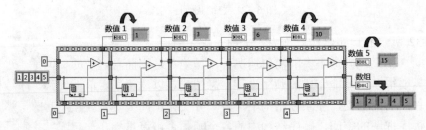

图 6-34　平铺顺序结构的隧道

层叠式顺序结构的隧道也都是一次输入或输出的，即都是非索引型的。多个帧可以共享一个输入隧道，但是不允许共享输出隧道。每一帧可以有单独的输出隧道，但如果把不同帧的输出连接到同一输出隧道，程序就会报错。层叠式无法像平铺式那样通过连线直接传递数据，因为任何时刻只能显示一帧的程序框图，所以层叠式顺序结构引进了"顺序结构局部变量"用于各帧之间传递数据。顺序结构局部变量的作用区域是顺序结构内部，在某一帧建立顺序局部变量后，其后的任何帧都可以引用这一局部变量，但之前的帧却不能够实用。

如图 6-35 所示,利用层叠式顺序结构来完成数组中各个元素的求和(与图 6-34 中的内容相同,只不过实现形式不同)。右击层叠式顺序结构的边框,在弹出的快捷菜单中选择【添加顺序局部变量】,则在鼠标单击位置出现一个淡黄色的小方框,用户可以将其拖曳到边框上任意未被占用的位置,这一局部变量在每个帧的界面上都是可见的。当在某一帧内有数据源连接到该局部变量上,则在此小方框中间将出现一个向外指的箭头,并且颜色变为与连接数据类型一致的颜色,这表明已有一个数据存储到该局部变量中。由于该局部变量中的数据可以被这之后的各帧利用,所以在以后的各帧中,该局部变量端子内部包含一个向内指的箭头,表示可以作为该帧的数据源,但在其前面的各帧中,该局部变量端子没有任何标志,表明不可利用。输入数组[1,2,3,4,5]通过一个公用索道将其数据一次性输入各个帧,各个帧的计算结果通过各自的输出隧道输出。

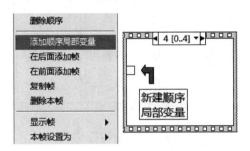

(a) 新建顺序局部变量

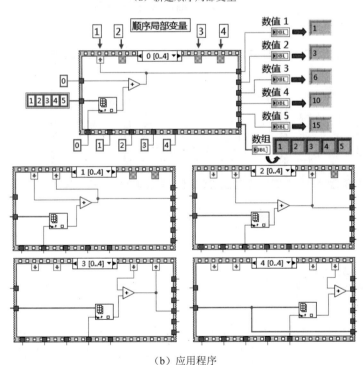

(b) 应用程序

图 6-35　层叠式的顺序结构局部变量

需要注意的是,顺序结构在 LabVIEW 中颇受争议,因为它强行中断了 LabVIEW 固有的数据流方式，人为地引入运行次序，因此要尽量避免使用顺序结构。需要顺序结构的地方都可以精心设计，进而消除顺序结构。消除顺序结构的最好方法是利用公共连线，使各个 VI 之间通过数据依赖关系，实现自然的数据流。

### ▶ 6.3.3 顺序结构的典型应用

虽然不建议使用顺序结构，但它不是毫无作用的，有些场合还是需要使用顺序结构的。常见的、基本的设计模式由开始帧、执行帧和结束帧 3 部分组成，这种设计模式适合用顺序结构实现，特别是平铺式顺序结构，如图 6-36 所示。

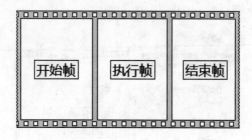

图 6-36 顺序结构基本模型

图 6-37 为测试代码效率的程序，这是平铺式顺序结构的典型应用，在某种程度上也符合图 6-36 所示的结构。

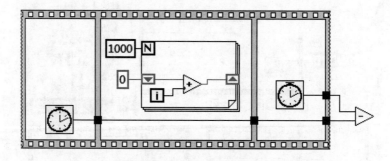

图 6-37 测试代码效率

## 6.4 定时结构

精确的时间控制在很多应用场合都具有重要意义。LabVIEW 中具有实现定时功能的"等待（ms）"函数和"等待下一个整数毫秒"函数，但这两种函数并不能实现循环时间间隔的控制。为此，LabVIEW 中提供了一种定时循环，其可以按照规定的时间完成一次循环。其位于【定时结构】子函数选板中，如图 6-38 所示。

🕐：具有实现定时功能的"等待（ms）"函数。

 ：“等待下一个整数毫秒”函数。

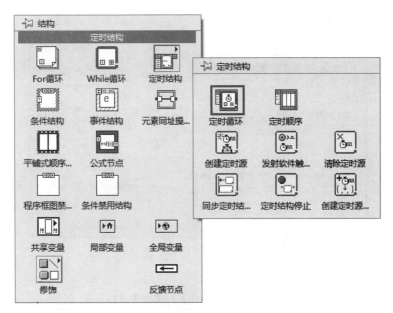

图 6-38 【定时结构】函数子选板

定时循环结构在程序框图中的放置方法与 For 循环等的放置方式一样，其结构组成如图 6-39 所示。定时循环的每一帧都包含：输入节点、输出节点、左侧数据节点、右侧数据节点。在默认状态下，定时循环不显示所有可用的输入端和输出端。如需显示所有可用接线端，应调整节点大小，或右击节点，并通过快捷菜单显示节点接线端。右击定时循环的边框，在弹出的快捷菜单中选择【显示左侧数据节点】或【显示右侧数据节点】，可显示各节点。

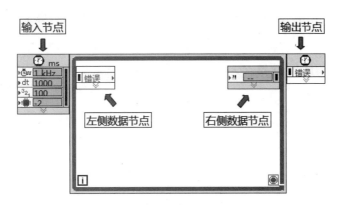

图 6-39  定时循环结构

右击输入节点边框，在弹出的快捷菜单中选择【配置输入节点】或双击输入节点边框，都可以打开“配置定时循环”对话框，如图 6-40 所示。

“配置定时循环”对话框中的每个参数都与输入节点中的输入端子对应，如“周期”对应输入端子。“配置定时循环”对话框中参数含义见表 6-4。

▶dt：输入子端。

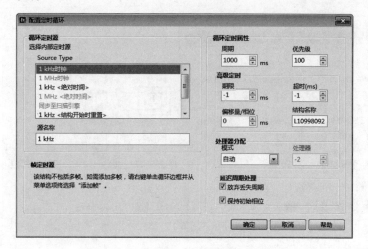

图 6-40　【配置定时循环】对话框

表 6-4　【配置定时循环】对话框中参数含义

| | | |
|---|---|---|
| ▶⊙m | 源名称 | 指定用于控制结构的定时源的名称。定时源必须通过"创建定时源"VI 在程序框图上创建，或在配置定时循环对话框中选择 |
| ▶dt | 周期 | 用于设置循环的间隔，即一次循环的时间，单位为 ms<br>注：请勿设置定时循环的周期为 0，NI 不支持定时周期为 0 的应用 |
| ▶³²₁ | 优先级 | 用于指定定时结构相对于程序框图上其他对象的执行开始时间<br>注：输入值必须为 1～65535 之间的正整数 |
| ▶▦ | 处理器 | 用于指定要处理和执行定时循环的处理器。如果"处理器分配模式"选择自动，默认值为-2。如选择手动分配处理器，可输入 0～255 之间的任意值，0 代表第一个处理器。如输入的数量超过可用处理器的数量，将导致运行时错误，且定时结构停止执行 |
| ▶Ω̲ | 结构名称 | 指定定时循环的名称，可以自由命名，其他有关定时结构的函数，需要使用定时循环的名称作为参数 |
| ▶⧖ | 期限 | 指定定时循环必须完成一次循环的时间。如未指定期限，则期限等于周期。期限的值相对于循环的开始时间，单位由定时源指定 |
| ▶t0 | 偏移量 | 指定定时循环开始执行前的等待时间。偏移量的值相对于定时循环的开始时间，单位由定时源指定 |
| ▶⧖ | 超时 | 指定定时循环开始执行前的最长等待时间。默认值为-1，表示未给下一次循环指定超时时间。超时的值相对于定时循环的开始时间或上一次循环的结束时间，单位定时源指定 |
| ▶⧉ | 模式 | 指定定时循环处理执行延迟的方式。共有 5 种模式：No change, Process missed periods maintaining original phase, Process missed periods ignoring original phase, Discard missed periods maintaining original phase 以及 Discard missed periods ignoring original phase |
| ▶‼ | 错误 | 在结构中传递错误。错误接收到错误状态时，定时循环不执行 |

提示：定时循环可以选择不同的时钟源，但是对 Windows 操作系统中的软件定时，只能选择 1kHz 的时钟源，其他时钟源需要相应的硬件才能实现。

如图 6-41 所示，将配置定时循环对话框中的"周期"参数设为 500ms，其他参数未变，与图 6-40 中的一致，输入节点中与之对应的输入端子后面的数字变为 500。虽然利用"等待（ms）"函数使每次循环耗时 300ms，但是通过"循环计时"输出数组的结果可以看到每次循环实际的使用时间是 500ms。通过这一例子可以明确感受到定时循环的含义。由于每次循环的计算量等因素不同，所以普通的循环结构没法保证每次循环都能按要求的时间进行，但定时循环不但具备普通循环的功能，而且可以通过循环"周期"参数的设置，保证每次循环所占用的时间。

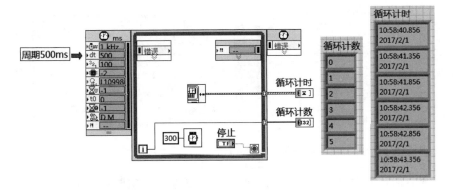

图 6-41　定时循环实例

定时循环的左侧数据节点用于返回每个循环的参数。默认状态下，左侧数据节点并不显示所有可用的输出端，需要鼠标拖动左侧数据节点下边框或右击其边框，在弹出的快捷菜单中选择【显示全部输出】，将其输出端全部显示，如图 6-42 所示。左侧数据节点既可以显示在前面循环参数配置界面中设定的参数，如周期等，又可以放回如"延迟完成？[i-1]""唤醒原因"等标定循环状态的一些参数。本程序中，当循环计数 i 是 5 的整数倍数时，循环延时 600ms，这样循环延时 600ms，将会使循环的时间超过 500ms，则"延迟完成？[i-1]"输出 True，"唤醒原因"输出 Timeout。

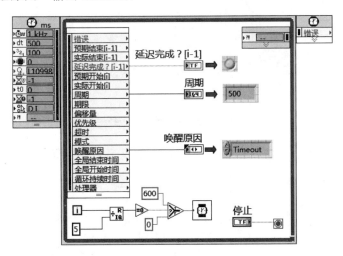

图 6-42　左侧数据节点

【配置定时循环】对话框中有【保持初相位】复选框，选中它可以保证设置的"偏移量/相位"不变，如图 6-43 中所示的两个框图完全相同，偏移量/相位都通过输入设置为 200，循环周期是 500ms，在 i=3 时，循环延迟 623ms，至此本次循环时间超过 500ms。左侧数据输出节点中的"实际开始[i]"端子每次循环开始的相对时间，利用该端子的输出数据可以看到，如果选择【保持初相位】复选框，仍然保持原来的偏移量/相位不变，即每次循环开始的时间都是 $200+i\times500$，如果不选择，则以延迟后的时间为新的时间基准，循环周期不变，但是偏移量/相位发生变化。

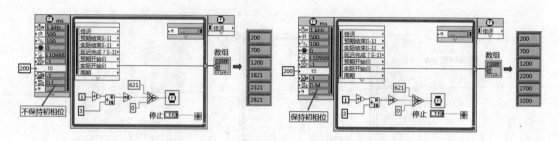

图 6-43 "偏移量/相位"复选框功能

【配置定时循环】对话框中还有"放弃丢失"复选框，主要在有硬件缓冲区和软件缓冲区的情况下发生作用。

定时循环与普通循环相比，除了上面介绍的优点外，还有另外一个重要特点，即可以通过定时循环名称控制定时循环的启动和停止。定时循环允许不连接"循环条件"端子，通过"定时结构停止"函数停止定时循环。该函数可以在定时结构子选板中找到，如图 6-38 所示。图 6-44 中，利用定时结构停止函数来停止定时循环，读者可自行实验。

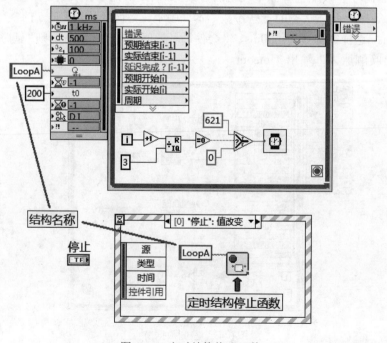

图 6-44 定时结构停止函数

定时循环结构由于定时比较精确，因此适合于计时和较低频率的控制。通过分频，一个定时循环可以实现分频，如图 6-45 所示。

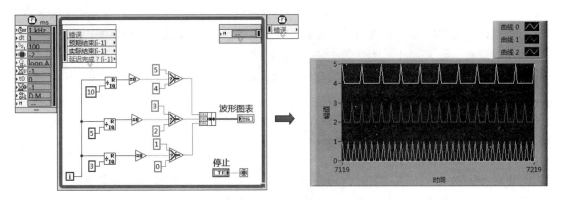

图 6-45　定时循环结构实现分频

　定时循环时间控制精度一般不超过 1ms，但要比"等待（ms）"函数和"等待下一个整数倍毫秒"的函数时间控制精度高。

# 6.5　事件结构

早期 LabVIEW 程序的用户界面都采用轮询的设计方式，即通过循环不断地查询用户界面的控件是否发生变化。如图 6-46 所示的程序，为了实现当鼠标按下按键计数器加 1 的功能，其采用 While 循环不断查询按键是否被按下。经过简单的分析会发现，这个程序在没有用户单击按键的情况下一直执行空循环，浪费了大量的 CPU 资源，而且在按键按下速度太快的情况下，还有发生遗漏计数的可能。

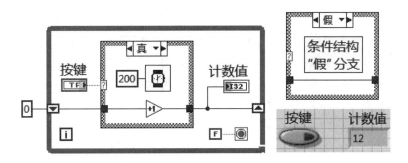

图 6-46　查询式用户界面程序

事件驱动或消息驱动，是 Windows 操作系统和一些流行的编程语言一直使用的编程模式，LabVIEW 将其引入，与数据流编程模式相融合，这无疑使 LabVIEW 变得更加强大，对编程者来说绝对受益匪浅。事件驱动是一种被动等待的过程，类似于硬件的中断方式，当外部事件发生后，才能触发程序的运行，如移动鼠标，按下按键等事件。由于这一特点，事件结构非常节省 CPU 资源。另外，事件采用排队方式可以避免事件遗漏。

实质上，事件发生是由操作系统检测，并通过回调函数将诸如鼠标移动等这类事件的参数返回，LabVIEW 只是确定事件发生后如何处理问题，这是其与轮询方式最大的区别。这样可以极大简化编程，并且当没有事件发生时，系统将一直处于等待状态，避免轮询中无意义的查询，极大提高了运行效率。

时间结构仅适用于图形用户界面（Graphical User Interface，GUI）以及用户接口界面，对于子 VI 不适应。

## ▶6.5.1 事件结构的构成与创建

事件结构的放置方法与条件结构的放置方法一致，其基本构成如图 6-47 所示。事件结构包括一个或多个事件分支，当事件发生时，执行相应分支的程序来处理该事件。不同分支界面的选择与显示由选择器标签来完成，其使用方法与前面条件结构的分支选择器标签的使用方法相似，但需要注意与条件结构不同的是，事件结构虽然每次只能运行一个事件分支的程序，但是可以同时响应几个事件。

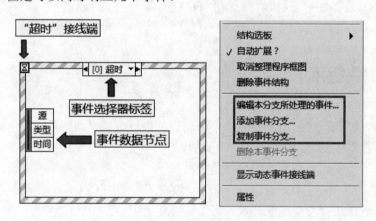

图 6-47　事件结构

事件数据节点用于识别事件发生时 LabVIEW 返回的数据，通过它可访问事件数据元素，根据事件的不同，其包含的元素就不同，如超时事件的数据节点默认包含类型和时间两个元素。可以通过鼠标纵向调整节点大小，选择所需的项，又可以从右击弹出的快捷菜单中选择【添加/删除元素】选项来进行。

"超时"接线端指定了超时前等待事件的时间，以毫秒为单位，如"超时"接线端连接了一个值，则必须有一个相应的超时分支，即在等待其他类型事件发生的时间超过设定的超时时间后，将自动执行超时分支内的程序，然后事件结构停止。"超时"接线端的默认值为-1，表示永不超时。

While 循环+事件结构是普遍的使用方法，即将事件结构放到 While 循环中，可以保证连续对事件进行检测和处理，后面的例子可以看到这样的用法。另外，事件结构同样支持隧道。默认状态下，不必为每个分支中的事件结构输出隧道连线，因为所有未连线隧道的数据类型将使用默认值。如果右击隧道，在弹出的快捷菜单中选择取消【未连线时使用默认】选项，则必须为条件结构的所有隧道连线。

如图 6-47 所示，在刚刚建立的事件结构中只有一个默认分支"[0]超时"，假定我们并不需要这样的分支，而是希望有一个由按键控件触发的分支，则设计过程如下：

## 设计过程

（1）在程序前面板添加一个布尔输入控件，然后给它取名"按键"，再右击事件结构边框，在弹出的快捷菜单中选择【编辑本分支所处理的事件】，打开【编辑事件】对话框，如图 6-48 所示，利用该界面可以将"[0]超时"修改为由按键触发的分支。

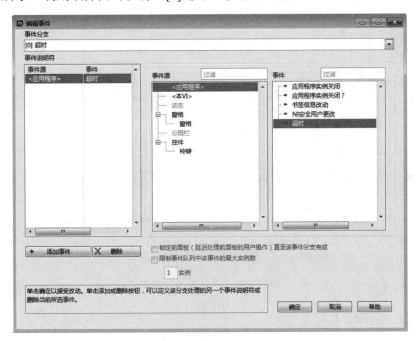

图 6-48　【编辑事件】对话框

（2）在图 6-48 所示的【编辑事件】对话框的【事件源】中选择【控件】分支下的【按键】。

（3）选择【按键】事件源，其对应的事件在【事件】栏中自动列出，然后选择【值改变】事件，单击【确定】按钮，关闭【编辑事件】窗口。

按照上面的方法操作完后，会看到"事件结构标签"中的内容变为：[0]按键："值改变"。由于目前只有一个事件分支，这将不会满足实际需求。接下来在此基础上为该事件结构再添加一个分支。具体做法如下：

## 设计过程

（1）在前面板中添加一个滑动杆输入控件，然后右击事件结构边框，在弹出的快捷菜单选择【添加事件分支】，【编辑事件】对话框再次被打开。

（2）在新打开的【编辑事件】对话框中，选择【事件源】/【控件】/【滑动杆】，然后再选择【事件】/【值改变】，设置完毕后关闭对话框。

（3）如图 6-49 所示，在事件结构标签的下拉菜单中可以看到两个事件分支，并可以为这两个分支添加相应的程序。如果需要，可以按照同样的方法再建立新的分支。

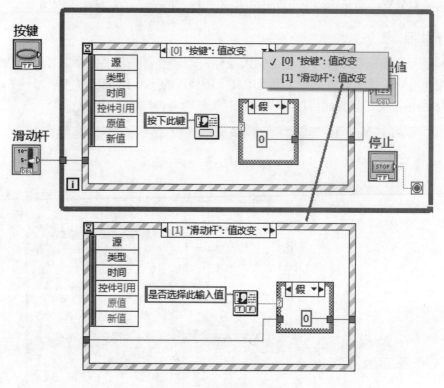

图 6-49　事件结构实例

 LabVIEW 事件结构的"事件源"可以是鼠标单击、键盘按键以及输入/输出控件等用户界面事件，也可以是通过编程生成，并与程序的不同部分通信的子程序，并且随着程序中包含的事件源不同，"事件源"栏中包含的内容就会发生相应的变化。

正如前面在程序前面板中添加了"按键"布尔控件和"滑动杆"数值控件后，图 6-48 所示的【事件源】栏中就多了【按键】和【滑动杆】两个选项。图 6-49 中的 While 循环的作用并不是轮询，而是为了保证在一次事件结构执行完成后，继续开始下一次事件结构，一直等待事件的发生。在"编辑事件"对话框中还有一个【添加事件】按钮，它可以在一个事件结构的一个分支中添加多个事件，只要有一个事件发生，就可以触发该事件结构分支中的程序执行。当然，添加后的事件可以通过【添加事件】按钮旁边的【删除】按钮来移除。

## ▶6.5.2　常见类型事件

### 1. 过滤事件

从响应方式的角度看，事件可分为过滤事件和通知事件。打开如图 6-48 所示的【编辑事件】对话框，可以看到在事件栏中的各项箭头颜色不同，带红色箭头的事件项为过滤事件，带绿色箭头的是通知事件。过滤事件用于过滤掉该事件将触发的操作。

如图 6-50 所示，对于"加法运算开始"布尔控件，事件源选择了其过滤事件"按下鼠标？"和通知事件"按下鼠标"，它们分别对应[0]和[1]两个事件结构分支。在过滤事件框架内部的右侧，会出现事件结构节点，节点中有一个"放弃？"端子，当对该端子输入为真（True）时，事件被屏蔽；当输入为假（False）时，事件执行。

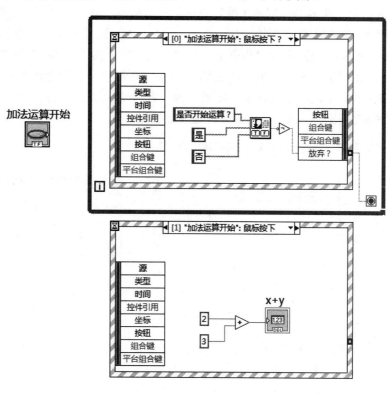

图 6-50　过滤事件

图 6-50 中过滤事件的执行情况如图 6-51 所示，程序运行后，单击【加法运算开始】按键，弹出对话框，如果选择对话框中的"是"，事件[1]执行，获得计算结果 5；当选择"否"时，事件被屏蔽。

图 6-51　过滤事件执行情况

### 2. 应用程序关闭事件

当开启一个或多个 LabVIEW 应用程序时，从任何一个应用程序前面板的菜单栏中选择【文件】/【退出】，都会使所有应用程序都关闭，并退出 LabVIEW（读者可以自行操作验证），并且系统不会做任何是否保存等提醒。由于 LabVIEW 具有这样一种操作，所以可能会给自身程序的运行带来一定的危险性。

如图 6-48 所示，在事件结构的【编辑事件】对话框中，第一类"事件源"为"应用程序"，其对应事件项中的应用程序关闭就对应着选择【文件】/【退出】的操作。如图 6-52 所示，将事件结构[0]分支配置为"事件源"为"应用程序"的"应用程序实例关闭？"过滤事件，并运行该程序，当在另外开启的 VI 界面前面板的菜单栏中选择【文件】/【退出】时，触发该事件，并出现提示对话框，如果选择"否"，则可以过滤掉应用程序退出操作。这会使 LabVIEW 应用程序运行的安全性具有一定的保证。

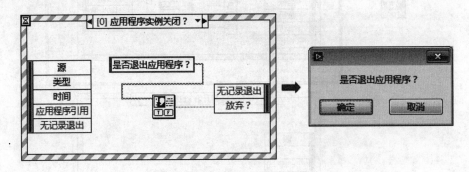

图 6-52　应用程序关闭事件

另外，在【事件结构编辑】对话框中，还有另一类事件源，即"本 VI"事件源，其对应的事件项中包含"关闭前面板？"事件，该事件由单击窗口关闭按钮触发，使用方法与图 6-52 中的"应用程序实例关闭？"相似，读者可以自行验证。

### 3. 超时事件

超时事件也在"应用程序"事件源对应的事件项中。从上一个事件开始，在设定时间内没有其他事件发生，则产生超时事件。如果在设定时间内有事件发生，则新的超时重新计时。值得注意的是，超时事件是级别较低的事件，相当于 Windows 中的 Idle 事件。任何事件的发生都会导致超时事件重新计时，所以不宜在超时事件中处理实时性要求比较高的操作，如硬件的通信与监控等。

图 6-53 为超时事件的应用实例，超时期限为 1000ms，在上一事件结束后，如果 1000ms 内没有其他事件发生，LabVIEW 认为超时事件发生，并执行如图 6-53 所示的程序，即 x+y 控件输出自动加 1，然后结束一次事件。由于事件结构嵌套在 While 循环中，一次事件结构结束后，另一次事件结构立即开始。

### 4. 鼠标事件

【事件编辑】对话框的窗格事件源中对应着一类鼠标事件，其包括鼠标按下、鼠标移动、鼠标进入等。鼠标事件极大地增强了 LabVIEW 用户接口界面的处理能力。鼠标事件可以返回很多有用的参数，接下来以图 6-54 中鼠标按下事件为例说明。

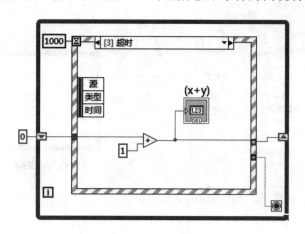

图 6-53　超时事件

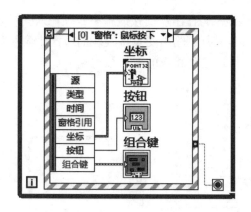

图 6-54　鼠标事件

如图 6-54 所示，当程序运行时，在程序框图前面板上单击，鼠标所在位置坐标参数会被返回，当单击时，"按钮"控件显示 1，右击"按钮"控件显示 2，单击鼠标滚轮，"按钮"控件显示 3。双击，Double Click 布尔显示，控件会变亮，按下 Ctrl 键的同时单击，Menu Key 布尔显示，控件会变亮。

另外还有一类"按键"事件，其由键盘操作触发，也可以返回很多有用的键盘操作参数，其使用方法与图 6-54 中的鼠标事件类似，读者可以自行实验。

## 6.6　公式节点

LabVIEW 函数选板的结构子选板中有一个比较特殊的结构——公式节点，其界面是一个简单的方形文本编辑框，如图 6-55 所示。利用公式节点不仅可以实现复杂的数学公式，还可以编写一些基本的逻辑语句，如 if…else…、case、while 等。公式节点基本上可以弥补 LabVIEW 图形化语言相对于普通文本语言的不足。

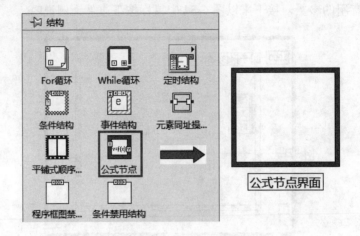

图 6-55　公式节点

如图 6-56 所示，右击在公式节点框图的边框，在弹出的快捷菜单中选择【添加输入】或【添加输出】，可得到输入或输出变量接线端，在出现的接线端中必须输入变量名，而且要区分大小写，本例中输入的是 $a$、$b$ 和 $y$。另外，输出变量接线端的边框比输入变量接线端的边框粗。然后，可以将输入和输出控件连接到相应的变量接线端。

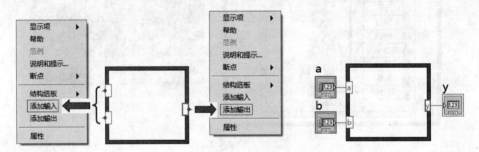

图 6-56　公式节点输入/输出变量端子

图 6-57 所示的例子为利用公式节点计算两个输入变量 $a$ 和 $b$，分别计算 add=$a-b$ 和 sub=$a-(a \times b)$，其中，$a \times b$ 是利用中间变量 $k$ 完成的。需要注意的是，公式节点可以实现多个公式的同时计算，而且在公式节点中使用的文本语言与 C 语言的语法非常接近，甚至更简单。

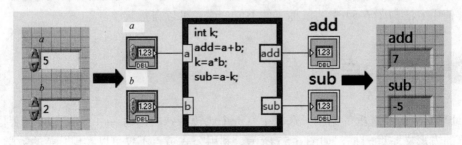

图 6-57　公式节点实例

除此以外，公式节点还可以接受 C 语言中的 If 语句、While 循环、For 循环和 Do 循环等语句。如图 6-58 所示，利用公式节点实现一个简单的 if-else 功能，需要注意该程序在运行过程中，每次更改数据 $y$ 和 $z$ 的值不会自动清零，而是被前一次的值覆盖。

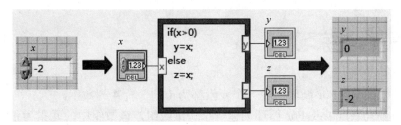

图 6-58　公式节点实现 if-else 功能

在公式节点中可以使用下列内置函数：abs、acos、acosh、asin、asinh、atan、atan2、atanh、ceil、cos、cosh、cot、csc、exp、expm1、floor、getexp、getman、int、intrz、ln、lnp1、log、log2、max、min、mod、pow、rand、rem、sec、sign、sin、sinc、sinh、sizeOfDim、sqrt、tan 和 tanh。支持的运算符号有：=、+=、-=、*=、/=、>>=、<<=、&=、^=、|=、%=、**=、+、-、*、/、^、!=、==、>、<、>=、<=、&&、||、&、|、%、**、!、++、~。具体含义请参考表达式节点。

如果在 LabVIEW 应用程序中遇到一个复杂的公式：$y = \dfrac{a^3 + \sqrt{a} + b^5 - \cos b}{e^a - \tan b + \sin a}$，就可以利用公式节点支持的函数和运算符号来编写该公式，具体方式如下：

$$y = (a**3 + \text{sqrt}(a) + b**5 - \cos(b))/(\exp(a) - \tan(b) + \sin(a))$$

图 6-59 是利用公式节点对上面的公式进行计算，并且利用嵌套 For 循环产生不同的 $a$ 和 $b$ 变量的值，并将计算结果在强度图中显示。本例子并无工程应用背景，只是为了拓宽公式节点的应用方法，读者可以自行实验。

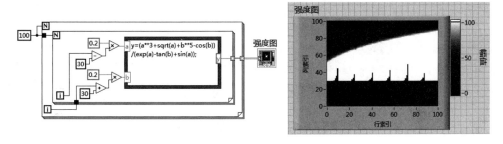

图 6-59　公式节点实现复杂公式编写

# 6.7　小结

本章详细介绍了 LabVIEW 基本运行结构，包括循环结构、顺序结构和条件结构等。这些结构可以构成任意复杂的 VI。同时，本章还介绍了各种定时相关函数及其用法。定时函数种类很多，在细节上区别很大。另外，本章还介绍了极其重要的事件结构，它可以极大地简化 LabVIEW 的设计，使其具备处理事件的能力，但 LabVIEW 的事件结构独具特色，与常规语言相比有较大的区别，使用时需要特别注意。

## 6.8 思考与练习

（1）利用"嵌套"For 循环创建一个元素都为 1 的 3 行 4 列数组。

（2）利用公式节点以及 For 循环创建一个一维数组，该数组中的元素为正弦三角函数的值，并在波形图中显示该数组的波形。

（3）利用移位寄存器计算 100～200 之间偶数的和。

（4）在前面板上放置 3 个 LED 灯，要求它们依次亮 5s，然后熄灭。

（5）分别利用公式节点和标量运算函数计算 $y = x\sqrt{x^3} + x^2$，并比较区别。

（6）利用条件结构将 0～100 之间的数分成两组，一组能被 3 整除，一组不能被 3 整除。

# 第7章 数据的图形化显示

为了模拟真实仪器的操作面板以及实现测量数据的图形化实时动态显示，LabVIEW 提供了丰富的图形显示控件，通过简单地使用属性设置和编程技巧，这些控件，就可以提供不同功能的"显示屏幕"，这使得 LabVIEW 具有强大的交互界面设计功能，并且开发的程序更加形象和直观。如图 7-1 所示，在【控件】选板/【新式】/【图形】子选板中可以看到 LabVIEW 提供的各种各样的图形显示控件。另外，LabVIEW 的【控件】选板/【经典】/【经典图形】以及【Express】/【图形显示控件】子选板中也包含了大量的这类控件。

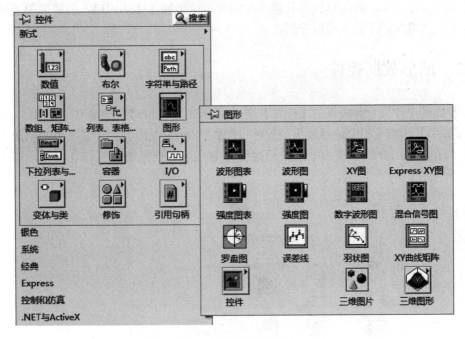

图 7-1　图形显示控件

在图 7-1 所示的【图形】子选板中，前 3 行用来显示二维图形显示控件，第四行包含一个【控件】子选板，以及用于三维图形显示的 ActiveX 控件。第四行的【控件】子选板中包含了雷达显示和极坐标图显示等一些特殊功能的图形显示控件。

从图形样式上分，图形控件可分为图表和图形。一般来说，图表控件是将数据在某一坐标系中实时、逐点地显示，可以反映被测物理量的变化趋势，与传统的模拟示波器、波形记录仪相同。而图形控件则先将已采集的数据存放在一个数组中，然后根据需要处理后显示，缺点是不能实时显示，但表现形式却多种多样。例如：采集一段波形并存储后，经过傅里叶变换可以得到其频谱，然后再显示。另外，二维数据显示控件还包括 *XY* 图、强度图（图表）、数字波形图和混合波形等。

本章将会对图 7-1 中主要的图形显示控件进行介绍。

# 7.1 波形数据

在外部物理量被采集的过程中，一般按采集设备内部设定的扫描时钟，等时间间隔逐次采样。为了描述数据采集的过程和产生的数据，LabVIEW 专门提供了一类被称为"波形数据"的数据类型，这种数据类型类似于"簇"的结构，由一系列可以反映数据采集过程的数据类型构成：起始时间、时间间隔和采集的数值组成的数组，可以作为数据采集后的数据进行显示和存储。除此以外，波形数据又有其自身的独特特点，如它可以由一些波形发生函数产生等。本节的目的就是对 LabVIEW 波形数据控件以及相关函数进行介绍。

需要注意：虽然波形数据可以便于进行图形化显示，但并不是只有这种类型的数据，才能进行图形化显示，数组和簇等其他类型的数据也能够在 LabVIEW 的波形图或波形图表中显示，这将在后面的几节中介绍。

## ▶7.1.1 波形数据控件

波形数据控件位于前面板的【控件】选板/【新式】/【I/O】子选板中，如图 7-2 所示。其中，【波形】代表模拟的波形数据的控件。【数字波形】是专门用于显示 0/1 的数字波形控件。本节将详细介绍普通的模拟波形控件，数字波形控件的用法与之相似，将在后面介绍。

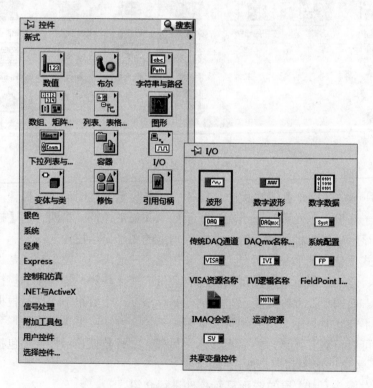

图 7-2 【I/O】子选板

将波形控件放置到前面板上，如图 7-3 所示，可以看到控件中显示的 t0、dt 和 Y3 项内容，再右击该控件，在弹出的快捷菜单的【显示项】中勾选【属性】，使波形控件中显示【属性】选项。

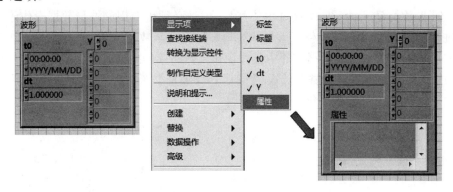

图 7-3　波形控件

波形数据控件包含元素的含义如下。

- 起始时间 t0：是第一个数据点的时间。起始时间可以用来同步多个波形，也可以用来确定两个波形的相对时间，为时间标识类型数据。
- 时间间隔 dt：是一个波形中两个数据点的时间间隔，为双精度浮点类型。
- 波形数值 Y：是一个一维数组，用于存储数据，其默认数据类型为双精度浮点类型。
- 波形属性：是波形数据的隐藏部分，用于包含波形数据的一些信息，为变量类型。

通过波形控件中包含的元素可以非常容易地计算出每个数据对应的时间点，第 i 个数据点的时间 $T_i = t_0 + i \times dt$，i 为数组 Y 的索引号。所以，波形数据控件携带的数据包含了时间波形的基本信息，因此可以直接作为波形图和波形图标的输入。横坐标代表时间单位为秒，纵坐标代表 Y 的值，如图 7-4 所示。

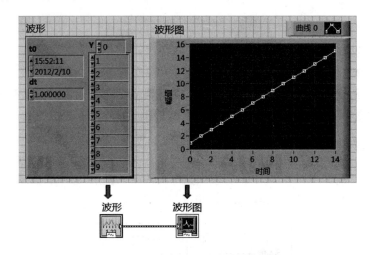

图 7-4　将波形数据直接在波形图中显示

另外，LabVIEW 中的数字波形数据用来表示二进制数据，如 010001100111。数字波形数据也是由起始时间 t0、时间间隔 dt、波形数值 Y 和波形属性 4 个部分组成的。

## 7.1.2 波形数据操作函数

虽然波形数据是一种预定义格式的"簇"，但是必须用专用的波形数据操作函数，才能对它进行操作。LabVIEW 提供了大量的波形数据操作函数，利用这些函数可以访问和操作模拟波形数据和数字波形数据，其中某些操作函数与簇的操作函数非常相似。波形数据操作函数位于程序框图的【函数】选板/【编程】/【波形】子选板中，如图 7-5 所示。本节将对其中几个基本的函数进行介绍。

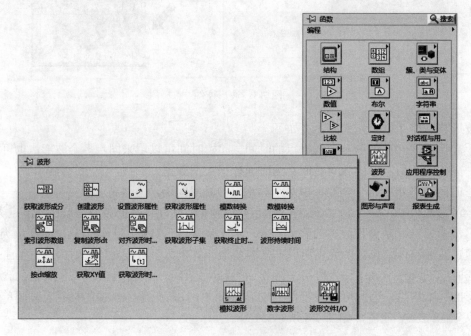

图 7-5　波形操作函数选板

图 7-5 所示波形操作函数选板中的波形数据操作函数可分为 4 个部分：基本波形数据操作函数、模拟波形数据操作函数、数字波形数据操作函数、波形文件 I/O。同时，在【波形】选板的下一级选板中以及【函数】选板的其他选板中还有大量实现波形测量和波形发生的子 VI。有关这些操作函数以及子 VI 的使用方法，可以参考联机帮助。

### 1. 获取波形成分函数（模拟波形）

如图 7-6 所示，获取波形成分函数类似于簇函数中的按名称解除捆绑函数，通过该函数，可以获得波形数据的成分（t0、d、数组 Y 和属性）。

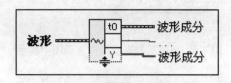

图 7-6　获取波形成分函数

## 2. 创建波形函数（模拟波形）

如图 7-7 所示，创建波形函数可以用来创建模拟波形或修改已有波形。如"波形"接线端未连接，该函数可依据"波形成分"接线端输入的数据创建新波形，这类似于簇函数中的按名称捆绑函数的功能。如"波形"接线端已连接，该函数可依据连接的波形成分修改波形。

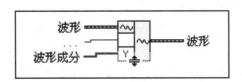

图 7-7　创建波形函数

图 7-8 中，利用 For 循环产生正弦和余弦函数值数组，利用【创建波形】函数创建正弦函数波形数据，又利用【创建波形】函数替换正弦波形数据中的 dt 和 Y 数组，使其变为余弦数据波形。

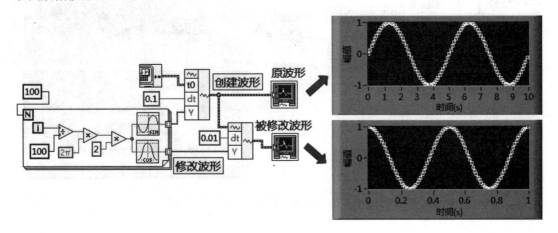

图 7-8　【创建波形】函数实例

## 3. 设置波形属性函数

图 7-9 为设置波形属性函数，可以用来添加或修改波形的属性。其各个接线端的含义如下。

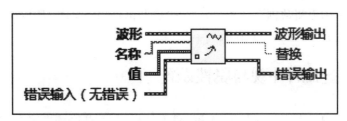

图 7-9　设置波形属性函数

- 波形：是要添加或替换属性的波形。
- 名称：是属性的名称。
- 值：是属性的值。该输入端为多态，可连线任意数据。
- 错误输入（无错误）：表明节点运行前发生的错误。该输入将提供标准错误输入功能。
- 波形输出：是含有新增或已替换属性的波形。
- 替换：指明是否已重写属性值。
- 错误输出：包含错误信息。该输出将提供标准错误输出功能。

图 7-10 为设置波形属性函数实例，该程序利用 For 循环产生波形数据的 Y 数组，将系统的当前时间设置为波形数据的起始时间 t0，波形数据的时间间隔 dt 设置为 0.2s。通过设置波形属性函数，为该波形数据设置两个名为 NI_ChannelName 和 NI_UnitDescription 的属性，并将它们的值分别设置为 0 和 deg C。最后利用波形控件显示设置的属性。

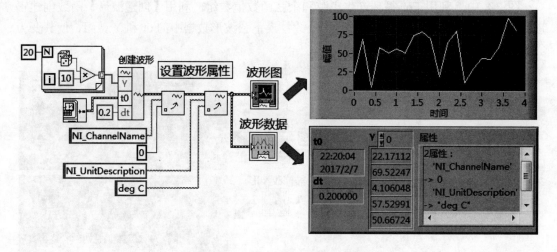

图 7-10　设置波形属性函数实例

# 7.2　波形图表

波形图表是一个点一个点地描绘数据，用来模拟现实生活中波形记录仪、心电图等仪器的工作方式。波形图表内置了一个显示缓冲器，用来保存一部分的历史数据，并接受新的数据。由于波形图表将数据在图形显示区中实时和逐点地显示，所以可以很好地反映被测物理量的变化趋势，如图 7-11 所示。

## ▶7.2.1　波形图表的外观与属性设置

在前面板窗口中，右击，在弹出的【控件】选板/【新式】/【图形】中选择波形图表，并将其拖曳到前面板，如图 7-12 所示。

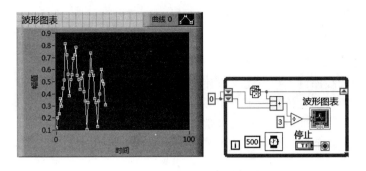

图 7-11 波形图表数据显示及其操作程序框图

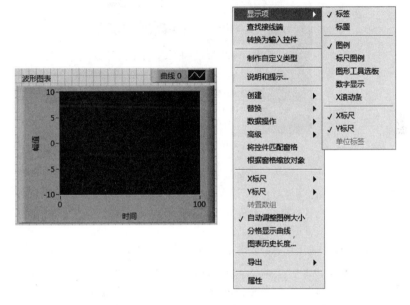

图 7-12 波形图标及其快捷菜单

右击图 7-12 中的波形图表控件，在弹出的快捷菜单中可以看到该控件有很多属性可以设置。选择其中的【显示项】可以看到该控件的很多【辅助选项】，并选择这些选项，使它们都可见，如图 7-13 所示。

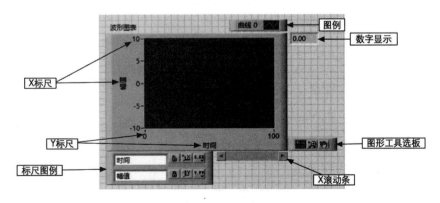

图 7-13 波形图表的完整显示项

### 1. 各个辅助控件的功能

#### 1) 曲线图例

在波形图的曲线图例上可以定义图中曲线的各种参数。在图例上右击，弹出如图 7-14 所示的快捷菜单。可以在该快捷菜单中设置曲线的显示方式、颜色、线条样式和宽度、平滑等。在【常用曲线】项中，可以选择选线的显示方式为平滑曲线、数据点方格、同时显示方格和曲线、填充曲线和做标注包围区域、直线图和直方图。

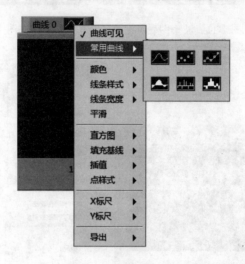

图 7-14　图例快捷菜单

选择图例右键快捷菜单中的【平滑】选项可以使曲线变得更光滑。【直方图】可以用来设置显示直方图的方式。【填充基线】用来设置曲线的填充参考基线，包括零、负无穷大和无穷大几种。【插值】提供了绘制曲线的 6 种插值方式。【点样式】用来设置曲线数据点的样式，有圆点、方格和星号等样式可供选择。在图例上用鼠标拖动其边缘，可以改变图例的大小。双击图例的曲线名称，还可以改变图例的曲线名称。

#### 2) 标尺图例

标尺图例用于设置 X 坐标和 Y 坐标的相关项，其各项名称如图 7-15 所示。在【坐标名称】中可以更改两个坐标轴的名称。打开【自动缩放】功能，波形图会根据输入数据的大小自动调整刻度范围，使曲线完整地显示在波形图上。【一次性锁定自动缩放】可以对当前曲线的刻度进行一次性的缩放。单击【锁定自动缩放】按钮后，【一次性锁定自动缩放】也处于按下状态。

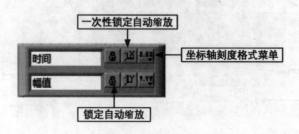

图 7-15　标尺图例

3）图形工具选板

通过图形工具选板，可以实现游标移动、缩放和平移波形曲线等操作，如图 7-16 所示。图形工具选板上有 3 个按钮，按下第一个按钮，此时可以移动波形图上的游标。第二个放大镜标志的按钮，用于对波形进行缩放，单击它将弹出 6 个选项，分别表示 6 种缩放格式，如图 7-17 所示。按下手形标志的第三个按钮时，可以在图形显示区随意拖动图形。

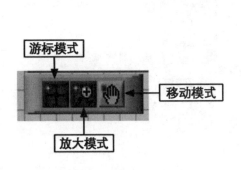

图 7-16　Graph 工具小面板

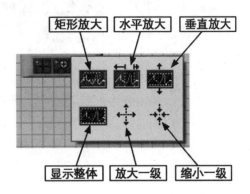

图 7-17　缩放格式

4）X 滚动条

X 滚动条用于滚动显示图形。拖动滚动条可以查看当前未显示的数据曲线。

## 2. 分栏显示多条曲线

当要更清晰地观测同一波形图表不同区间内数据的实时变化或者要实现不同数据同时对比时，可以通过右击图像，在弹出的快捷菜单中选择"分格显示曲线"来进行分栏显示，这样能够方便地完成数据的对比，分栏效果如图 7-18 所示。

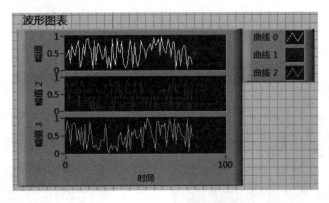

图 7-18　多曲线标量数据图形

## 3. 数据的更新方式

在波形图表中，可以设置曲线的更新模式。波形图表有 3 种更新模式：带状图表模式、示波器图表模式和扫描图模式。设置更新模式的具体操作是：【右击图表】/【高级】/【刷新模式】，如图 7-19 所示。

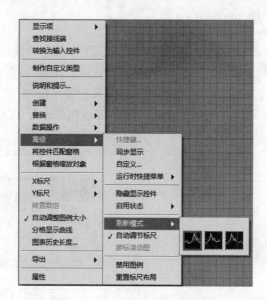

图 7-19　更改更新趋势的选项卡

- ⏷：带状图表模式：带状图表模式的显示和真正的带状图记录设备的显示很像。在带状图表更新模式下，曲线填满显示区后通过左移更新曲线。这种更新模式比下面两种更新模式明显慢得多。

- ⏷：示波器图表模式：示波器图表模式和真正示波器的曲线显示相像，该模式中，当曲线到达波形图的右边界之后，整个曲线就会清除，并从波形图的左边界重新开始　显示。

- ⏷：扫描图模式：扫描图模式与示波器图表模式十分相似，不过，扫描图模式中曲线到达右边界后并不会有清除动作，而是有一个竖线出现在波形图中。该竖线标志着新数据的开始。在新数据不停添加的时候，该竖线会慢慢移动。

在带状图表模式更新方式下，当数据显示满显示区之后，会顶掉左侧的数据继续显示，如图 7-20 和图 7-21 所示。

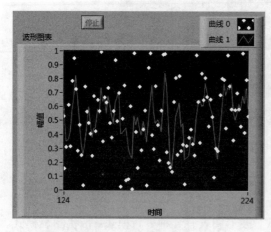

图 7-20　Strip Chart 更新方式（前）

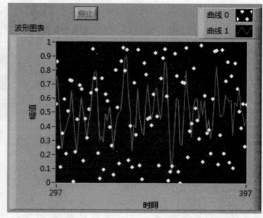

图 7-21　Strip Chart 更新方式（后）

示波器图表模式方式在数据显示已经占满显示区之后会清空显示区，然后继续显示，如图 7-22 和图 7-23 所示。

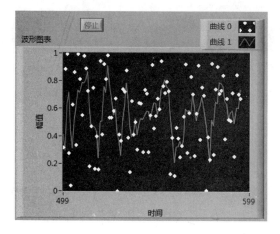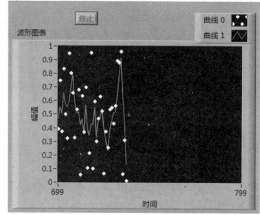

图 7-22　Scope Chart 更新方式（前）　　　　图 7-23　Scope Chart 更新方式（后）

扫描图模式方式则是通过一条红线来引导曲线的更新，会覆盖旧有的趋势图，如图 7-24 所示。

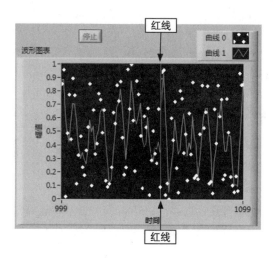

图 7-24　Sweep Chart 更新方式

## 4. 图片历史长度设置

波形图表的基本数据结构是数据标量或数组。新接收的数据接在原有波形后面连续显示。即使是数组，也是连续不断地一个数组一个数组地显示，波形图表最适合于实时测量中的参数监控。为了能够看到先前的数据，波形图表内部含有一个显示缓冲器，其中保留了一些历史数据，这个缓冲器按照先进先出的原则，其默认容量为 1024 个数据，用户也可自己设置，如图 7-25 所示，在波形图表快捷菜单中选择【图片历史长度】选项，打开设置对话框。

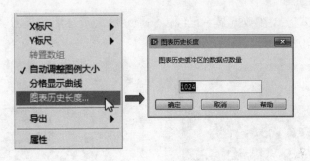

图 7-25　历史数据

## 5. 数据操作

若要复制趋势图中的数据，可以通过右击曲线，在弹出的快捷菜单中选择【数据操作】/【复制数据】选项来完成。如果想清空显示区，可选择【清除图表】，如图 7-26 所示。

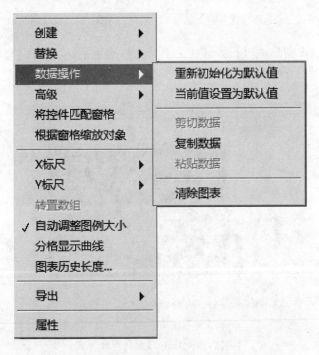

图 7-26　复制数据与清空显示区选项卡

## ▶7.2.2　绘制单曲线

绘制单曲线时，波形图表可以接受的数据格式有两种：标量和数组。新输入的标量数据和数组在旧数据后面连续显示。输入标量时，曲线每次向前推进一个点。输入数组数据时，曲线每次推进的点数等于数组长度。

图 7-27 所示，对于标量数据，波形图表直接将数据添加在曲线末端。

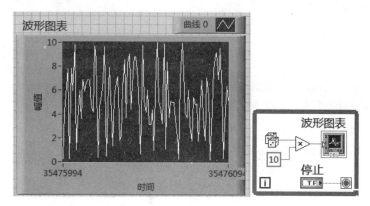

图 7-27　标量数据趋势图及其程序框图

如图 7-28 所示，对于一维数组，它会一次性把一维数组添加在曲线尾端，即每有一组新的数据产生，它会往前推进，往前推进的点数就是产生的数据量。

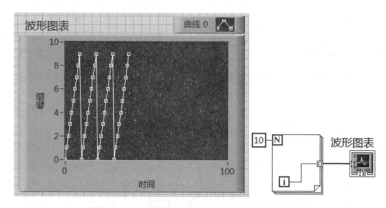

图 7-28　一维数组输入图形及其程序框图

为了更好地理解上面两种输入的不同，将以上程序加以综合，如图 7-29 所示，生成两组随机数，由于时间延迟函数是在 While 循环中，而 For 循环式一次产生 10 个随机数，相当于缩短了延迟时间，所以产生的波形图是不一样的。

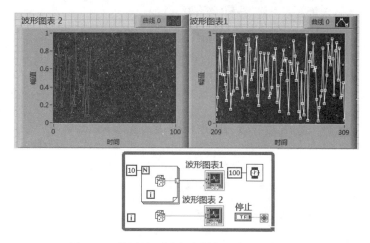

图 7-29　使用波形图表绘制单曲线的程序框图

### ▶ 7.2.3 绘制多曲线

绘制多曲线时，可以接受的数据格式也有两种：第一种是将每条曲线的一个新数据点打包成簇，即把每种测量的一个点打包在一起，然后输入到波形图表中，这时波形图表为所有曲线同时推进一个点，这是最简单、也是最常用的方法，如果 7-30 所示。第二种方法是将每条曲线的一个数据点打包成簇，若干个这样的簇作为元素构成数组，再把数组传送到波形图表中，如图 7-31 所示。

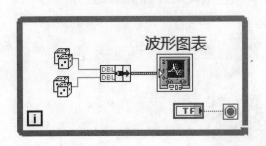

图 7-30  使用第一种方法创建的多曲线程序框图          图 7-31  使用第二种方法创建的程序框图

需要注意：对于二维数组，波形图表会把它们以列为单位按照一维数组那样存储，这是因为内存是线性存储，无法存储二维的数据。二维数组输入图像及其程序框图如图 7-32 所示。

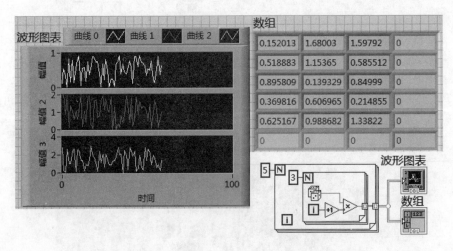

图 7-32  二维数组输入图像及其程序框图

## 7.3  波形图

波形图一次性地显示接收到的数据，它在每次显示前自动清空上次显示的数据，而不是将新数据添加到原波形的末端，其显示的波形是稳定的波形，在波形窗口中只显示当前接受到的数据。

　　在前面板窗口中，右击，在控件选板的【图形】子选板中选择【波形图】，并拖曳到程序框图中，如图 7-33 所示。在波形图上右击，在弹出的快捷菜单中选择【显示项】命令，可根据需要选择波形图的显示项。

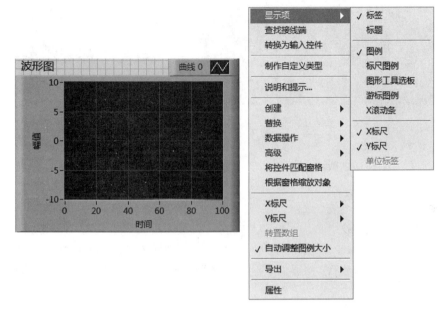

图 7-33　波形图【显示项】命令

　　图 7-34 为带有所有辅助控件的波形图，除了游标图外，其辅助控件与波形图表的几乎一致，在此不再赘述。通过游标图例，可以在波形图上添加游标。游标用于读取波形上某一点的确切坐标值。在游标图例上右击，在弹出的快捷菜单中选择【创建游标】命令可以添加多个游标。如图 7-35 所示。当选中某个游标后，还可以通过单击游标控制器上的 4 个小菱形来移动游标。

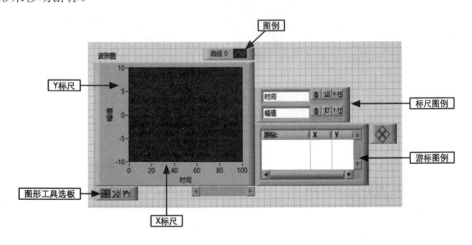

图 7-34　波形图的完整显示项

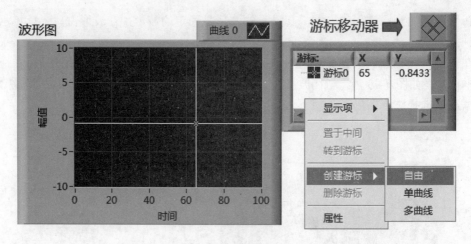

图 7-35　创建游标

波形图可以有多种数据输入类型：一维数组，二维数组，二维簇数组，簇，波形数据。

### 1. 一维数组作为输入

当输入数据为一维数组时，波形图直接将一维数组画成一条曲线，纵坐标为数组元素的值，横坐标为数组索引，如图 7-36 所示。另外，该程序中利用标尺图例将波形图的横坐标名称修改为"数组索引"，并添加了游标来提取曲线上一个点的横纵坐标在游标图例上显示。

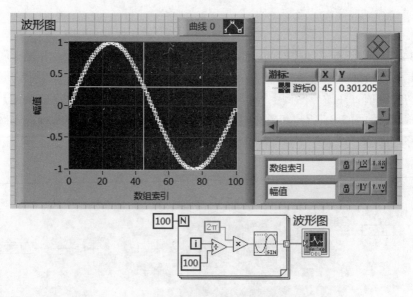

图 7-36　一维数组作为输入时的波形图及程序框图

### 2. 二维数组作为输入

当输入数据为二维数组时，默认情况下每一行的数据对应一条曲线，即曲线的数目和输入数组的行数相同，如图 7-37 所示。

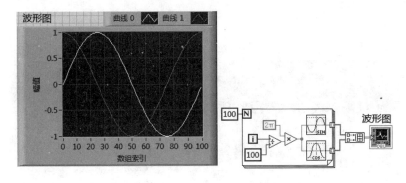

图 7-37　二维数组作为输入时的波形图及程序框图

### 3. 一维簇数组作为输入

　　一维簇数组作为输入可以看作是二维数组输入的变形。如图 7-38 所示，For 循环产生两个一维数组，这两个数组中的值分别对应正弦和余弦波形数据，然后这两个数组分别捆绑成簇，最后再用这两个簇构成一维簇数组。簇数组中的每个簇对应一条曲线，在波形图中显示。

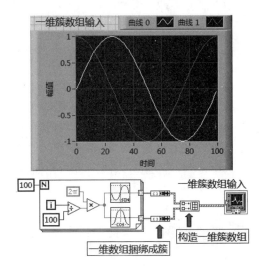

图 7-38　簇数组作为输入时的波形图及程序框图

### 4. 簇作为输入

　　簇作为输入可以看作是上面数组作为输入的扩展，主要目的是对曲线的横坐标值进行操控。簇作为输入时需要指定 3 个元素：起始位置 x0，数据点间隔 dx 和数组数据。此时要注意，波形图中曲线的横坐标由 x0,dx 决定，即第 $n$ 个点的横坐标 $xn = x0 + n \times dx$。第三个元素可以是一维数组、二维数组或一维簇数组，数组中的元素决定波形曲线的纵坐标以及个数。如图 7-39 所示，一维数组和二维数组分别作为簇中的数组元素，一维数组对应一条曲线，除了横坐标不同外，其他与图 7-36 相似。二维数组的每一行对应一条曲线，依然与图 7-37 相似。图 7-39 所示的一维簇数组可以作为簇中的第三个元素，读者可以自行验证。

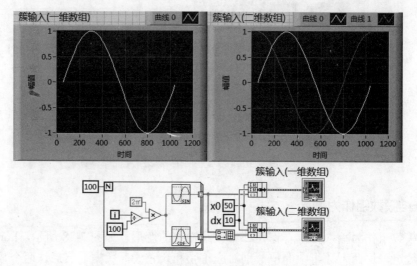

图 7-39 簇作为输入时的波形图及程序框图

波形数据作为输入可参考第 7.1 节的内容。

# 7.4 *XY*图

何时需要 *XY* 图这种曲线图？由于波形图与波形图表的 *Y* 轴对应实际的测量数据，*X* 轴对应测量点的序号，适合描述等间距数据序列，对一类 *Y* 值随 *X* 变化的曲线，则需要 *XY* 曲线图。因此，波形图在一定意义上也是 *XY* 曲线图。相比之下，*XY* 曲线图要灵活很多，它的 *X* 轴、*Y* 轴均由输入的数组决定，因此可以画各种封闭曲线。

## 1. 输入数据类型

将【波形】子函数选板上的"*XY* 图"控件拖曳到前模板后，如图 7-40 所示。

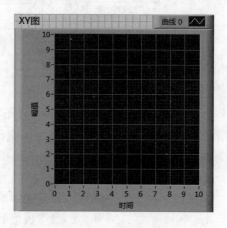

图 7-40 "*XY* 图"控件

$XY$ 曲线图的输入数据类型相对比较简单：一种是直接将 $X$ 数组和 $Y$ 数组绑定为簇作为输入；另一种是把每个点的坐标都绑定为簇，然后再构成簇数组输入。这两种方式都可以通过将多个输入合并为一个一维数组输入，来实现一幅图中显示多条曲线。下面介绍几种输入数据类型。

1）两个一维数组绑定为簇作为输入

李萨如图是一个质点的运动轨迹，该质点在两个垂直的分运动都是简谐振动，是物理学的重要内容之一，在工程上也有很重要的应用。图 7-41 中是两组李萨如图。假设它们的 $X$ 和 $Y$ 轴方向的简谐振动可表示为：

$$\begin{cases} X_0(n) = \sin\left(2\pi \dfrac{1}{100} n\right) \\ Y_0(n) = \sin\left(2\pi \dfrac{3}{100} n + \dfrac{\pi}{2}\right) \end{cases} \text{和} \begin{cases} X_1(n) = \sin\left(2\pi \dfrac{3}{100} n + \dfrac{\pi}{2}\right) \\ Y_1(n) = \cos\left(2\pi \dfrac{3}{100} n + \dfrac{\pi}{2}\right) \end{cases} \tag{7-1}$$

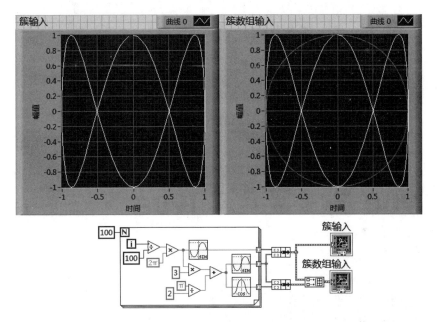

图 7-41　两个一维数组捆绑成簇作为输入时的 $XY$ 曲线图及程序框图

利用 For 循环计算的 $X_0$ 和 $Y_0$ 数组被捆绑成簇输入到 $XY$ 图可以获得一条封闭的质点运动曲线，如图 7-41 中的【簇输入】$XY$ 图所示。同理，$X_1$ 和 $Y_1$ 数组也被 For 循环计算出来，并被捆绑成另一个簇，其也代表另一质点运动的封闭曲线。将代表不同李萨如曲线的两个簇合并成一维簇数组，并输入 $XY$ 图，就可以在该图上同时显示这两条李萨如曲线，如图 7-41 中的【簇数组输入】$XY$ 图所示。

2）坐标点簇数组作为输入

如图 7-42 所示，李萨如曲线上任意一点的 $X$ 和 $Y$ 坐标被捆绑成为点簇，For 循环再将这些点簇构成点簇数组，将该点簇数组输入到 $XY$ 图中，就可以获得该李萨如曲线。两个分别对应不同曲线的点簇数组被分别捆绑成簇再构成数组，将该数组输入 $XY$ 图便可同时获得两条曲线。

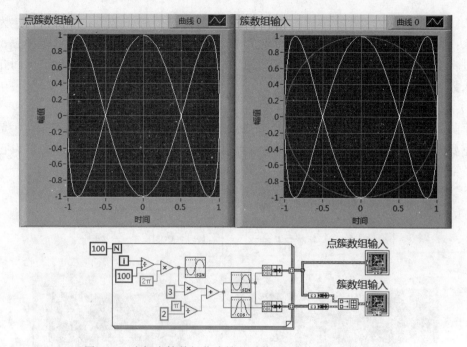

图 7-42　坐标点簇数组作为输入时的 XY 曲线图及程序框图

### 2. 时间作为 X 轴实现历史曲线

鉴于很多情况，需要分析采集数据与时间的关系，即历史曲线，使用 XY 曲线图来完成这一工作非常简单。如图 7-43 所示，可以直接将对应 X 轴坐标的时间标识类型数据与对应 Y 轴坐标的数据构成点簇，然后再利用 For 循环将所有的点簇构成点簇数组输入 XY 图，就可以获得历史曲线。

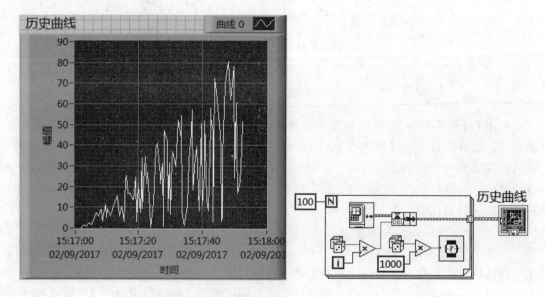

图 7-43　时间作为 X 轴实现历史曲线时的 XY 曲线图及程序框图

### 3. Express *XY* 图

Express *XY* 图控件位于"图形"子函数选板上，其用法与普通 *XY* 曲线用法相似。如图 7-44 所示，将该曲线图控件放置在前面板上的同时，在程序框中会自动添加一个 VI，因此只需要将 *X* 和 *Y* 数组数据与之连接，就会自动添加一个转换函数将其转换为动态数据类型。因此，它无须像普通 *XY* 图一样对 *X* 轴和 *Y* 轴坐标数据进行捆绑才能输入，这使编程变得更简单。

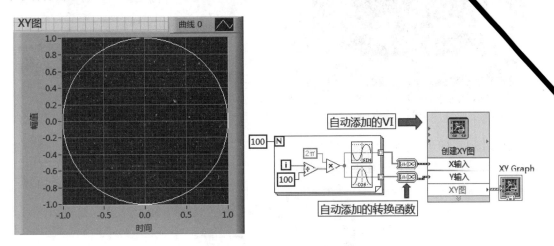

图 7-44　Express *XY* 曲线图及程序框图

## 7.5　强度图和强度图表

前面介绍的波形图、*XY* 图等都是用于描绘二维数据的，当需要显示三维数据时，如平面上各点的温度、压力值等，就需要用到强度图和强度图表。强度图和强度图表通过在笛卡儿平面上放置颜色块的方式在二维图上显示三维数据。用 *X* 轴和 *Y* 轴表示坐标，用颜色表示该点的值。因此，输入的一定是一个二维数组。默认情况下，数组的索引作为颜色块的横纵坐标，元素值大小代表不同的颜色。

强度图和强度图表类似，它们之间的区别类似于波形图和波形图表，即强度图表具备缓存器接受新的数据的同时可以保存一部分历史数据。强度图不具备缓冲器，旧数据会被新的数据替换。所以，本节只以强度图为例介绍强度图的辅助控件。

强度图控件位于前面板控件选板中的【新式】/【图形】/【强度图】，将强度图控件拖曳到前面板上，如图 7-45 所示。和波形图相比，强度图多了一个用颜色表示大小的 *Z* 轴，也称作 *Z* 标尺，其颜色由浅到深变化，不同的颜色对应的 *Z* 轴幅度值由小到大变化。

如图 7-46 所示，强度图的显示区域分为 4×6 个单元，每个单元的位置对应 4 行 6 列二维数组的一个索引，而每个单元的颜色表示该索引对应数组元素值的大小。从图 7-46 中可以看出，二维数组的索引对应数据显示区的左下角的坐标值，数组每一列对应数据显示的一行，每一行对应数据显示的一列。

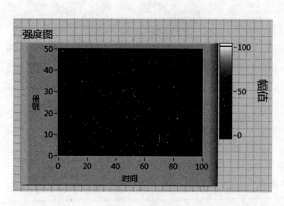

图 7-45　强度图

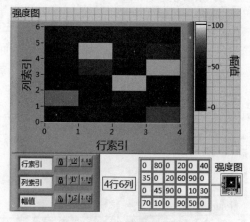

图 7-46　强度图实例 1

强度图和波形图的 $X$ 和 $Y$ 轴设置方法基本相同，所以这里不再赘述，只对 $Z$ 轴的设置进行介绍。右击 $Z$ 标尺，弹出的快捷菜单如图 7-47 所示。

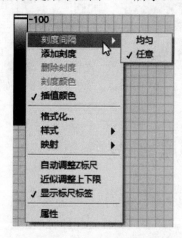

图 7-47　强度图窗口和默认 $Z$ 轴刻度的右键快捷菜单

（1）刻度间隔：用来选择刻度间隔【均匀】或【任意】分布。

（2）添加刻度：如果【刻度间隔】选择【随机】选项，可以在任意位置添加刻度；如果【刻度间隔】选择【任意】选项，则此选项不可用，为灰色。

（3）删除刻度：如果【刻度间隔】选择【随机】选项，则可以删除任意已经存在的刻度；同样，如果【刻度间隔】选择【任意】选项，则此选项不可用。

（4）刻度颜色：表示该刻度大小的颜色，单击打开系统拾色器可选择颜色；在图形中选择的颜色就代表该刻度大小的数值。

（5）插值颜色：选中表示颜色之间有插值，有过渡颜色；如果不选中，表示没有过渡颜色的变化。

需要注意的是：要使用【删除刻度】和【刻度颜色】这两个选项，不能在颜色条上右击，而要在颜色条右侧的刻度上右击。

　　图 7-47 中的例子只是为了让读者理解强度图的含义，即强度图通过在笛卡儿平面上放置颜色块的方式在二维图上显示三维数据。然而，颜色块的面积太大。图 7-48 中，利用了两个 For 循环构造一个 40 行 50 列的数组，数组中的元素是 0~100 之间的随机数，由于数组中的元素明显增多，强度图中颜色块的面积变得很小，按照这种方式，当数组元素进一步增多，颜色块的面积进一步减小，就会逐渐接近可以描述显示区域的一个点的温度或压力等方面的数值。

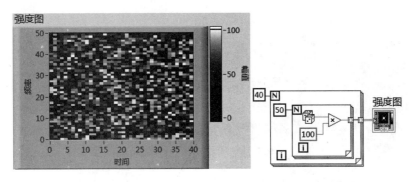

图 7-48　强度图实例 2

　　往往在实际情况下，某一平面上的压力或温度等方面的物理量是渐变的，所以图 7-48 的描述与实际还有一定的差距。图 7-49 中，用两个嵌套 For 循环生成 5 行 10 列的二维数组，数组中每一行的元素数值相同，但列元素的数值随着索引号的增加逐渐增大。该数组输入到强度图中，可以看到显示区域内的颜色从下到上由深逐渐变浅。随着列数的进一步增加，相邻列元素间数值变化量进一步减小，强度图显示区域内由下到上的颜色变化会趋于连续变化。

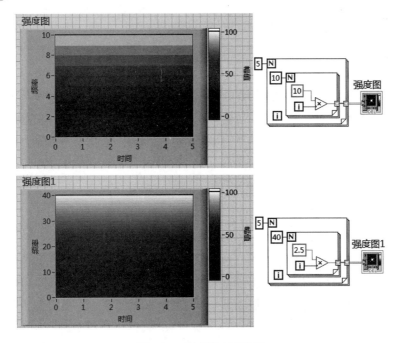

图 7-49　强度图应用举例

图 7-50 中，利用 For 循环生成的 200 行 100 列二维数组，数组元素的数值随着行数和列数一同按正弦规律周期性变化。输入强度图，可以看到由于数组元素的个数非常多，所以颜色块的面积非常小，几乎可以描述像素区域内的点，并且相邻元素的数值变化极其缓慢，所以显示区域的颜色逐渐变化（接近连续）。另外，由于行和列元素同时周期变化，所以显示区域内产生明暗变化的斜条纹。这样的强度图很接近声波在物体表面传播时，物体表面应力分布的情况。

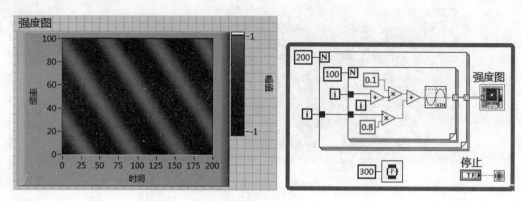

图 7-50　强度图及程序框图

# 7.6　数字波形图

LabVIEW 中提供了数字数据、数字波形数据以及数字波形图这类重要的数据类型和图形显示方式。熟悉数字电路、单片机硬件和软件设计的工程师一定非常了解数字量的重要性。

描述模拟量采集时，可以通过信号（即一个离散的数组），也可以通过波形（即信号附加开始时间和时间间隔）来描述模拟量。波形图和波形图表是用来图形化显示信号或波形的控件。对于数字信号，可以用数字数据来描述，数字数据加上时间信息就构成数字波形数据。数字波形控件则可以显示数字信号或者数字波形。

## ▶7.6.1　数字数据

### 1. 数字数据控件

数字数据控件所在控件选板中的位置如图 7-51 所示，该控件拖曳到前面板上后的样子也在图 7-51 中给出。数字数据也称数字表格，类似数字电路中的真值表，可以手动向其中添加 0/1 数字量。本质上，数字数据就是一个二维布尔数组，也可以理解为整型一维数组的二进制表示。

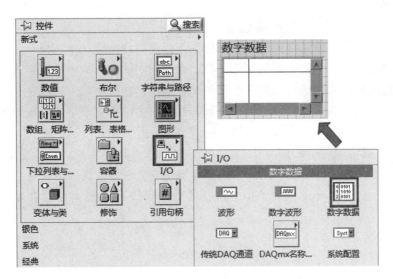

图 7-51　数字数据控件

图 7-52 中，数字数据控件显示了 6 个采样，每个采样包含 8 个信号。

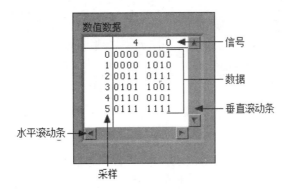

图 7-52　采样信号的数字数据表示

数字数据控件显示的数据可以二进制、十六进制、八进制和十进制的格式表示。一些测量设备使用数字状态 L、H、Z、X、T、V，如以十六进制、八进制或十进制的格式显示，将显示为问号。右击该控件，从弹出的快捷菜单中选择数据格式可为该控件选择一种数据格式。

数字表格可以 8 种数字数据状态表示数据。表 7-1 描述了数字数据的状态。

表 7-1　数字数据的状态

| 值 | 数字数据状态 | 说　　明 |
| --- | --- | --- |
| 0 | 0（驱动低） | 强制逻辑低，驱动至低电平（VOL） |
| 1 | 1（驱动高） | 强制逻辑高，驱动至高电平（VOH） |
| 2 | Z（强制关闭） | 强制逻辑高阻抗，关闭驱动 |
| 3 | L（低比较） | 比较逻辑低（边沿），比较一个低于低电压阈值的电平 |
| 4 | H（高比较） | 比较逻辑高（边沿），比较一个高于高电压阈值的电平 |
| 5 | X（未知比较） | 比较未知逻辑，不比较 |
| 6 | T（比较关闭） | 比较逻辑高阻抗（边沿），比较一个介于低电压阈值和高电压阈值之间的电平 |
| 7 | V（有效比较） | 比较逻辑有效电平（边沿），比较一个低于低电压阈值或高于高电压阈值的电平 |

用户可在数字数据控件中插入或删除行和列。

- 如需插入行，右击采样列的一个采样，在弹出的快捷菜单中选择在前面插入行。
- 如需删除行，右击采样列的一个采样，在弹出的快捷菜单中选择删除行。
- 如需插入列，右击信号列的一个信号，在弹出的快捷菜单中选择在前面插入列。
- 如需删除列，右击信号列的一个信号，在弹出的快捷菜单中选择删除列。

使用快捷菜单在控件内剪切、复制和粘贴数字数据。

1）复制与剪切

在数字数据控件或数字波形控件中选择要剪切或复制的行或列。

右击行或列，从弹出的快捷菜单中选择【数据操作】/【剪切数据】或【复制数据】命令。

2）粘贴数字数据

在数字数据控件或数字波形控件中选择一定区域，其中包含的行列数量等于已复制的行列，右击选择的区域，从弹出的快捷菜单中选择数据操作粘贴数据。

> 提示：只能剪切整行或整列数据。不能用剪切得到的数字数据创建一个新行或新列。粘贴数字数据时，必须选择一个与被剪贴或复制区域同样大小的区域。例如，从某行复制 4 个数据位，必须选择同一行或不同行中已经存在的 4 个数据位进行粘贴。如要从某个两行两列的区域复制 4 个数据位，必须将数据粘贴进一个两行两列的区域。

### 2. 创建数字表格方法

创建数字表格可以通过向数字数据控件中直接手动添加，也可以通过其他方式动态添加。比如，通过【创建数字数据】函数或一些【数字转换】来创建。

【创建数字数据】函数位于图 7-5 所示的【波形】/【数字波形】选板中，其连线端如图 7-53 所示。

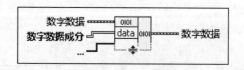

图 7-53　创建数字数据函数

使用【创建数字数据】函数可创建数字表格。

【创建数字数据】函数的功能是创建数字数据或修改现有数字数据，如未连线【数字数据】输入端，函数可依据连线的【数字数据成分】创建新的数字数据；如已连线数字数据输入，该函数可依据连线的数字数据成分修改数字数据。

【数字数据成分】输入端需要连接二维数组，将该数组数据值保存为 8 位无符号整数。二维数组中每个值对应一个数字值，或数字数据状态，通过数字数据输出显示。图 7-54 是利用该函数创建数字数据的实例，需要注意输入二维数组的值可以是 0～7 之间的整数，即表 7-1 中的值，读者可以自行实验。

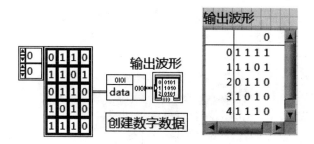

图 7-54　创建数字数据

另外，在图 7-5 所示【波形】函数选板的【数字波形】子函数选板中有一类【数字转换】函数，如图 7-55 所示。可以利用其中的【二进制至数字转换】函数动态创建数字数据。图 7-56 为利用这种转换函数将一维数值数组转化为数字数据的例子。一维数组的每个元素转化为一个数字数据的采样。

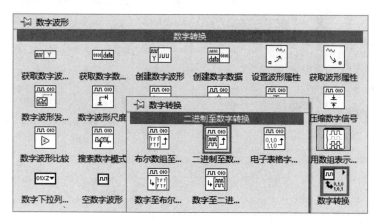

图 7-55　数字转换子选板

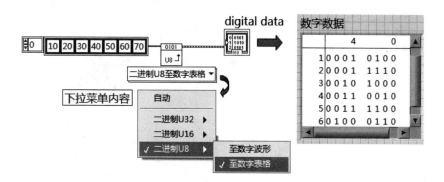

图 7-56　一维数值数组转化为数字数据

## ▶7.6.2　数字波形数据与数字波形图

数字波形数据控件如图 7-57 所示，是一种特殊的簇，簇中包含的元素为数据时间起点

t0、时间间隔 dt、数字数据 Y 和属性。其与前面介绍的波形数据类似，唯一的区别是信号为数字信号；可以利用图 7-55 中【数字波形】子函数选板上的【创建数字波形数据】函数来创建，如图 7-58 所示。

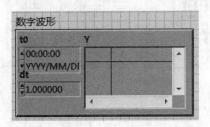

图 7-57　数字波形数据控件

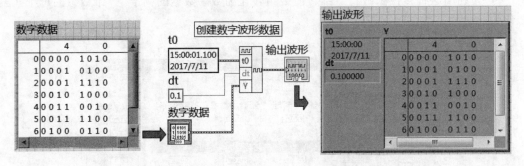

图 7-58　创建数字波形数据实例

数字波形图用来显示数字时序图。可以直接将数字数据作为数字波形图的输入，每条曲线代表一个信号，横轴代表采样点。也可以将数字数据与时间信息绑定为波形数据作为输入。图 7-59 将一维整型数组转化成波形数据并显示。

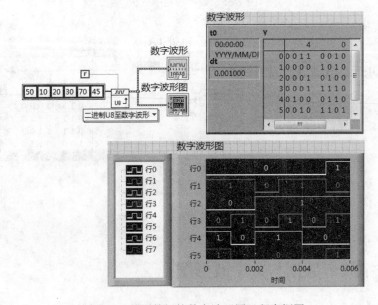

图 7-59　整型数组的数字波形图及程序框图

## 7.7 三维图形

二维曲线只能显示二维数据，因此很多情况下都不适用，于是 LabVIEW 提供了大量的三维图形控件用于绘制三维数据，如图 7-60 所示，其中有 3 种最常用的三维图形控件：三维曲面图形、三维参数图形和三维线条图形，分别用于显示三维空间曲面、封闭三维空间图形和三维空间曲线。本节将一一对它们进行介绍。

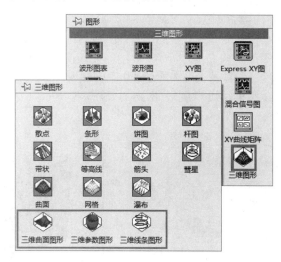

图 7-60 三维图形控件选板

### 1. 三维曲面图形

将三维曲面图形控件放置于前面板时，在程序框图中会同时出现两个图标：三维曲面图形设置 VI 和 3D Graph（三维图形），如图 7-61 所示。其中，3D Graph 只用作图形显示，并无其他功能，图 7-61 上功能主要由三维曲面图形设置 VI 来完成，其各个接线端名称如图 7-61 下所示。

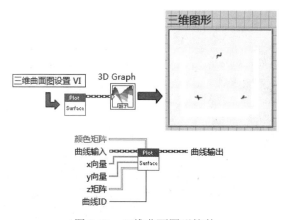

图 7-61 三维曲面图形控件

三维曲面图形设置 VI 各个接线端的含义如下。

- 颜色矩阵：使得 $z$ 矩阵的各个数据点与颜色梯度的索引映射。
- 曲线输入：是存储三维曲线数据的类的引用。
- $x$ 向量：是指定曲线数据点的 $x$ 坐标的一维数组。
- $y$ 向量：是指定曲线数据点的 $y$ 坐标的一维数组。
- $z$ 矩阵：是指定曲线数据点的 $z$ 坐标的二维数组。
- 曲线 ID：指定要绘制的曲线的 ID。
- 曲线输出：是三维曲线图。

$z$ 矩阵端子输入的二维数组是用于确定对应横、纵坐标（$x,y$）的点的 $z$ 坐标。三维曲面图形设置 VI 在绘制曲面时，根据点的 $x$、$y$ 和 $z$ 坐标来确定点在三维空间中的位置。需要注意的是：三维曲面不能显示三维空间中的封闭曲线图。

在三维空间描绘一个正弦曲面如图 7-62 所示，该曲面的 $x$ 和 $y$ 轴的坐标范围为-50～50，$z$ 轴的坐标范围为 0～1。读者可以和图 7-50 中的强度图相对应理解该三维曲面图形。在三维图形界面按住鼠标左键，可以旋转图形，以变换观察的角度。

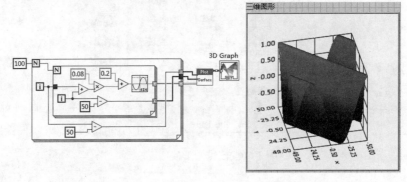

图 7-62　三维曲面图形及程序框图

可以使用【三维图形属性】对话框对三维曲面图的外观进行属性设置。如图 7-63 所示，右击三维图形，在弹出的快捷菜单中选择【三维图形属性】项，便可打开【三维图形属性】对话框。该对话框有 6 个属性页面，可以对前面板背景颜色、观察距离、观察模式、原点坐标位置等属性进行设置。用户可以针对不同的需要单击不同的属性页面选项进行修改设置。

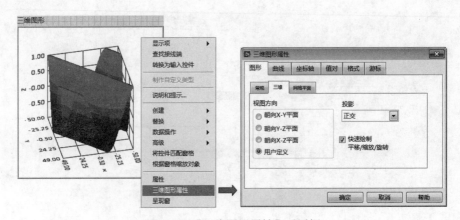

图 7-63　【三维图形属性】对话框

三维曲面图形中的游标可以在【三维图形属性】对话框中的【游标】页面进行设置。在【游标】属性设置页面可以单击按钮➕添加游标，单击按钮✖删除游标，可以设置游标的位置等方面的属性，读者可以按照图 7-64 中的方式对游标的属性进行设置。

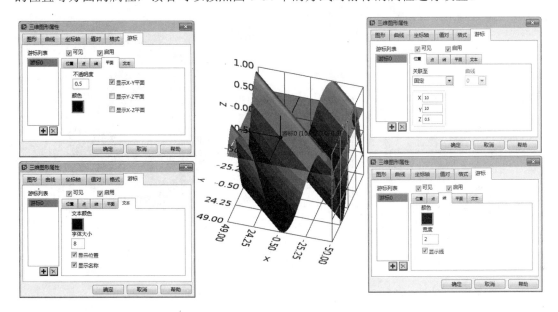

图 7-64　三维图形游标属性设置

## 2. 三维参数图形

一般情况下，绘制非封闭的三维曲面时要用到三维曲面图形。但是，如果要绘制一个三维空间内的封闭曲面，则三维曲面图形就无能为力了，这就需要三维参数图形了。与三维曲面图形相似，将该控件放置在前面板后，程序框图中会自动添加两个图标：三维参数图形设置 VI 和 3D Graph，如图 7-65 所示。三维参数图形设置 VI 各个接线端名称如图 7-65 所示。

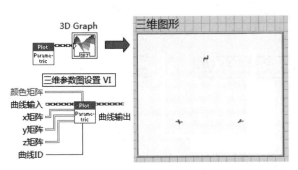

图 7-65　三维参数图形

需要注意的是：该 VI 的 $x$、$y$ 和 $z$ 输入矩阵都必须是二维数组，分别决定了相对于 $x$ 平面、$y$ 平面和 $z$ 平面的封闭曲面。三维曲面图形利用一个二维数组就可以绘制一个三维曲面，那么，三维参数图形利用 3 个正交分布的二维数组自然可以构成一个封闭的曲面。

利用三维数图形在三维空间描绘一个圆环曲面，如图 7-66 所示，读者可自行对其进行分析。

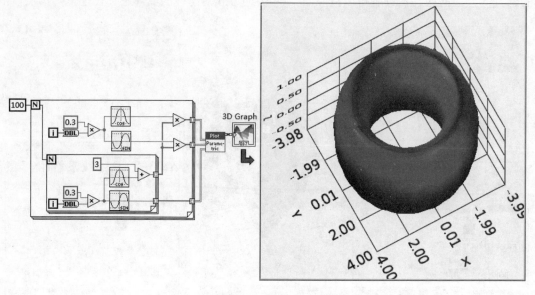

图 7-66　三维参数图形及程序框图

## 3. 三维线条图形

三维线条图形用于显示三维空间曲线，将其控件放置到前面板上后，在程序框图上依然会出现两个图标。其中，三维线条图形设置 VI 各个接线端名称如图 7-67 所示。该 VI 的输入相对简单，$x$、$y$ 和 $z$ 向量端子分别输入一维数组，用于指示曲线的 $x$、$y$ 和 $z$ 轴坐标。

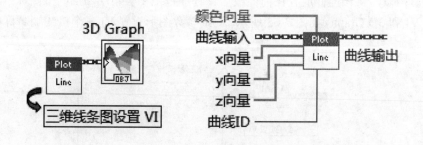

图 7-67　三维线条图形控件

图 7-68 是利用三维线条图形控件绘制洛伦兹曲线。洛伦兹曲线是比较典型的一种三维曲线，求耦合常微分方程组的数值解，洛伦兹模型的自由度为 3，循环过程使用公式节点和移位寄存器。数据用于生成三维曲线。系统的初始条件为：X=Y=Z=1。当 X=Y=Z=0 时，系统有稳定的状态解。不同的初始条件，对应不同的解。读者可以通过设置和改变参数，运行该 VI 就会将数据和动画绘制在图形中，从而来观察洛伦兹曲线的特性。

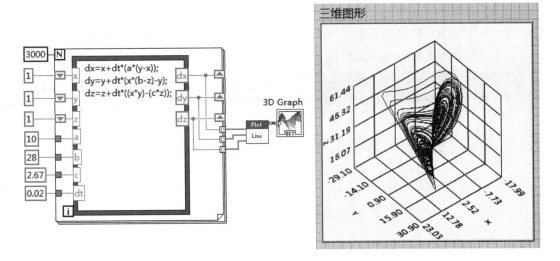

图 7-68　三维线条图形及程序框图

# 7.8 小结

本章主要介绍了 LabVIEW 中图形与图表的显示方式。LabVIEW 很大的一个优势就是提供了丰富的数据图形化显示控件，而且使用起来极其方便。LabVIEW 中有很多图形显示控件，最常用的有 3 个：波形图、波形图表、XY 图。其中，波形数据控件实际上是按照一定格式预定义的簇，在信号采集、处理和分析过程中会经常用到。不过，要注意的是，对于波形数据，需要用专用的波形数据操作函数对其进行操作。而当我们需要画的曲线是由 $(x, y)$ 坐标决定时，就需要采用 XY 图。其实，波形图在一定意义上也是 XY 图，但它的 X 轴必须是等间距的，而且不可控制。将程序中使用的或生成的数据以图形或图表的形式显示或实时显示出来是利用 LabVIEW 进行虚拟仪器开发的一项重要的功能。最后要说明的是，不同的图形控件所能接受的数据类型是不一样的。用户需要注意每种图形与图表显示方式的区别，能够根据具体条件选择合适的数据显示方式。

# 7.9 思考与练习

（1）通过什么方式在波形图中定义波形点的间隔和起始位置？

（2）如果想在波形图表中从左到右连续滚动地显示运行的数据，类似纸带表记录器，应该选择哪种数据更新方式？

（3）应该通过什么方式在波形图中显示两条点数不同的波形？

（4）简要说明波形图表、波形图、XY 图之间的区别。

（5）创建一个 VI，使用波形图和波形图表对 50 个随机数进行显示，并比较编程方法和波形显示方式的不同。

（6）利用基本函数发生器生成两个相位相差 0°、45°、90°、135°、180°或 225°的正弦信号，并分别作为 $X$ 数组和 $Y$ 数组在 $XY$ 图中显示。

（7）在同一波形图中同时显示正弦和余弦曲线，要求使用不同的线形。

（8）利用三维参数图绘制水面波纹，其对应的函数为：

$$z = \frac{\sin\left(\sqrt{x^2 + y^2}\right)}{\sqrt{x^2 + y^2}}$$

# 第8章 基于 Express VI 搭建专业测试系统

从 LabVIEW7 开始，LabVIEW 中提供了一种被称为 Express 的技术，用以快捷、简便地搭建专业的测试系统。Express 技术将各种基本函数进行打包，形成更加智能和功能，更加丰富的函数，并对其中某些函数提供配置对话框。通过配置框可以对函数进行详细的配置。因此，通过 Express VI 可以用很少的步骤实现功能完善的测试系统。对于复杂的系统，利用 Express VI 也能起到极大的简化作用。本章将介绍如何利用 Express VI 搭建专业测试系统。

## 8.1 Express 技术简介

Express 控件和函数子选板如图 8-1 所示。

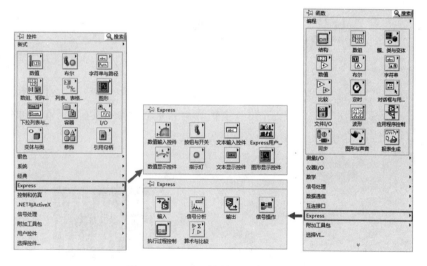

图 8-1 Express 控件和函数子选板

Express 控件选板包含了最常用的一些控件。实际上，它们大部分和普通控件完全一样，放在 Express 控件选板下只是为了方便用户。

程序框图函数选板上的 Express VI 函数子选板包含了大量的 Express VI 函数，其主要分为 6 大类。

（1）信号输入 Express Vis：用来从仪器采集信号或产生仿真信号。

（2）信号分析 Express Vis：用来对信号进行分析处理。

（3）输出 Express Vis：用于将数据存入文件，产生报表以及与仪器连接，输出真实信号。

（4）信号操作 Express Vis：主要用于对信号数据进行操作，如类型转换、信号合并等。

（5）执行控制 Express VIs 和程序结构体：包含了一些基本的程序结构以及时间函数。

（6）算术与比较 Express Vis：包含一些基本的数学函数、比较操作符、数字和字符串。

通过这 6 大类函数，基本上就能实现测试系统所需的各种常用功能。

实际工程实践中，验证一个信号测试系统性能时，往往需要用到信号发生器来产生一些参数已知的基本信号，并通过分析测试系统对这些信号的响应来获得系统的某些重要特性，这可以说是信号系统设计验证的经典方法。在基于 LabVIEW 的测试系统设计过程中，毫无例外也要用到这样的方法，于是 LabVIEW 的 Express 提供了这样的仿真信号源。

选择【Express】/【信号分析】子函数选板下的【仿真信号】函数，放置到程序框图中，如图 8-2 所示。该函数可以用来产生正弦波、方波、三角波、锯齿波和噪声的仿真信号，是分析和验证实际信号测试系统的有利工具。

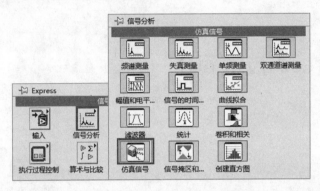

图 8-2　Express 的信号分析子函数选板

将【仿真信号】函数拖曳到程序框图上的同时，将会弹出【配置仿真信号】对话框，如图 8-3 所示。该对话框用于对该函数产生仿真信号的各个参数进行配置，如信号类型、频率、相位等。仿真信号各个配置参数的说明见表 8-1。

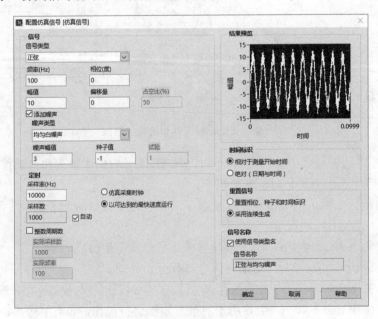

图 8-3　【配置仿真信号】对话框

表 8-1 仿真信号各个配置参数的说明

| 参　数 | 说　明 |
|---|---|
| 信号 | 包含了信号类型、频率、相位、幅值、偏移量等信号的基本参数 |
| 定时 | 包含了采样率、采样数、仿真采集时钟、整数周期数等 |
| 时间标识 | 相对于测量开始时间：显示相对时间标识，即从 0 起经过的秒数。例如，相对时间 100 对应 1:40<br>绝对（日期与时间）：显示时间标识，自 1904 年 1 月 1 日星期五 12:00 a.m（通用时间 [01-01-1904 00:00:00]）以来无时区影响的秒数 |
| 重置信号 | 重置相位、种子和时间标识：重置相位为相位值，时间标识设为 0。重置种子值为 1。<br>采用连续生成：对信号进行连续仿真。不重置相位、时间标识或种子值 |
| 信号名称 | 使用信号类型名：使用默认信号名<br>信号名称：勾选使用信号类型名复选框后，显示默认的信号名 |
| 结果预览 | 显示仿真信号的预览 |

选择图 8-2 中【信号分析】Express 函数子选板中的【滤波器】，将其拖曳到程序框图中的同时，也会自动弹出类似于图 8-3 所示的配置对话框。这里可以选择滤波器的类型以及一些必要的滤波器参数。这里采用低通滤波器。具体配置如图 8-4 所示。【滤波器】部分配置的说明见表 8-2。

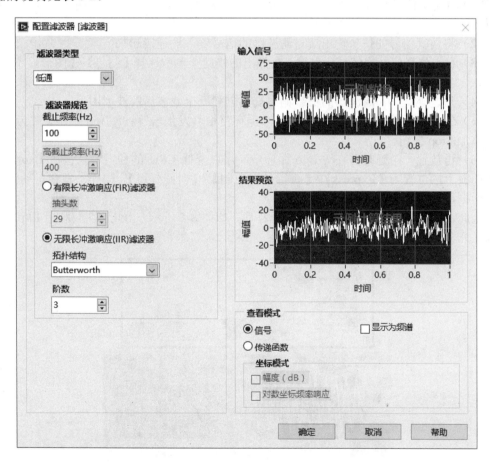

图 8-4　滤波器配置

表 8-2 【滤波器】部分配置的说明

| 参　数 | 说　明 |
|---|---|
| 滤波器类型 | 指定滤波器的类型：低通、高通、带通、带阻和平滑。默认值为低通 |
| 滤波器规范 | 包含了截止频率、低截止频率、高截止频率、FIR 滤波器等 |
| 输入信号 | 显示输入信号 |
| 结果预览 | 显示测量预览 |
| 查看模式 | 信号：通过实际信号的形式显示滤波器响应。<br>显示为频谱：指定使滤波器的实际信号显示为频谱，或保留基于时间的显示方式。频率显示可用于查看滤波器如何影响信号的不同频率成分。<br>传递函数：通过传递函数的形式显示滤波器响应 |
| 坐标模式 | 包含了幅度和对数坐标频率响应，在对数标尺中显示滤波器的频率响应 |
| 幅度响应 | 显示滤波器的幅度响应 |
| 相位响应 | 显示滤波器的相位响应 |

【例 8-1】 利用仿真信号和滤波器 Express VIs 搭建一个信号滤波器程序，用于观察经过滤波器前后信号波形的变化。

## 设计过程

（1）将仿真信号和滤波器 Express VIs 放置在程序框图中后，并按上面的方式进行参数配置。

（2）将仿真信号的信号输出端与滤波器的信号输入端连接起来。

（3）右击仿真信号的信号输出端，在弹出的快捷菜单中选择【创建】/【图形显示控件】命令。

（4）与之类似，在滤波器的信号输出端也创建一个滤波后的波形图。

（5）在 Express 程序框图上利用 While 循环将信号发生器等程序围在其中，并为 While 循环添加 Stop 按钮。

（6）再放置一个延时器在 While 循环中，用以降低 CPU 的利用率。它在 Express VI 函数面板上的位置为【Express】/【执行过程控制】/【时间延迟】。同样，它会自动弹出一个对话框，让用户输入延时长度。

至此，就搭建完成了一个信号滤波器程序，如图 8-5 所示。由此可见，利用 Express VI 可以在几分钟内完成一个测试系统，这就是 Express 技术带来的好处。

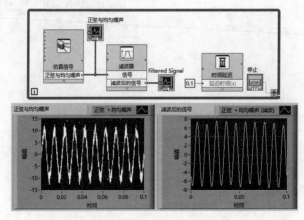

图 8-5　利用 Express VI 搭建的信号滤波器

# 8.2 从实例中学习 Express VI

学习 Express VI 的一个好的方法是跟着实例学 VI。从 VI 实例入手，有助于更快、更好的掌握 VI 的使用方法。下面以一个例子带领大家体会如何利用 Express VI 快速完成一个实验测试系统搭建。

**【例 8-2】** 基于 Express VI 的声音信号采集系统的搭建。

具体要求：本例中将由计算机自带的话筒采集到的声音信号进行高通滤波，然后将信号数据重新输入声卡播放，并将采集到的声音信号写入 LabVIEW 测量文件（.lvm），最后生成 HTML 报表。

## ⚙ 设计过程

（1）Express VI 声音采集：在 Express VI 函数选板中选择【输入】/【声音采集】函数，如图 8-6 所示。将该函数拖曳到程序框图中的同时，依然会出现配置对话框，如图 8-7 所示。进行如图 8-7 所示的配置之后运行程序，将自动调用系统话筒进行声音信号的采集，同时将采集到的声音信号的波形输出至图形显示控件显示波形。

图 8-6　声音采集函数控件

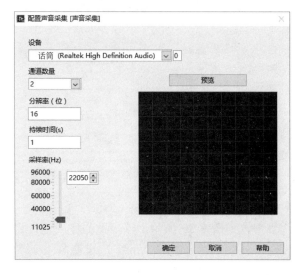

图 8-7　声音采集函数与其配置对话框

（2）信号滤波与输出测试：将采集到的声音信号通过高通滤波器进行滤波处理，将处理后的声音信号作为 Express【播放波形】函数的输入，运行程序后，测试系统将会自动把已滤波的信号通过话筒播放，进行输出测试，如图 8-8 所示。同时，将滤波后的信号输出至图形显示控件中显示信号波形。【滤波器】和【播放波形】函数的配置对话框如图 8-9 所示。

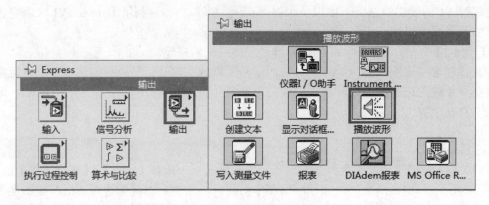

图 8-8    Express 播放波形 VI

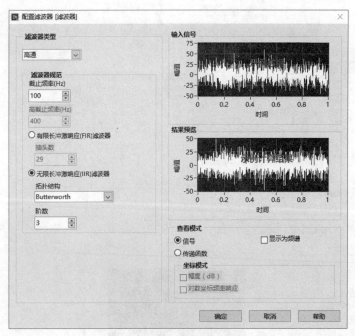

图 8-9 【滤波器】和【播放波形】函数的配置对话框

（3）写入数据至基于文本的测量文件（.lvm）：【写入测量文件】函数在【Express】/【输出】子函数选板中，如图 8-10 所示。该函数的作用是：将测量数据写入文本文件。文本文件有很多可选择格式：测量文件（.lvm）、二进制测量文件（.tdm 或.tdms）或 Microsoft Excel 文件（.xlsx）。

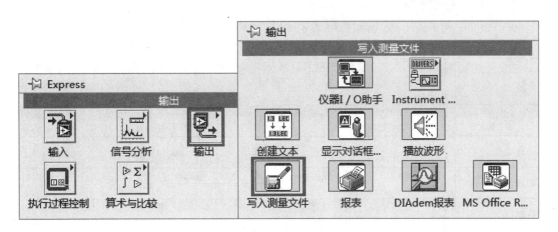

图 8-10　【写入测量文件】函数

 提示：其中【测量文件（.lvm）】是比较常用的文本文件格式，利用它可以很方便地保存和查看测量数据的信息，便于后续实验的进行。所以，本实验系统利用【写入测量文件】函数将话筒采集到的声音数据保存成【测量文件（.lvm）】格式的文件。将【写入测量文件】函数放入到程序框图中，依然会出现配置对话框，本实验对【写入测量文件】配置信息如图 8-11 所示。测量文件配置对话框选项说明见表 8-3。

图 8-11　【写入测量文件】函数配置对话框

表 8-3　测量文件配置对话框选项说明

| 参　数 | 说　明 |
|---|---|
| 文件名 | 显示要写入数据文件的完整路径。仅在文件名输入端未连线时，Express VI 才使数据写入参数指定的文件。如文件名输入端已连线，Express VI 可使数据写入输入端指定的文件 |
| 文件格式 | 数据保存的格式，如文本测量文件（.lvm）、二进制测量文件（.tdms）、带 XML 头的二进制测量文件（.tdm）等，并在文件名称中设置相应的扩展名 |
| 动作 | 保存文件时执行的动作，如将数据保存至单一文件、保存至一系列文件（多个文件）以及一些其他的配置选项，如是，提示用户选择文件等 |
| 如文件已存在 | 只有在操作部分选择"保存至单个文件"选项，该部分才可用。配置文件存在时执行的动作，如重命名现有文件、使用下一可用文件名、覆盖文件等 |
| 数据段首 | 只有在文件格式中选择文本测量文件（.lvm）时，该选项才可用。在 LabVIEW 写入数据的文件中创建标题 |
| X 值（时间）列 | 为通道生成的时间数据创建列。可以创建独立的列，也可以是空列 |
| 文件说明 | 包含测量文件的说明。LabVIEW 可在文件标题中添加本文本框中输入的文本。在文件格式中选择 Microsoft Excel (.xlsx)选项时，该文本框不可用 |

注意：【测量文件（.lvm）】函数与以下 VI 或函数的操作类似：① 打开/创建/替换文件；② 写入文本文件；③ 写入二进制文件；④ 写入电子表格文件；⑤ 文件对话框；⑥ 格式化写入文件。

提示：读者在学习过程中注意体会，在比较中总结各函数和 VI 的共同特点，可以起到事半功倍的作用。

（4）生成 HTML 报表文件：【报表】函数可以在图 8-10 所示的【Express】/【输出】子函数选板中找到。该函数的作用是，生成包含 VI 说明信息、VI 返回数据、报表属性（如作者、公司和页数）的预格式化报表。将该函数放置到程序框图上后同样会弹出【配置报表】对话框，如图 8-12 所示，这里将原始与滤波后的声音信号以及一些必要信息在该对话框中进行配置。启动程序，系统将会自动生成报表文件，并保存在目标文件夹下。

图 8-12　【配置报表】对话框

【配置报表】对话框中各选项的说明见表 8-4。

表 8-4　【配置报表】对话框中各选项的说明

| 参　　数 | 说　　明 |
|---|---|
| 报表信息 | 报表信息包含了一系列的选项,如报表标题、作者姓名、公司名称、操作员姓名等多个选项 |
| 输入数据 1 | 包含了指定数据标题、是否在数据中包括图形、指定 $Y$ 轴的标签、指定是否在数据中包括表格 4 个选项 |
| 输入数据 2 | 包含了指定数据标题、是否在数据中包括图形、指定 $Y$ 轴的标签、指定是否在数据中包括表格 4 个选项 |
| 目标 | 指定报表的打印方式。对于网页的报表,可以打印为 HTML 格式的 Web 网页,或(Windows)发送报表至打印机 |
| 保存报表路径 | 保存报表的路径 |

（5）实验结果：利用 Express VI 快速搭建声音信号采集系统,实验结果如图 8-13 所示,生成的 HTML 报表如图 8-14 所示。通过这个实例,可以很清楚地知道,如何利用 Express VI 快速搭建出测试系统,只需要简单的几步,就可实现想要的功能。

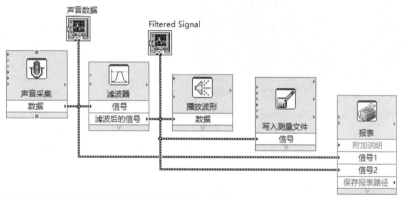

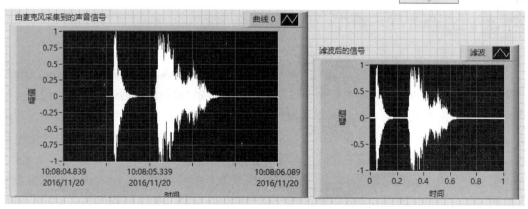

图 8-13　基于 Express VI 的声音信号采集系统

由于声音采集 VI 配置时通道数量设置为 2,故在波形输出时,显示为红白两种波形。本例中基本包含了信号采集系统的基本功能：信号采集、信号处理、存储和生成报表。而整个系统的搭建在数分钟内即可完成,由此可见 Express VI 的便捷性。当然,Express VI

也有其功能限制，若要实现功能强大完善的系统，还必须借助更多的普通 VI 函数。

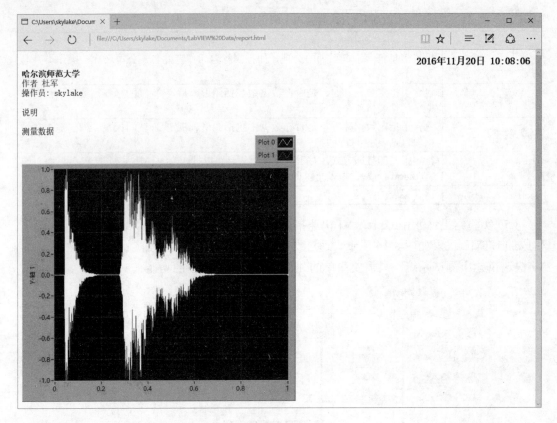

图 8-14　声音信号采集系统 HTML 报表

# 8.3　动态数据类型

针对 Express VI 的灵活性，LabVIEW 提供了动态数据类型（Dynamic Data Type，DDT）来携带 Express VI 的输入与输出信号。动态数据类型显示为深蓝色接线端 ⬚。用户可以将数值、波形或布尔数据与动态类型数据输入端相连，也可以将动态数据类型显示为波形或数值。具体显示为图形，还是数值可以右击 DDT 数据端子，在弹出的快捷菜单中选择【创建】/【图形显示控件】或【数值显示控件】命令。

动态数据类型能够携带单点、单通道（一维数组）或多通道（二维数组）的数据或波形数据类型的数据。此外，它还包含了一些信号的属性信息，如信号的名称、采集日期时间等。因此用户会卡到在图标的说明中会自动显示信号的名称。如果在图 8-3 所示的配置对话框中选择"绝对（日期与时间）"，图表的横坐标会自动显示为时间。

普通 VI 不能直接输入动态数据类型，因此需要进行数据转换。转换 VI 在函数选板的位置为【函数】/【Express】/【信号操作】/【从动态数据转换】⬚ 和【函数】/【Express】/【信号操作】/【转换至动态数据】⬚。将这两个函数图标放在程序框图的同时也会弹出配置对话框，从中可以选择需要转换的数据类型，使用起来非常方便。

　　由于动态数据类型能够包含单个或多个信号，因此还可以将多个 DDT 数据合并或者将合并后的 DDT 数据再拆开。这可以通过 Express 选板【信号操作】下的【合并信号】函数 ⇒ 和【拆分信号】函数 ⇐ 实现。

# 8.4　小结

　　Express 技术是 LabVIEW 为了方便用户快速地搭建专业的测试系统而提供的一种技术，这种技术是对普通函数功能的集成。本章从使用方法和实例的角度对其进行介绍，包括各类 Express VI 函数的功能，及其个别函数的配置方法等。

# 8.5　思考与练习

　　（1）利用 Express VI 产生一个带有高斯白噪声，频率为 500Hz 的三角波，并分析其功率谱密度。

　　（2）对题（1）产生的信号进行带通滤波处理，并在此分析其功率谱密度。

　　（3）对题（1）产生的信号进行频率、振幅和相位测量，并将测量结果生成 HTML 报表文件。

# 第9章 文件的输入/输出

在使用 LabVIEW 编写程序的过程中，经常需要对数据进行读取和存储等操作，本章将详细介绍 LabVIEW 提供的文件类型和与之对应的输入/输出等操作过程。

与其他文本语言相比，LabVIEW 支持的文件类型更加丰富灵活，这无疑会给用户的使用带来很大的方便。但初学者往往对其无从下手，因此这也给用户的使用带来了困难。与之相对应，LabVIEW 还提供了大量的文件操作函数，它们位于程序框图的【函数】选板/【文件 I/O】子选板中，如图 9-1 所示。

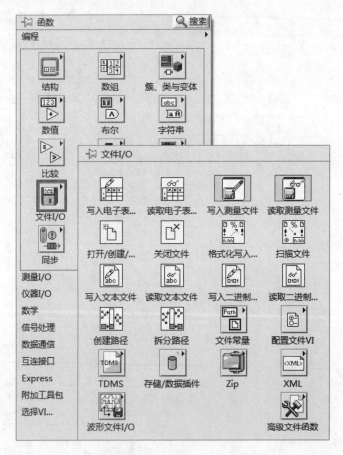

图 9-1 【文件 I/O】子选板

很多书中对此部分内容的讲解采取的写作方法往往是先介绍各种类型 LabVIEW 文件，再介绍与之相应的操作函数。这样的写法虽然严谨，但不够形象和直观，原因是其涉及的文件类型太多，又太抽象。本书针对这一问题，准备调整一下思路，采取一种比较容易接受和操作性强的方式来介绍此部分内容，即按照图 9-1 中的顺序对文件 I/O 函数进行讲解，并在函数的实例中使读者体会文件类型。

# 9.1　文本文件操作

文本文件是将字符串以 ASCII 格式存储的文件（如批处理文件(.bat)、.txt 文件和.ini 文件都是典型的文本文件），是最常见的文件格式，可以在各种操作系统下由多种应用程序打开，如记事本、Word 和 Excel 等第三方软件，因此这种文件类型的通用性最强。

文本文件的主要优点如下：

- 适用于各种操作系统平台。
- 不需要专门的编辑器，就可以被读写处理。

文本文件的主要缺点如下：

- 占用空间大。
- 安全性差。

## 9.1.1　通用文件操作函数

操作文件的基本步骤是：打开文件；读写文件；关闭文件。在后续内容中，读者会看到文本文件和二进制文件使用的读写操作函数截然不同，然而，这两种不同文件却需要用到相同的函数来完成"打开"和"关闭"操作。图 9-1 中的【打开/创建/替换文件】函数和【关闭文件】函数就是完成这样操作的通用函数。

### 1. 【打开/创建/替换文件】函数

【打开/创建/替换文件】函数的图标及各个接线端的名称如图 9-2 所示，该函数的功能是通过"程序或交互式文件对话框"打开现有文件、创建新文件或替换现有文件。

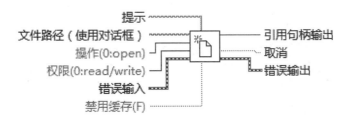

图 9-2　【打开/创建/替换文件】函数

图 9-2 中，函数图标各个接线端的含义如下。

提示：是显示在文件对话框的文件、目录列表或文件夹上方的信息。

文件路径：是文件的绝对路径。

> 提示：如没有连线文件路径，函数将显示用于选择文件的对话框；如指定空路径或相对路径，函数将返回错误。

操作：是要进行的文件操作。文件操作方式列表见表 9-1。

表 9-1　文件操作方式列表

| 操作数 | 操作及含义 |
|---|---|
| 0 | open（默认）——打开已经存在的文件。如找不到文件，则发生错误 7 |
| 1 | replace——通过打开现有文件，并将文件结尾设置为 0 替换已存在的文件 |
| 2 | create——创建新文件。如文件已存在，则发生错误 10 |
| 3 | open or create——打开已有文件，如文件不存在，则创建新文件 |
| 4 | replace or create——创建新文件，如文件已存在，则替换该文件 |
| 5 | replace or create with confirmation——创建新文件，如文件已存在且拥有权限，则替换该文件 |

权限：指定访问文件的方式，文件操作权限见表 9-2。默认值为 read/write。

表 9-2　文件操作权限

| 操　作　数 | 操　　作 |
|---|---|
| 0 | read/write |
| 1 | read-only |
| 2 | write-only |

错误输入：表明节点运行前发生的错误。该输入将提供标准错误输入功能。

禁用缓存：指定打开文件时不使用缓存。默认值为 False。如需在冗余磁盘阵列（RAID）中读取或写入文件，打开文件时不使用缓存可提高数据传输的速度。如需禁用缓存，可连线 True 至禁用缓存输入端。

> 提示：只有大量传输数据时，才能体现缓存对传输速度的影响。 (Mac OS X, Linux) LabVIEW 将忽略该输入。

引用句柄输出：打开文件的引用号。如果文件无法打开，则值为非法引用句柄。

取消：如取消文件对话框或未在建议对话框中选择替换，则值为 True。

错误输出：包含错误信息。该输出将提供标准错误输出功能。

### 2. 【关闭文件】函数

【关闭文件】函数的作用是关闭"引用句柄"指定的打开文件，并返回"引用句柄"相关文件的路径。

如果需要连续操作文件，应该采用先打开文件，在循环中多次读/写，最后关闭文件，这样可以保证在整个文件操作的过程中，文件只打开和关闭一次，这就是所谓的磁盘流方式，可以有效地提高文件的操作速度，与之相对应的是一次性读/写方式。

> 提示：该函数中，错误 I/O 的运行方式与常见方式不同，无论前面的操作是否产生错误，函数都会关闭文件。这将确保文件被正常关闭。打开和关闭文件是比较费时的。连续写入或读取文件时，不能频繁打开和关闭文件，这样做会极大地影响文件操作速度。

【关闭文件】函数的图标和接线端如图 9-3 所示。其各个接线端的含义如下.

图 9-3　【关闭文件】函数的图标和接线端

引用句柄：是与要关闭的文件关联的文件引用号。

错误输入：指示节点运行前产生错误的条件。

路径：是引用句柄的对应路径。

错误输出：包含错误信息。该输出将提供标准错误输出功能。

## 9.1.2　写入/读取文本文件

LabVIEW 中，文本文件的写/读操作是通过【写入文本文件】和【读取文本文件】函数实现的。

【写入文本文件】函数的作用是将字符串或字符串数组按行写入文件。其图标和接线端如图 9-4 所示。【写入文本文件】函数接线端说明见表 9-3。

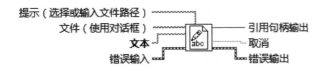

图 9-4　【写入文本文件】函数的图标和接线端

表 9-3　写入文本文件函数接线端说明

| 图标 | 名　称 | 说　明 |
| --- | --- | --- |
| abc | 提示 | 是显示在文件对话框的文件、目录列表或文件夹上方的信息 |
| 文件 | 文件 | 可以是引用句柄或绝对文件路径。<br>如连接该路径至文件输入端，函数先打开或创建文件，然后将内容写入文件，并替换任何先前文件的内容。<br>如连线文件引用句柄至文件输入端，写入操作从当前文件位置开始。<br>如需在现有文件后添加内容，可使用设置文件位置函数，将文件位置设置在文件结尾。<br>默认状态将显示文件对话框，并提示用户选择文件。<br>如指定空路径或相对路径，函数将返回错误 |
| abc | 文本 | 是函数写入文件的数据，可以是字符串和字符串数组 |
| 错误输入 | 错误输入 | 指示节点运行前产生错误的条件。该输入将提供标准错误输入功能 |
| 引用句柄输出 | 引用句柄输出 | 输出是函数读取的、文件的引用句柄。根据对文件的不同操作，可将该端连线输入至其他文件函数 |
| TF | 取消 | 如取消文件对话框，则值为 True。否则，即使函数返回错误，取消的值仍为 False |
| 错误输出 | 错误输出 | 包含错误信息。该输出将提供标准错误输出功能 |

【读取文本文件】函数的作用是从字节流文件中读取指定数目的字符或行。其图标和接线端如图 9-5 所示。通过比较图 9-4 和图 9-5 可以发现，【读取文本文件】和【写入文本文件】函数图标中有很多重名的接线端，这些接线端的含义基本相同，这里不再重复介绍。接下来只对【读取文本文件】特有的接线端进行介绍。

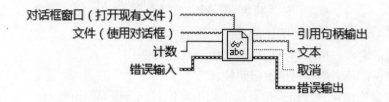

图 9-5 【读取文本文件】函数的图标和接线端

读取文本文件函数接线端说明如下。

[I32] 计数：函数读取的字符数或行数的最大值。

[abc] 文本：从文件中读取的文本。

### 1. 一次性写入/读取文本文件

为方便用户，一次性写入/读取文本文件时，打开和关闭文件的过程都隐含在函数中。图 9-6 中的程序是利用【写入文本文件】函数将字符串写入 d:\datasheet\date.txt 和 d:\datasheet\date1.txt 文本文件中。该函数快捷菜单中有一个重要选项——【转换 EOL】，选择该选项，函数的图标样式会发生变化，如图 9-7 所示。EOL(End Of Line)是行结束符，如果选择这个选项，函数会将字符串的行结束符（EOL）转换成当前操作系统的换行操作符。在图 9-6 中可以看到函数是否选择【转换 EOL】选项，记事本有明显的区别。

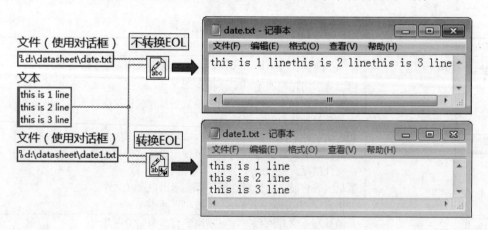

图 9-6 【写入文本文件】函数实例

利用【写入文本文件】函数可以将一维字符串数组写入文本文件。如图 9-8 所示，数组含有 4 个元素，每个元素都写入记事本新的一行。当函数选择【转换 EOL】选项时，第四个元素内的行结束符 EOL 被转换成当前操作系统的换行操作符，并写入文本文件，从而使两个记事本明显不同。

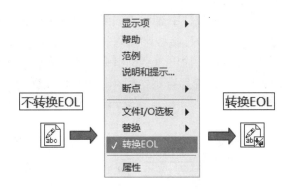

图 9-7 【转换 DOL】选项

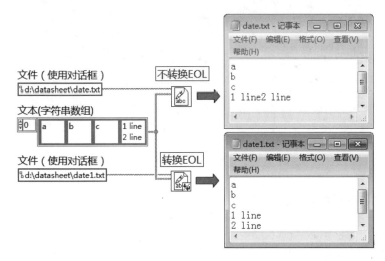

图 9-8 【字符串数组写入】文本文件

一次性写入时，隐含"打开文件"过程的操作方式为 replace or create with confirmation，因此会造成原文件被覆盖，无法添加数据，只能记录新数据。

一次性读取文本文件和一次性写入文本文件非常类似，可以采用读字符串的方式和读取行的方式。通过函数快捷菜单中的【读取行】选项来选择使用哪种方式，如图 9-9 所示。

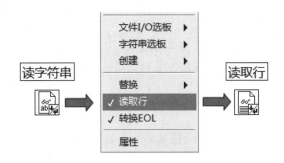

图 9-9 【读取行】选项

图 9-10 中，d:\datasheet\data.txt 文本文件中的数据被【读取文本文件】函数读出，并

在前面板字符串或字符串数组显示控件中显示，该函数分别采用读字符串和读取行两种方式，并且在两种方式中又分为"计数"接线端接入和不接入两种情况。其中，在读取行方式中，当不接入"计数"接线端时，输出为字符串型数据，内容为文本文件的第一行；当"计数"接线端连接数值 2 时，输出为字符串数组，数组正好包含两个元素，这两个元素分别对应文本文件的第一行和第二行。

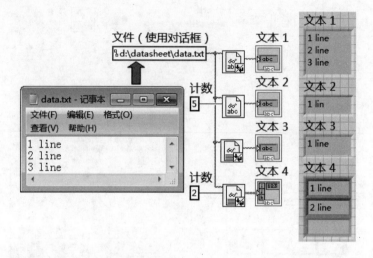

图 9-10 【读取文本文件】函数实例

## 2. 磁盘流写入/读取文本文件

利用磁盘流写入/读取文本文件可以提高文本的读写速度，特别适合连续写/读文件。如图 9-11 所示，利用【打开/创建/替换文件】函数创建 d:\data.txt 文件，然后再利用 For 循环连续向文件中写入字符串，写入完毕后关闭文件。在每次循环中，【格式化写入字符串】函数将随机双精度数转化为字符串，【连接字符串】函数再在每个随机数字符串后面添加"行结束"字符串常数，使得该字符串以"转换 EOL"模式被写入文件。

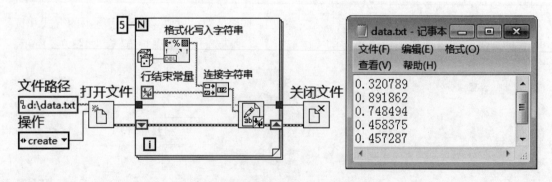

图 9-11 【磁盘流写入】文本文件

与一次性写入明显不同的是，利用磁盘流模式时，【写入文本文件】函数接受的输入不再是文件路径，而是文件引用句柄。其实，引用在 LabVIEW 编程过程中，引用无处不在，文件、控件、应用程序和 VI 都有引用。

## 9.2 写入/读取电子表格文件

【写入/读取电子表格文件】函数位于图 9-1 中【文件 I/O】函数选板的第一行头两位，其接线端子情况如图 9-12 所示。

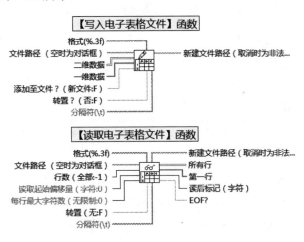

图 9-12 【写入/读取电子表格文件】函数接线端子

### ▶9.2.1 【写入电子表格文件】函数

【写入电子表格文件】函数的功能很简单，是使字符串、带符号整数或双精度数的二维或一维数组转换为文本字符串，并将其写入新的文件或添加到现有文件中。图 9-12 中，该函数的"二维数据"和"一维数据"输入端可以连接字符串、带符号整数和双精度数 3 种数据类型，并可在右击函数图标弹出的快捷菜单中对其进行设置，如图 9-13 所示。

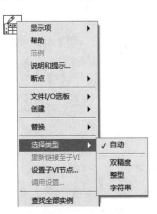

图 9-13 【数据类型】设置

表 9-4 以双精度数的二维数组或一维数组输入为例，对【写入电子表格文件】函数各

个接线端的含义进行了梳理。其他数据类型输入的情况与之大同小异，读者可以在【LabVIEW 帮助】中查阅相关内容。

表 9-4　【写入电子表格文件】函数各个接线端的含义

| 名　称 | 说　明 |
|---|---|
| 格式 | 指定如何使数字转化为字符：<br>如格式为%.3f（默认），可创建包含数字的字符串，小数点后有 3 位数字；如格式为%d，可使数据转换为整数，使用尽可能多的字符包含整个数字；<br>如格式为%s，可复制输入字符串 |
| 文件路径 | 表示文件的路径名：<br>如文件路径为空（默认值）或为<非法路径>，可显示用于选择文件的文件对话框，如在对话框内选择取消，可发生错误 43 |
| 二维数据 | 写入文件的数据 |
| 一维数据 | 写入文件的数据 |
| 添加至文件 | 值为 True 时，添加数据至现有文件。<br>值为 False（默认）时，VI 可替换已有文件中的数据。<br>如不存在已有文件，VI 可创建新文件 |
| 转置 | 默认值为 False。如值为 True，可在使字符串转换为数据后对其进行转置 |
| 分隔符 | 是用于对电子表格文件中的栏进行分隔的字符或由字符组成的字符串。例如，","指定用单个逗号作为分隔符。默认值为\t，表明用制表符作为分隔符 |

如图 9-14 所示，程序中采用 For 循环产生 5 行 4 列的二维随机数数组，并利用【写入电子表格文件】函数将产生的二维数组在 d:\datasheet\ data.txt 文件中存储。程序一共运行两次，每次对该函数的配置有所不同，图 9-14 中显示的是本次配置和运行的结果。本次运行中，由于该函数的"添加至文件？"端输入的值为"True"，所以产生的数据（对应记事本中方框中的数据）连接到上一次存储数据的后面；该函数的"格式"端输入的值为"%.4f"，所以记事本中保存的数在小数点后有 3 位数字；该函数的"转置"端输入"True"，所以数组转置成 4 行 5 列后保存；该函数的"分隔符"端输入";"，所以数组元素间使用分号作为分隔符。上一次程序运行前，函数的"格式"端输入的值为"%.2f"，"转置"端输入"False"，"分隔符"端没有输入（采用默认值），保存的结果如图 9-14 记事本中方框以外的数据所示。

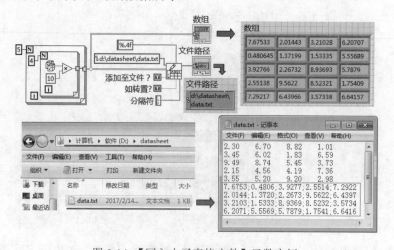

图 9-14　【写入电子表格文件】函数实例

提示：应该在程序运行前先创建 d:/datasheet 文件夹；函数保存的文本文件可以是 data.xls 或 data.doc 格式的；运行程序时，保存数据的文件应该处于关闭状态，不然会出错；当"二维数据"和"一维数据"同时有输入值时，只有"一维数据"端的输入数据会被保存，"二维数据"端的输入数据被忽略。

## ▶9.2.2 【读取电子表格文件】函数

该函数是【写入电子表格文件】函数的逆过程。其作用是：在数值文本文件中，从指定字符偏移量开始读取指定数量的行或列，并使数据转换为二维数组。数组元素可以是双精度浮点型、整型或字符串型。该函数依然是多态的，可以根据需要选择输出数组元素是哪种数据类型，但必须通过函数图标下部的下拉菜单手动设置，如图 9-15 所示。

图 9-15 【读取电子表格文件】函数图标

表 9-5 以输出双精度浮点型二维数组情况为例，对【读取电子表格文件】函数特有接线端的含义进行了介绍，其中与【写入电子表格文件】函数重名的接线端不再重复介绍。

表 9-5 【读取电子表格文件】函数特有接线端的含义

| 名 称 | 说 明 |
| --- | --- |
| 行数 | 读取行数的最大值，默认值为-1，如行数<0，VI 可读取整个文件 |
| 读取起始偏移量 | 是从文件中开始读取数据的位置，以字符（或字节）为单位 |
| 每行最大字符数 | 是在搜索行的末尾之前，读取的最大字符数。默认值为 0，表示 VI 读取的字符数量不受限制 |
| 所有行 | 是从文件读取的数据 |
| 第一行 | 是从文件读取的数据中的第一行 |
| 读后标记 | 是数据读取完毕时文件标记的位置。<br>"标记"指向文件中最后读取的字符之后的字符（字节） |
| EOF？ | 如需读取的内容超出文件结尾，则值为 True |

 提示：列表中的"行"对于该函数而言：可指由字符组成的字符串，并以回车或换行结尾；也可指以文件结尾终止的字符串；或指字符数量为每行输入字符最大数量的字符串。

图 9-16 中，利用【写入电子表格文件】函数将 For 循环产生的 4 行 3 列二维随机数数组存储在 d:\datasheet\data.xls 文件中，再利用【读取电子表格文件】函数将该文件中的数据读取出来，并转化成二维数组显示。本例中 3 次使用【读取电子表格文件】函数，每次对该函数的配置不同，读出的结果也不同。

图 9-16 【读取电子表格文件】函数实例

💡 提示：【写入/读取电子表格文件】函数本身都包含了打开、读/写、关闭 3 个流程，因此不适合连续存储，但是适用于操作不是特别频繁以及写入数据量比较小的场合。

# 9.2.3 电子表格文件

【写入/读取电子表格文件】函数都是可以直接打开跟踪的，双击函数图标即可以打开该函数，如图 9-17 和图 9-18 所示。【写入电子表格文件】函数通过【数组至电子表格字符串】函数把双精度数组、整数或者字符串数组转化成电子表格字符串，然后写入文本文件；【读取电子表格文件】函数与之相似。

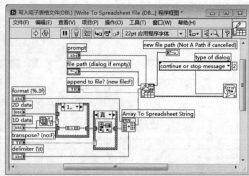

图 9-17 【写入电子表格文件】函数内部结构

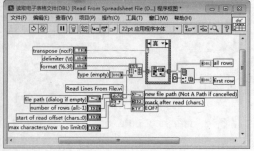

图 9-18 【读取电子表格文件】函数内部结构

按照上面的办法对这两个内部结构进一步进行跟踪，会发现这两个函数的核心是文本文件的写/读函数，读者可以自行实验。所以，电子表格文件本质上就是一种特殊的文本文件。

电子表格文件在有些资料里也被称作表单文件，以行和列的形式存储信息。默认情况下，列和列之间用 Tab 分隔，行和行之间通过 EOL 分隔。文件扩展名可以是.txt、.doc 和.xls，默认使用.xls。这些从上面的内容都能够体会得到。

提示：虽然.xls 文件是 Excel 软件的默认文件类型，但电子表格文件和 Excel 文件是有本质上的区别的。电子表格文件是纯文本文件，可以使用不同的后缀名，可以使用记事本编辑；而 Excel 文件则是特定的格式，只能通过 Excel 软件编辑，用记事本打开会出现乱码。

## 9.3　INI 文件的读写

INI 文件是 Initialization File 的缩写，即初始化文件。它实际上也是一种文本文件。在 Windows 系统还没有引入注册表概念前，都是利用 INI 格式的文件来存储操作系统配置文件。一般只有很熟悉 Windows 的用户，才能去直接编辑 INI 文件来对操作系统进行配置。另外，Windows 提供了丰富的 API 函数来操作 INI 文件，通过调用这些 API 函数开发的图形化管理界面应用程序，可以方便普通用户实现相同的配置。LabVIEW 也在专门的 VI 中封装了这些 API 函数，并在【文件 I/O】/【配置文件 VI】子函数选板中提供，如图 9-19 所示。

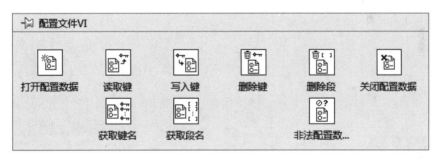

图 9-19　【配置文件 VI】面板

LabVIEW 使用 INI 文件来存储配置，应用非常广泛，生成执行文档后也自动生成一个 INI 文件。一般在下列场合使用 INI 文件。

（1）存储前面板或其特定控件的默认值和当前值。

（2）存储本次应用程序的运行结果，以便之后启动时调用。

（3）存储硬件配置文件。

INI 文件是特殊的文本文件，是一个简单的树形结构。它可以用 Windows 记事本直接打开。INI 格式示范如下：

```
[Section1]
```

```
key1 = value
key2 = value
[Section2]
key1 = value
key2 = value
```

从上面的点的代码可以看出，INI 文件的结构非常简单，每个 INI 文件由一个或多个"段"组成，由"[ ]"内部的字符串来区别不同的段。同一个 INI 文件中的设名必须唯一。而每个段由一系列"键名"和"键值"组成，等号左边的字符串是"键名"，等号右边的字符串称为"键值"。键值的类型可以是布尔、双精度浮点型、I32、U32、字符串和路径等。

【配置文件 VI】子函数选板中除了读写函数，还有段和键的一些操作函数，很容易理解其含义，使用也非常简单。

图 9-20 为写入 INI 文件程序，该程序中主要使用了 3 个函数："打开配置数据""写入键"和"关闭配置数据"，按照打开、读/写、关闭 3 个基本步骤运行。【打开配置数据】函数在"必要时创建文件"接线端输入值"True"，则按照"配置文件的路径"创建，并打开 INI 文件；在"引用句柄"连线的引导下，4 个"写入键"函数依次对两个段（SECTION1 和 SECTION2）中的不同键赋不同的键值；写入 INI 文件结束后，利用"关闭配置数据"函数将 INI 文件关闭。创建的 INI 文件用记事本打开，用于与程序比较和理解。

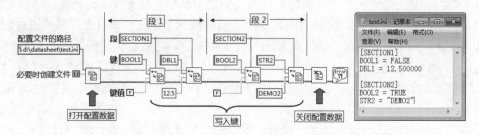

图 9-20　写入 INI 文件程序

图 9-21 中的程序利用"读取键""删除段""删除键"函数对已有的 INI 文件进行操作，很简单，读者可自行分析。

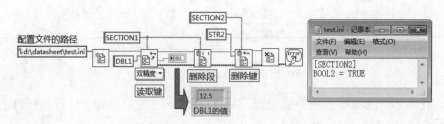

图 9-21　读取 INI 文件及删除段/键

# 9.4　写入/读取二进制文件

二进制文件作为与计算机底层最贴近的文件，具有许多优点。二进制文件可用来保存数值数据，并访问文件中的指定数字，或随机访问文件中的数字。与人可识别的文本文件不同，二进制文件只能通过机器读取。

二进制文件是存储数据最紧凑和快速的格式。在二进制文件中可使用多种数据类型，但这种情况并不常见。二进制文件占用的磁盘空间较少，且存储和读取数据时无需在文本表示与数据之间进行转换，因此二进制文件效率更高。二进制文件可在 1 字节磁盘空间上表示 256 个值。除扩展精度和复数外，二进制文件中含有数据在内存中存储格式的映像。因为二进制文件的存储格式与数据在内存中的格式一致，无需转换，所以读取文件的速度更快。

二进制文件的数据输入可以是任何数据类型，如数组和簇等复杂类型，但是读出时必须给定参考，参考必须和写入时的数据格式完全一致，否则它不知道如何将读出的数据"翻译"为写入时的格式。读取与写入二进制文件图标和接线端如图 9-22 所示。

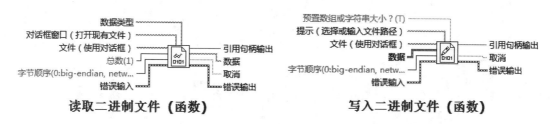

图 9-22　读取与写入二进制文件图标和接线端

从外观上看，【写入/读取二进制文件】函数与【写入/读取文本文件】函数，除了个别接线端名称不同外，其他基本相同，接下来对【写入/读取二进制文件】函数特有的接线端进行详细介绍。

【写入二进制文件】函数的"预置数组或字节串大小？（T）"接线端的默认输入值为"True"，表示当数据为数组或字符串时，LabVIEW 将数据大小信息添加至文件开头。但该接线端输入"False"值时，则将不添加数据大小信息至文件开头。"数据"接线端连接要写入文件的数据，可以是任意的数据类型。"字节顺序"接线端用于设置在内存中数据的存储形式，共 3 种形式可选，见表 9-6。函数必须按照数据写入的字节顺序读取数据。

表 9-6　内存中数据的存储形式

| 存储形式代码 | 存储形式及含义 |
| --- | --- |
| 0 | big-endian, network order——最高有效字节占据最低的内存地址（默认） |
| 1 | native, host order——使用主机的字节顺序格式。该形式可提高读写速度 |
| 2 | little-endian——最低有效字节占据最低的内存地址 |

【写入二进制文件】函数的作用是：先将数据从其内存格式转换为一种更适于进行文件读写的格式，即平化数据，并将平化后的二进制数据写入新文件，或添加至现有文件，或替换文件的内容。如须使用【读取二进制文件】函数读取写入文件的数组或字符串数据，则预置数组或字符串大小参数必须为 True。否则 LabVIEW 将产生错误。二进制文件支持一次性写/读和磁盘流读写两种方式，并可实现随机读写。

## ▶9.4.1　一次性写入/读取二进制文件

图 9-23 所示，将 1000 个双精度浮点型随机数组成的数组写入二进制文件，由于一个双精度浮点型数据对应 8 个字节的二进制数，所以 1000 个双精度浮点型数据对应 8000 个字节的二进制数。又由于【写入二进制文件】函数的 "预置数组或字节串大小?（T）" 接线端未连接，为默认值 "True"，所以在二进制数据的头部写入数组的长度信息，其占用 4个字节。使用 HEdit（十六进制编辑器）工具查看二进制文件 text.dat 可以看到前 4 个字节为 00 00 03 E8，换算成十进制是 1000，这就是数组的长度信息。另外，该程序中还是用 "平化至字符串" 函数将双精度浮点型数组转化为二进制平化数据字符串，再利用 "字符串长度" 函数求出其对应的长度恰好为 8004，这说明平化后的二进制字符串与二进制文件中存储的数组格式是一致的。

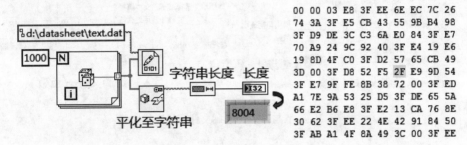

图 9-23　一次性写入二进制文件

将一个空双精度浮点型数组与【读取二进制文件】函数的 "数据类型" 接线端相连，函数 "总数" 接线端不连线，该函数将会一次性读取全部二进制数据，并显示为双精度浮点型数组。由于写入二进制文件包含了长度信息，所以 LabVIEW 能够自动分析数据。

图 9-23 和图 9-24 中，没有使用创建和 "打开文件" 函数，所以属于一次性写入/读取二进制文件。

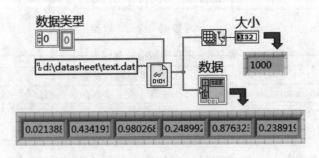

图 9-24　一次性读取二进制文件

## ▶9.4.2　随机读取二进制文件

当读取二进制函数的 "数据类型" 接线端连接 I32 类型的数值时，对应一次读取二进

制文件的 4 个字节（4B×8=32b）；当读取二进制函数的"数据类型"接线端连接 I8 类型
的数值时，对应一次读取二进制文件的 1 个字节；当"总数"接线端不连接时，默认读取
开头的一个数据；当连接 4 时，代表读取前 4 个数据。所以，图 9-25 中用两种方式读取了 text.dat
的前 4 个字节的数据，这 4 个字节对应数组的长度信息 1000，对应十六进制为 00 00 03 E8。

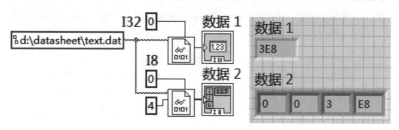

图 9-25　随机读取二进制文件

通过图 9-25 所示的例子可以看到，读取二进制文件中的数据时，一次性读取数据的"单
位"由【读取二进制文件】函数的"数据类型"接线端决定，一次读取几个"单位"的二
进制数据由"总数"接线端决定，默认值为读取一个数据，连接"−1"值时表示读取所有
数据。

### ▶9.4.3　数据流写入/读取二进制文件

二进制文件与文本文件的数据流读写方式相同，本质上都是打开文件，连续读取完毕
后，关闭文件，都是用相同的函数完成文件的打开和关闭操作。

图 9-26 中有两个程序，其中一个利用数据流方式将正弦信号连续写入二进制文件；另
一个利用数据流方式连续读取二进制文件中的数据，并将其逐点显示在波形图中。需要注
意的是：【写入二进制文件】函数的"预置数组或字节串大小？（T）"接线端连接"False"，
即在逐点写入时不将长度信息写入二进制文件。

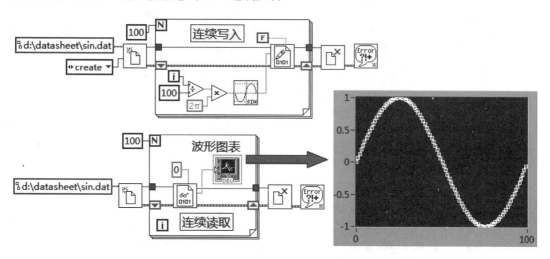

图 9-26　数据流写入/读取二进制文件实例

# 9.5 TDMS 文件

TDM（Technical Data Management）是一种数据管理技术，其针对高速数据采集产生大量数据快速存储、查询和管理的应用。TDM 采用文件、通道组和通道 3 个层次结构来描述、记录和管理数据。其每个层次都有固有属性，也可以进行自定义。TDM 可以理解成小型关系数据库，其文件相当于数据库，通道组相当于数据库表，通道可以理解成不同的字段。完整的 TDM 文件中包含扩展名为.tdm 和.tdx 的两类文件。.tdm 文件用于记录属性信息，如文件作者、通道组和通道名称、信号单位等，是 XML 格式的文件。.tdx 文件用于记录动态数据类型信号，是纯二进制文件。

随着 LabVIEW 的发展，在 TDM 的基础上，TDM Streaming 技术（TDMS）被引入，并且在 LabVIEW 8.2 之后，TDM 正被 TDMS 逐步取代。启用 TDMS 数据记录后，NI-DAQmx 可将数据直接从设备缓冲区以流盘方式写入硬盘。NI-DAQmx 将原始数据写入 TDMS 文件，提高了写入速度，并降低了对硬盘的影响。写入原始数据的同时，换算信息也同时被写入文件，供日后读取文件时使用。TDMS 文件的逻辑格式遵循 TDM 3 层结构：文件、通道组、通道（3 层），可以称为 NI 用在测试、测量领域的通用数据文件格式。

在 LabVIEW 中操作 TDMS 文件相当方便。【编程】/【文件 I/O】中的 TDMS 函数选板提供了 TDMS 绝大多数的功能，如图 9-27 所示。TDMS 分别面向初级、中级、高级用户，实际 LabVIEW 中的 TDMS 用起来十分方便，该函数选板上一共 10 个 VI，无论什么样的数据类型，都可以用这一套 VI，无需大量额外的编程工作。

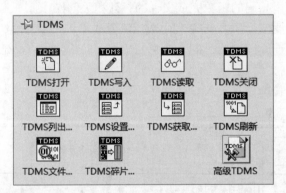

图 9-27　TMDS 函数选板

TDMS 的存储速度较快，编辑方式与普通 VI 相同，更适合新用户使用。所以，虽然本节从 TDM 谈起，但主要是讲解 TDMS 技术。

## ▶9.5.1　TDMS 函数简介

### 1. TDMS 文件的打开/关闭函数

TDMS 文件的打开/关闭函数的图标和接线端如图 9-28 所示，与上面普通格式文件的打开/关闭函数很相似，接下来介绍其独特的地方。

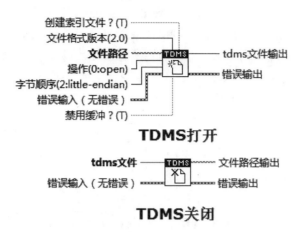

图 9-28　TDMS 文件的打开/关闭函数的图标和接线端

"创建索引文件？"接线端的作用是指定 LabVIEW 是否为.tdms 文件自动创建.tdms_index 文件，即索引文件，默认值为 True。该文件会使 LabVIEW 对.tdms 文件的随机访问速度加快，如磁盘空间有限，请连接 False 至该输入端，避免 LabVIEW 生成.tdms_index 文件。

"文件格式版本（2.0）"接线端用于指定.tdms 文件的格式版本是 1.0，还是 2.0（默认）。关于.tdms 文件格式的详细信息，读者可参见 ni.com 上的技术支持文档。

"文件路径"指定要打开文件的绝对路径。如使用该函数新建文件，在文件路径中指定的文件扩展名必须为.tdms。否则，该函数将为指定的文件名自动添加.tdms 扩展名。如使用该函数打开或更新已有文件，则无须确定文件扩展名为.tdms。

"禁用缓冲？（T）"接线端用于指定 LabVIEW 是否不使用系统的缓存打开、创建或替换.tdms 文件，默认为 True，即函数禁用系统缓存，并启用 TDMS 磁盘缓存。在特定情况下禁用系统缓存可加快数据传输，但如须重复读取计算机中同样的数据，可考虑启用系统缓存。

打开函数"tdms 文件输出"接线端及关闭函数"tdms 文件"接线端是连接 TDMS 文件引用句柄。

### 2. TDMS 文件的写入/读取函数

TDMS 写入函数的图标和接线端如图 9-29 所示，其作用是使"组名称输入"和"通道名输入"的值指定的数据子集写入指定的.tdms 文件。

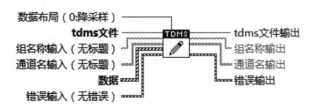

图 9-29　TDMS 写入函数的图标和接线端

其中，"数据布局"接线端比较特殊，它用于指定要写入.tdms 文件数据的格式。其输入枚举类型数据的值为 decimated 或 interleaved。它们的含义如下。

- decimated（默认）——指定输入数据在采样前设置通道优先级。首先列出第一个通道的所有采样，然后列出第二个通道的所有采样，以此类推。
- interleaved——指定输入数据在采样前设置通道优先级。首先列出所有通道的第一个采样，然后列出所有通道的第二个采样，以此类推。

图 9-30 为 decimated 和 interleaved 数据布局的典型范例。

图 9-30　decimated 和 interleaved 数据布局的典型范例

"组名称输入"和"通道名输入"接线端用于指定要进行操作的通道组和通道名。允许字符串或一维字符串数组输入，具体取决于"数据"端的输入情况。

"数据"接线端连接要写入.tdms 文件的数据，该输入端接受以下数据类型：

- 模拟波形或一维模拟波形数组。
- 数字波形。
- 数字表格。
- 动态数据。
- 一维或二维数组。

 提示：对于一维或二维数组，其数组元素类型可以是有符号或无符号整数、定点数、时间标识、布尔，不包含空字符的由数字和字符组成的字符串。

TDMS 读取函数的图标和接线端如图 9-31 所示。该函数的作用是读取指定的.tdms 文件，并以"数据类型"输入端指定的格式返回数据。

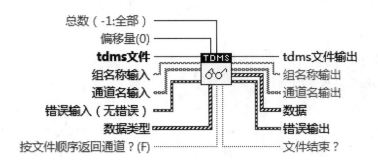

图 9-31　TDMS 读取函数的图标和接线端

对其特殊的接线端的介绍如下。

- "总数"和"偏移量"输入端：用于指定读取的数据子集。
- "数据类型"接线端：用于指定"数据"端输出数据类型。该输入端接受的数据类型与图 9-29 中"数据"输入端允许的数据类型相同。
- "按文件顺序返回通道？"接线端：指定该函数是否以.tdms 文件中的相同次序返回数据通道。如值为 True 或未连接"通道名输入"接线端，该函数以.tdms 文件中的顺序返回数据通道。如值为 False，该函数以"通道名输入"定义的相同次序返回数据通道。默认值为 False。
- "文件结束？"接线端：用于指示是否到达文件结尾。

### 3. TDMS 设置/获取属性

TDMS 设置属性函数如图 9-32 所示，该函数的作用是设置指定的.tdms 文件、通道组或通道的属性。如果"组名称"和"通道名"接线端都有值输入，则该函数可在通道中写入属性；如果只有"组名称"接线端有值输入，则该函数可在通道组中写入属性；如果"组名称"和"通道名"接线端都未连线，则属性由文件确定；如果"通道名"接线端有值输入，则"组名称"接线端也必须连接一个值。

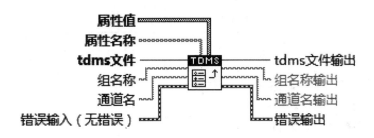

图 9-32　TDMS 设置属性函数

函数有两个接线端——"属性值"和"属性名称"我们并不熟悉，下面对它们进行介绍。"属性值"接线端用于指定通道组、通道或.tdms 文件的属性值。该输入端接受以下数据类型：

- 有符号或无符号整数。
- 定点数。

- 时间标识。
- 布尔。
- 不包含空字符的由数字和字符组成的字符串。
- 包含上述数据类型的变体数据。

 提示：① 其中定点数包括单精度和双精度浮点数；单精度和双精度浮点复数 ；（Windows）扩展精度浮点数。② 如须使用同一函数设置多个属性，可将由上述某一数据类型组成的数组连线至属性值输入端。数组中的每个元素的值对应一个属性。但是，这些数组元素值不能为同一个属性。

"属性名称"接线端用于指定通道组、通道或.tdms 文件的属性名。

TDMS 获取属性函数如图 9-33 所示，该函数的作用是返回指定的.tdms 文件、通道组或通道的属性。如果连线"组名称"和"通道名"接线端，函数在通道层搜索属性；如果只连线"组名称"输入端，则在通道组层搜索属性；如果"组名称"和"通道名"都没有值，函数在.tdms 文件的根层次搜索属性；如果"通道名"连接了输入值，则"组名称"输入端也必须连接一个值。

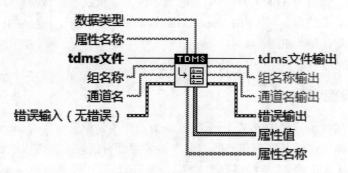

图 9-33　TDMS 获取属性函数

其他 TDMS 函数比较简单，其解释见表 9-7。

表 9-7　其他 TDMS 函数

| 图　标 | 名　称 | 说　明 |
|---|---|---|
| tdms文件—tdms文件输出 组名称—组名称 错误输入—组/通道名称 错误输出 | 列出内容 | 列出"数组名"输入端指定的.tdms 文件中包含的组和通道名称。（注：如果"组名称"输入端未连线，"组/通道名称"输出端将返回所有的组和通道名称。） |
| 文件路径—文件路径输出 错误输入—错误输出 | 文件查看器 | 打开"文件路径"指定的.tdms 文件，在 TDMS 文件查看器对话框中显示文件数据 |
| tdms文件—tdms文件输出 错误输入—错误输出 | 刷新 | 强制操作系统使缓冲区的数据写入"tdms 文件"。（注：刷新数据过于频繁，可能会对应用程序的写入性能产生负面影响。） |
| 文件路径—TDMS 错误输入—错误输出 | 碎片整理 | 对"文件路径"输入端指定的.tdms 文件数据进行碎片整理。（注：.tdms 数据较为杂乱或需提高性能时，可使用该函数对数据进行整理。） |

## ▶ 9.5.2 TDMS 文件的简单读写

TDMS 的读写与一般格式的文件操作基本相同，也包括打开、文件读写、关闭 3 个步骤。

如图 9-34 所示，利用【TDMS 打开】函数创建 rest.tdms 文件，在 While 循环中利用【TDMS 写入】函数向新创建的.tdms 文件连续写入数据，数据被分成两个"通道组"，组名称分别为"组一"和"组二"。每个通道组又分为两个通道，每个通道的输入数据都为数组。写入完毕后，利用【TDMS 关闭】函数关闭文件，最后利用 "TDMS 查看器"观察文件的写入情况。该函数运行一段时间后，单击布尔控件"停止"可使文件写入结束，并关闭文件，这时自动弹出【TDMS 文件查看器】对话框，一级一级单击"文件内容"栏中的"+"可将文件的通道组和通道展开。选择文件、通道组或通道，可以查看其对应的"属性""值（表格）"或"模拟值(图形)"。

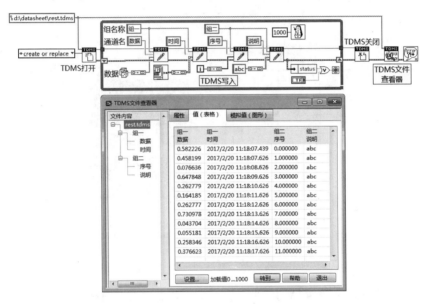

图 9-34 TDMS 文件写入实例

图 9-35 中，打开 rest.tdms 文件后，利用【TDMS 读取】函数读取文件中"组二"通道组中"序号"通道中的数据，根据该通道中存储的数据指定数据类型为 I32 数组，读取的偏移量设为 2，总数设为 5，所以从第二个数据开始读取共读取 5 个数据。最后关闭文件。

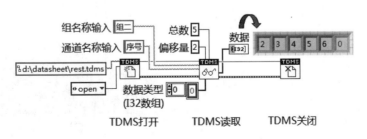

图 9-35 TDMS 文件读取实例

### ▶9.5.3 波形数据的写入/读取

TDMS 文件的高速存储特性，使其非常适合海量数据存储，在数据采集应用中，其经常用于存储波形数据。如图 9-36 所示，同时将 4 路波形分别写入 TDMS 文件的两个通道组的 4 个通道中，并且在写入完毕后利用 TDMS 查看器观察各个通道的属性、值和模拟波形等情况。另外需要注意的是，将两路波形合并后输入，"通道名称"输入的数据类型变为字符串数组，其两个元素分别表示两个通道名。

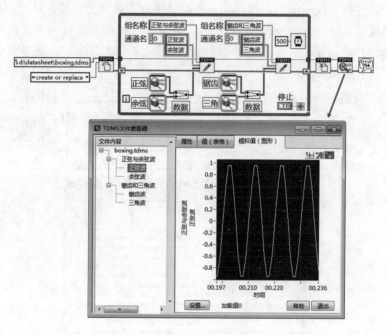

图 9-36 存储波形数据

图 9-37 所示的程序中，存储的波形数据被读取出来，读取时按照通道组和通道名称选取波形，并根据"偏移量"和"总数"确定读取的位置和长度。

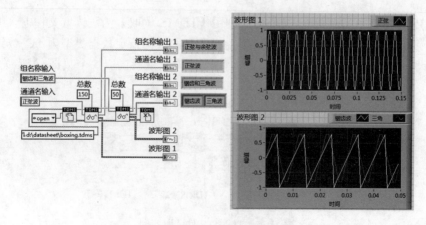

图 9-37 读取存储波形数据

## 9.5.4 列出 TDMS 文件内容

如图 9-38 所示，利用【TDMS 列出内容】函数查询通道组名称和通道名称，当不输入"组名称"时，函数返回所有通道组名称和所有通道名称；当输入"组名称"时，函数返回该通道组对应所有通道的名称。

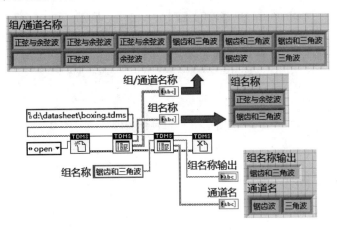

图 9-38 【TDMS 列出内容】函数实例

## 9.5.5 TDMS 文件的内置属性

TDMS 文件允许设置任意数量的属性，如图 9-39 所示。通过文件查看器可以跟踪文件的固有属性，这些属性可以适当加以利用。比如：属性名称 NI_ChannelLength，对应的属性值为 600，可以用作判断通道包含元素的个数，即长度。

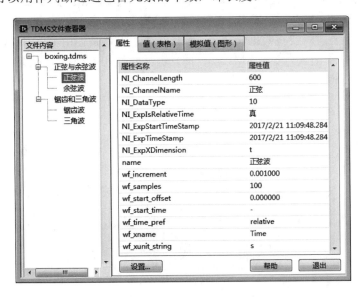

图 9-39 文件查看器

文件查看器中列出的任意属性都可以由【TDMS 获取属性】函数获得，如图 9-40 所示。关于其他 TDMS 文件属性含义，读者可以借助 LabVIEW 帮助来了解。另外，可以利用【TDMS 设置属性】函数重新设置属性。

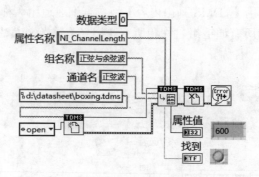

图 9-40  获取属性实例

# 9.6  XML 文件

XML 是一种用于标记电子文件，使其具有结构性的标记语言。在电子计算机中，标记指计算机所能理解的信息符号。通过此种标记，计算机之间可以处理各种信息，如文章等。它可以用来标记数据、定义数据类型，是一种允许用户对自己的标记语言进行定义的源语言，非常适合万维网传输。XML 提供统一的方法来描述和交换独立于应用程序或供应商的结构化数据，是 Internet 环境中跨平台的、依赖于内容的技术，也是当今处理分布式结构信息的有效工具。

XML 文件实际上也可以看作是一种特殊的文本文件，并且它的输入可以是任何数据类型。LabVIEW 常用 XML 函数位于【编程】/【文件 I/O】/【XML】/【LabVIEW 模式】 子函数选板中，如图 9-41 所示。XML 文件通过 XML 语法标记的方式将数据格式化，因此在写入 XML 文件之前需要将数据转化为 XML 文本，也就是使用 LabVIEW 模式函数选板中的【平化至 XML】函数。读取 XML 文件时，也需要使用【XML 还原】函数将读出 XML 的字符串转化为 LabVIEW 数据格式。

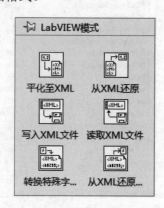

图 9-41  LabVIEW 模式子选板

如图 9-42 所示，字符串、整型数组、双精度浮点型数组和时间标识不同类型的数据分别被【平化至 XML】函数转换为 XML 字符串，再被【连接字符串】函数连接成新的 XML 字符串，最后利用【写入 XML 文件】函数将其写入 d:\datasheet\test.xml 文件中。通过字符串显示控件，可以在控件选板上显示这个 XML 文件中的内容，也可以通过 IE 浏览器打开 test.xml 文件查看其内容。

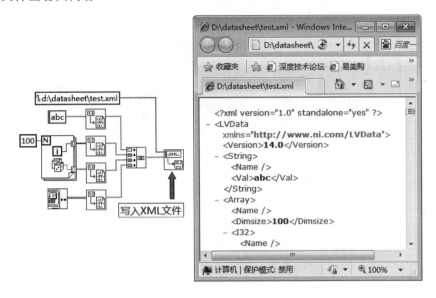

图 9-42　写入 XML 文件实例

图 9-43 为利用【读取 XML 文件】函数读取图 9-42 中生成的 text.xml 文件的程序。该程序中，【读取 XML 文件】函数图标下部有一个下拉菜单，选择其中的"读取 XML 文件（数组）"项，其输出为 XML 字符串数组，利用【索引数组】函数将 XML 字符串数组中的每个元素提取出来，并分别利用【XML 还原】函数，将 XML 字符串转化为相应的 LabVIEW 数据类型。

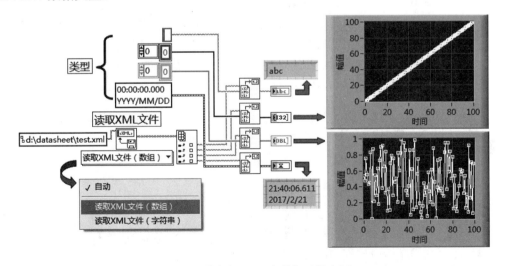

图 9-43　【读取 XML 文件】函数实例

提示：【XML 还原】函数的"类型"输入端需要连接期望转化的数据类型。

另外，在【编程】/【文件 I/O】/【XML】子函数选板中还有一个【XML 解析器】选板，如图 9-44 所示，其中的 VI 和函数也可用于处理 XML 文档。读者可以自行通过 LabVIEW 帮助对其进行学习。

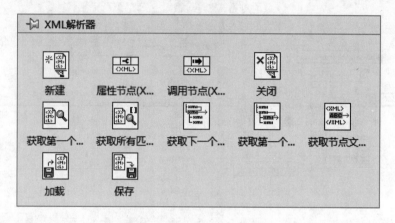

图 9-44　【XML 解析器】选板

# 9.7　小结

文件的 I/O 操作用于在磁盘中保存数据和读取数据。本章主要介绍了文本文件、电子表格文件和二进制文件等 LabVIEW 中常用的文件 I/O 类型，并结合具体示例说明了相关文件 I/O 函数的使用方法和技巧。选择数据存储方式时，需要考虑实际情况来选择合适的文件类型，以提高使用效率。对于采集的数据，由于数量比较大，而且要求写入和读取的速度很快，因此采用二进制方式比较合适。随着 LabVIEW 的不断发展，文件操作已经由简单的记录数据发展到数据管理，文件的功能越来越强大。尤其 TDMS 的引入，使 LabVIEW 具备了高速数据管理的功能。TDMS 与 LabVIEW 的波形数据关系密切，需要重点关注。

# 9.8　思考与练习

（1）LabVIEW 常用的文件类型主要有哪些？

（2）什么是二进制文件？

（3）LabVIEW 的文件输入和输出操作包含的 3 个基本步骤是什么？

（4）如何在程序编写过程中区分一次性和连续读/写操作？

（5）利用 While 循环和随机数函数产生一组数据，并保存在电子表格文件中。

（6）产生 3 个周期的三角波数据，将数据保存成二进制，并以当前的年、月、日作为文件名，然后将存储的数据读出，并在波形图中显示。

（7）将一组随机数加上时间标识存储为.tdms 格式的文件，并读取该文件中存储的数据，将数据显示在程序框图中。

（8）模拟实时采集的温度采样值，并将其转换为以","分隔的格式化字符串，写入文本文件。

（9）创建 VI 产生一个 100×100 的二维随机数组，并将其写入电子表格文件中。

# 第 10 章　子 VI

类似于其他文本编程语言，LabVIEW 中也同样具有子程序和子函数的概念，即子 VI（SubVI）。如果在 LabVIEW 中不使用子 VI，就好比在文本编程语言中不使用子函数一样，根本不可能构建大的程序，尤其是在 LabVIEW 图形化编程环境中，图形连线会占据较大的屏幕空间，用户不可能把所有的程序都在同一个 VI 的程序框图中实现。因此很多情况下，我们需要把程序分割为一个个小的模块来实现，这就是子 VI。本章将介绍如何创建子 VI，并对其相关属性进行介绍。

## 10.1　子 VI 的生成

子 VI 是什么？子 VI 是供其他 VI 使用的 VI，与子函数和子程序类似。子 VI 是层次化和模块化 VI 的关键组件，它能使 VI 更易于调试和维护。使用子 VI 是一种有效的编程技术，它允许在不同的场合重复使用相同的代码。G 编程语言的分层特性就是在一个子 VI 中能够调用到另一个子 VI。

下面从一段简单的C语言代码出发，先感受在普通的文本语言中，子程序或子函数是如何被创建和使用的，然后，在此基础上，再将该子函数在 LabVIEW 中实现。

程序代码：

```
function average (in1,in2,out) //子函数
{
out=(in1+in2)/2.0;
}
Main //调用子函数
…
{
average (point1,point2,pointavg);
}
```

在上面的C语言代码中，创建了一个"average"的子函数来对两个输入参数 in1 和 in2 进行求平均计算，并将计算结果通过参数 out 输出。在主程序中可以调用该子函数来完成 point1，point2 两个变量的求平均运算，并将计算结果传递给 pointavg 变量。该结构的 C 程序也可以在 LabVIEW 中利用创建子 VI 来实现。关于子 VI 的创建，这里提供两种方法。

### 1. 创建子 VI 的第一种方法

首先，建立子 VI，其与普通 VI 的建立方法一致，并在其程序框图和前面板上添加所需的控件和函数，如图 10-1 所示，每个 VI 都有一个默认的图标，显示在前面板和程序框

图窗口的右上角。默认图标是一个 LabVIEW 徽标和一个数字构成的图片，该数字指出自从 LabVIEW 启动后已打开新 VI 的数量。右击前面板或程序框图的图标，在弹出的快捷菜单中选择【编辑图标…】选项，可以打开【图标编辑器】对话框，如图 10-2 所示，利用该对话框可以修改和定制该 VI 的图标。双击图标，也可以打开该对话框。

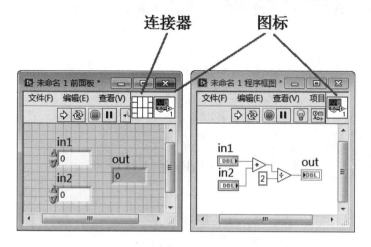

图 10-1　子 VI

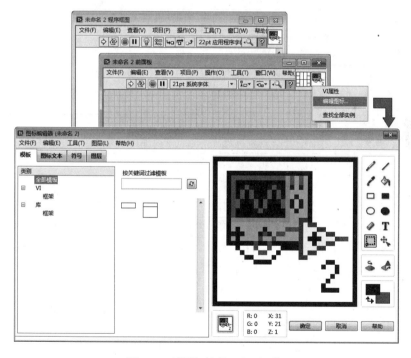

图 10-2　【图标编辑器】对话框

图标编辑器对话框主要包括以下部分。

（1）模板——显示 LabVIEW Data\Icon Templates 目录中所有可以作为图标背景的.png、.bmp 和.jpg 文件。

（2）图标文本——指定在图标中显示的文本，并对文本的字体、颜色、位置、对齐等进行设置。

（3）符号——显示图标中可包含的符号。用鼠标拖曳包含的符号，可以将其添加在图标中。

（4）图层——显示图标包含的所有图形层次，并可对图形层次进行添加、定义、修改等。如未显示该页，选择【图层】/【显示所有图层】可显示该页。

（5）RGB——显示图标上光标所在位置像素的 RGB 颜色组成。

（6）XYZ——显示图标上光标所在位置像素的 X-Y 位置。Z 值为图标的用户图层总数。

（7）工具——显示用于手动修改图标的编辑工具。如使用编辑工具时单击，LabVIEW可使用线条颜色工具。如使用编辑工具时右击，LabVIEW 可使用填充颜色工具。图标编辑器工具见表 10-1。

表 10-1　图标编辑器工具

| 图标 | 名　称 | 功　　能 |
|---|---|---|
| | 铅笔 | 以指定的线条颜色绘制单个像素 |
| | 线条 | 以指定的线条颜色绘制一条线 |
| | 吸管 | 将线条颜色设置为单击像素的颜色，或将填充颜色设置为右击像素的颜色。使用铅笔、线条、矩形、实心矩形、椭圆或实心椭圆时按下 Ctrl 键，可暂时将工具设置为吸管 |
| | 填充 | 以线条颜色填充所有相连的同色像素 |
| | 矩形 | 绘制一个颜色为线条颜色的矩形边框。双击该工具，为整个图表添加一个 1 像素的边框，颜色为线条颜色 |
| | 实心矩形 | 绘制一个以线条颜色为边框颜色，填充颜色为填充的矩形。双击该工具，整个图标添加一个 1 像素的边框，边框的颜色为线条颜色，边框的填充色为填充颜色 |
| | 椭圆 | 绘制一个颜色为线条颜色的椭圆形边框 |
| | 实心椭圆 | 绘制一个边框颜色为线条颜色，内部用填充颜色填充的椭圆 |
| | 橡皮擦 | 绘制一个透明像素 |
| | 文本 | 在指定位置输入文本。文本处于活动状态时，可用方向键移动文本 |
| | 选择 | 选择图标中需要剪切、复制或移动的区域。双击该工具，选择整个图标 |
| | 移动 | 移动所选用户图层的所有像素。使用选择工具可同时移动多个图层的像素 |
| | 水平翻转 | 水平翻转所选的用户图层。如果未选中某个图层，则该工具将翻转所有图层 |
| | 顺时针旋转 | 顺时针选择所选用户图层。如未选中某个图层，该工具将翻转所有用户图层 |
| | 交换颜色 | 指定用于线条、边框和填充的颜色。单击矩形的线条颜色或填充颜色，可通过显示的颜色选择器选择新颜色。单击交换颜色箭头，交换线条颜色和填充颜色 |

编辑好图标后，在面板的右上角可以看到自己编辑的图标，如图 10-3 所示。

连接器是与 VI 控件和指示器对应的一组端子。连接器的作用是：为 VI 建立输入和输出口，使其可以作为子 VI 被调用。连接器从输入端子接收数据，并在 VI 执行完成时将数据传送到输出端子。在前面板上，每个端子都与一个具体的控件或指示器相对应。连接器端子的作用与函数调用时子程序参数列表中的参数类似。

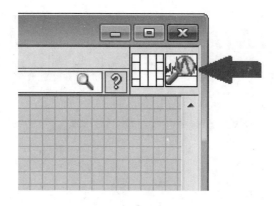

图 10-3  编辑后的图标

 注意: 子 VI 中最多只能有 28 个端子数。

在 LabVIEW 中,程序框图右上角默认显示连接器,如图 10-1 所示,可以根据需要调整连接器的外观。右击连接器,在弹出的快捷菜单中选择【模式】,如图 10-4 所示,该项中列出了所有的连接器模式,根据本子 VI 的需要,选择三接线端模式,则可以看到前面板的右上角的连接器发生变化。该连接器的模式很容易理解,左侧两个接线端对应 VI 的输入 in1 和 in2,右侧的一个接线端代表输出 out。当然,除了【模式】选择外,图 10-4 的快捷菜单中还有【旋转】、【翻转】等对连接器的操作。

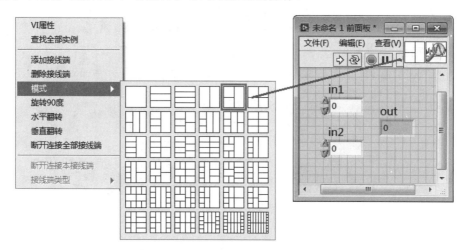

图 10-4  连接器模式选择

按照上面的方法设置好连接器后,需要给控件指定连线端子,当在【工具】选板上选择【连线工具】或【自动选择工具】情况下,将鼠标移动到连接器上,光标会变为“接线轴”的样式,单击三端口接线器左上角的端口,该端口颜色发生变化,然后再将鼠标移动到输入控件 in1 上再次单击,如图 10-5 左侧所示,这样就完成了为一个输入控件指定端口的操作。按照同样的方法为其他控件设置端口，如图 10-5 右侧所示。

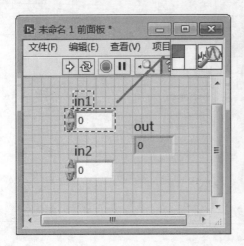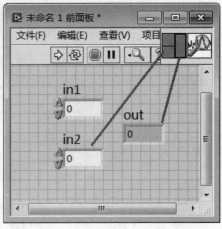

图 10-5　连接器连线

如图 10-6 所示，保存该 VI 并更改名称为"平均数"，退出即可在其他程序中调用这个子 VI。

图 10-6　子 VI 保存

建立完子 VI 后，接下来介绍如何在一个 VI 中调用刚刚建立的子 VI。打开一个新的 VI，在程序框图上右击，弹出【函数】选板，在【函数】选板上选择【选择 VI…】项，弹出【选择需打开的 VI】对话框，利用该对话框找到刚刚保存的子 VI【平均值.vi】，选中并单击【确定】按钮，再将鼠标移动到程序框图上单击，子函数图标就被添加到程序框图中，如图 10-7 所示，该子 VI 的图标正是我们上面为其设计的图标，此时如果开启 LabVIEW "即时帮助" 窗口，就可以看到此子 VI 的各个接线端口信息。

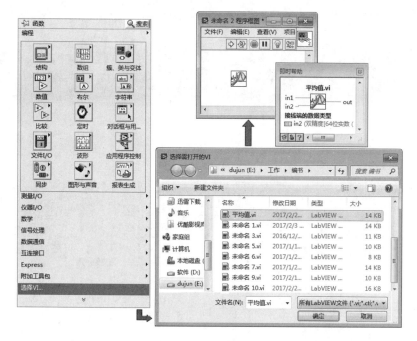

图 10-7 程序框图中调用子 VI

在程序框图中添加的子 VI 相当于一个能够完成某一功能的函数，接下来就可以利用该子 VI 进行编程了，如图 10-8 所示。

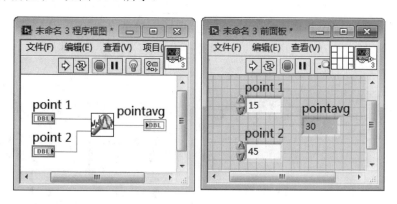

图 10-8 调用子 VI 实例

注意：一个子 VI 可以被另一个 VI 多次调用。

### 2. 创建子 VI 的第二种方法

LabVIEW 可以在程序框图中直接将选定的部分程序结构创建为子 VI。图 10-9 中的程序是对输入一维数组中的元素取平均，利用鼠标对要设置为子 VI 的部分进行选择，然后单击程序框图菜单栏中的【编辑】，在下拉菜单中选择【创建子 VI（S）】，则程序框图中被选中的部分变为图标 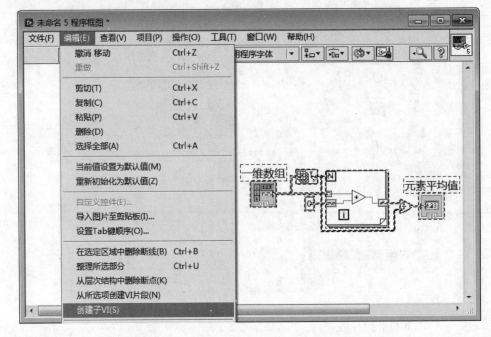，如图 10-10 左侧的程序框图所示。

图 10-9　创建子 VI

双击图 10-10 中左侧程序框图中的子 VI 图标，便可将其打开，并将其连接器和图标进行编辑，如图 10-10 中右侧的子 VI 前面板所示，接下来对该子 VI 进行更名、保存，即完成了子 VI 的创建，就可以被其他 VI 调用了。到此为止，我们使用了两种方法来实现简单子 VI 的建立和调用，这两种方法已经可以满足正常的应用需求了。

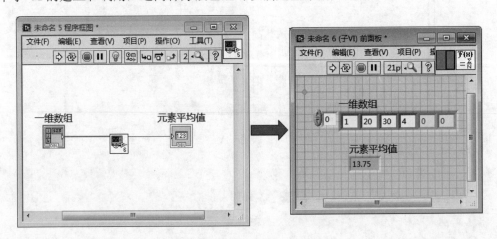

图 10-10　编辑子 VI

### 3. 查看 VI 的层次结构

多个子 VI 被这一级 VI 调用，而这一级 VI 又连同其他子 VI 被上一级 VI 再次调用等。

总之，当 LabVIEW 程序逐级、重复调用大量子 VI 时，往往用户很难把握这样复杂
LabVIEW 程序的整体层次结构以及其所包含子 VI 之间的关联，这将极不利于复杂程序的
理解、调试和复用等。正是为了解决这一问题，LabVIEW 提供了一个非常有效的工具——
【VI 层次结构】来查看 LabVIEW 程序的层次结构。在主 VI 的菜单栏中选择【查看】/【VI
层次结构】选项，可以打开 VI 层次结构显示窗口，如图 10-11 所示。

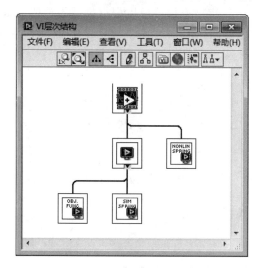

图 10-11　VI 程序结构显示窗口

该窗口用于查看内存中 VI 所包含的子 VI 及其他节点，并可用于搜索 VI 层次结构。
该窗口将显示所有打开的 LabVIEW 项目和终端，以及内存中所有 VI 的调用结构（包括自
定义类型和全局变量）。

在图 10-11 中，VI 层次结构窗口显示代表 LabVIEW 主应用程序实例的顶层图标，而
下面显示的则是所有未包括在该项目（或项目应用程序实例）中打开的对象。如在
LabVIEW 中添加项目，VI 层次结构窗口中将显示表示该项目的顶层 VI 图标，所有添加的
终端均位于该项目下，VI 层次结构窗口工具栏如表 10-2 所示。

表 10-2　VI 层次结构窗口工具栏

| 图　标 | 名　称 | 功　能 |
|---|---|---|
| 1x🔍 | 实际大小 | 按照原有大小显示层次结构 |
| 🔍 | 调整为窗口大小 | 调整层次结构大小，以匹配 VI 层次结构窗口 |
| ⚠ | 垂直布局 | 从上到下排列节点，使根节点置于顶部 |
| ◁ | 水平布局 | 从左到右排列节点，使根节点置于左侧 |
| ✏ | 重做布局 | 展开、缩进或移动节点后，重新排列层次结构节点的位置 |
| 🔀 | 组库 | 按照节点所属的库将节点分配至各组 |
| VI | 包括 VI 库 | 在层次结构布局中包括 labview\vi.lib 中的 VI |
| 🌐 | 包括全局变量 | 设置层次结构布局是否包括全局变量 |
| 🔧 | 包括自定义类型 | 设置层次结构布局是否包括自定义类型 |
| 👥▾ | 边沿样式 | 允许选择直线或圆直角边沿连线样式，连接 VI 层次结构中的项 |

双击该窗口中的任何一个图标，都可以打开对应的 VI，如果 VI 图标下面还有向上的红色小三角箭头，则表明该 VI 所调用的子 VI 还没有被显示出来，单击该三角箭头，就可将该 VI 调用的子 VI 显示出来。

### 4. 子 VI 图标形状自定义

其实，子 VI 的图标并不一定是方形，可以根据需要设计成任意形状，图 10-12 所示就是一个用户自己设计的子 VI 图标形状。通常，子函数图标的形状能够将其功能更直观地展现出来，便于其他用户理解。

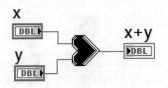

图 10-12　自定义子 VI 图标形状

【例 10-1】　自定义子 VI 图标形状的方法。

⚙ 设计过程

（1）在【图标编辑器】界面选择【编辑】/【清除所有】选项，使【模板】中变为空白，或者使用手动修改图标编辑工具，也可以逐个像素删除【模板】中的图像。

🖊：手动修改图标编辑工具。

（2）接下来按照自己的需要利用图标编辑工具在【模板】上设计需要的图标。

（3）另外，设计图标时往往需要考虑接线端子的相应位置，可以勾选【编辑】/【显示接线端】项，如图 10-13 所示，在空白的【模板】上就出来连接器的样式，这样可以根据接线端子的分布情况，更好地设计子 VI 图标。

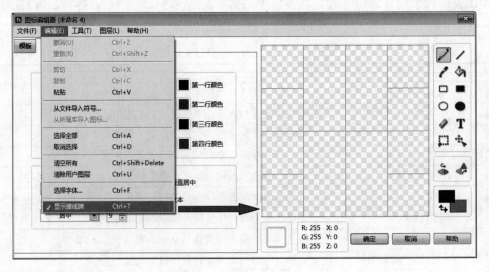

图 10-13　图标编辑器

# 10.2　子 VI 重入执行

默认情况下，如果同一个子 VI 在同一个程序框图的多处被同时调用，那么必须等到一处的子 VI 被执行完毕后，另一处的子 VI 才被执行，即这些子 VI 并不能被并行同步执行。如图 10-14 所示，在主 VI 中两处对同一子 VI（延时.vi）进行调用，而且这两处调用是并发的。子 VI 程序框图也在图 10-14 中给出，是一个包含 "fast" 条件（延时 500ms）和 "slow" 条件（延时 1000ms）的结构。运行主 VI，时间输出控件的结果为 1500ms，这一结果说明主 VI 中两处调用的子 VI 是顺序执行的。

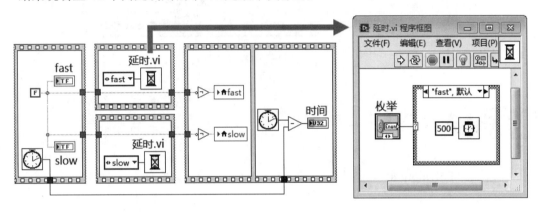

图 10-14　重入子 VI 实例

然而，在很多情况下，如设计实时性要求很高的程序，用户往往希望不同处的调用是相互独立的，这时就需要把子 VI 设置为 "重入子 VI"。当子 VI 被设置为 "重入" 时，主 VI 对每一处子 VI 的调用都会在内存中产生该子 VI 的一个副本，副本之间相互独立，因此这样不仅可以保证调用的并行，还可以让每一处调用都保持自己的状态（在子 VI 中可以通过移位寄存器保证上次被调用时的状态）。在子 VI 的主菜单中选择【文件】/【VI 属性】选项会弹出【VI 属性】对话框，如图 10-15 所示。在该对话框的【类别】下拉菜单中选择【执行】，在该页面中可以看到默认情况下子 VI 是 "非重入执行" 的，选中【预分配的副本重入执行】，该子 VI 便被设置成重入子 VI 了。设置完子 VI 后，重新运行图 10-14 中的 VI，时间输出控件的结果变为 1000ms，这说明两处调用的子 VI 并行执行了。

当子 VI 被设置成重入子 VI 时，在主程序框图中双击子 VI 图标后，会发现打开的是子 VI 的一个副本。如果要更改子 VI 的程序框图，必须先在子 VI 主菜单中选择【操作】/【切换至编辑模式】选项后，才能对子 VI 程序框图进行编辑。

如图 10-15 所示，在【VI 属性】对话框中还有一种重入方式可选——【共享副本重入执行】方式，该方式允许同时调用子 VI 并行执行，内存占用相对较小。为了减少内存占用，各次调用重用了子 VI 副本。如 VI 调用发生时，所有副本都被使用，LabVIEW 会为当次子 VI 调用分配一个新的副本。因为这种分配是按需要发生的，所以会产生程序执行时间上的抖动。如要在实时操作系统中调用子 VI，最好选择【预分配的副本重入执行】方式。

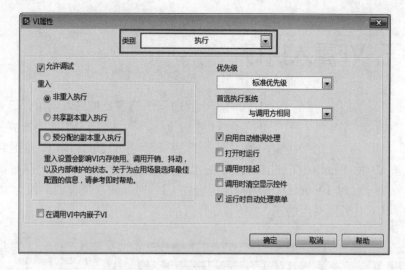

图 10-15　设置子 VI 的重入属性

# 10.3　多态 VI

　　多态 VI（Polymorphic VIs）最早在 LabVIEW 6.0 中引入。它能在指定的输入端口上接受不同的数据类型。简单来说，多态 VI 就是可以处理不同数据类型的 VI。其实，LabVIEW中大部分的运算符都具有多态性，如加法运算符，如果将两个标量作为输入，那么输出结果就是标量的相加结果；如果将两个数组作为输入，则输出就是对两个数组相应元素的运算结果。当希望对不同类型的数据进行相同或者相似的操作时，多态 VI 的作用就会突显出来。

　　LabVIEW 允许用户创建自己的多态 VI。一个多态 VI 是由多个连接器模式相同的子VI 构成的集合，集合中包含的每个 VI 都被称作是多态 VI 的一个实例。当一个多态 VI 被调用时，它会根据输入的数据类型自动选择与之匹配的实例来处理该输入数据。当然，用户也可以手动选择具体使用哪个实例。

　　【例 10-2】　建立一个多态 VI 实例。

## ⚙ 设计过程

　　（1）针对不同的数据类型编写不同的子 VI。如图 10-16 所示，子 1.vi 和子 2.vi 分别对标量和数组的输入数据进行处理。子 1.vi 返回两个输入标量中较大的值；子 2.vi 返回两个输入数组中长度较大的那个数组。并且这两个 VI 的连接器的模式相同，都有两个输入端子，一个输出端子。

　　▦：连接器。

　　（2）创建包含上面两个实例的多态 VI。在 LabVIEW 启动界面、任意 VI 前面板或程序框图界面上，选择主菜单中的【文件（F）】/【新建（N）…】项，在弹出的【新建】对话框中选择【多态 VI】项，如图 10-17 所示，就可以打开【多态 VI】创建界面。

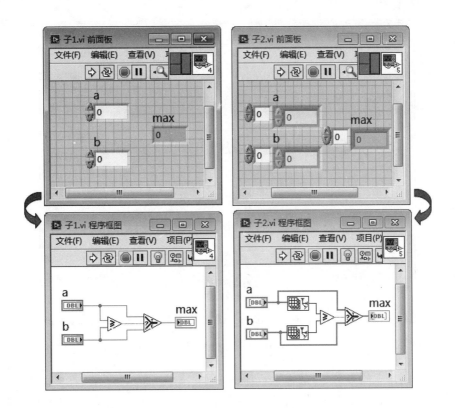

图 10-16　准备多态 VI 中的两个实例

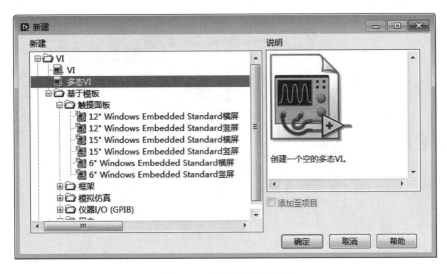

图 10-17　【新建】对话框

（3）多态 VI 界面如图 10-18 所示，在该界面可以利用【添加…】按钮向新建的多态 VI 中添加实例。图 10-18 中已将子 1.vi 和子 2.vi 两个实例添加到该多态 VI 中。单击【编辑图标…】按钮可以打开【图标编辑器】对话框，来对多态 VI 的图标进行设计。保存该多态 VI 后，其就可以像普通的子 VI 一样被其他 VI 调用了。

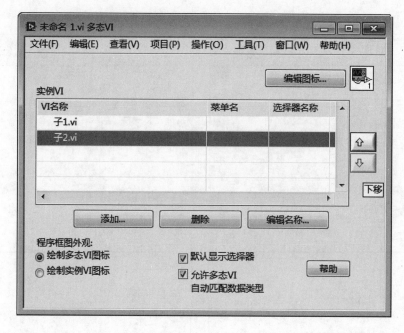

图 10-18　多态 VI 界面

（4）将上面建立的多态 VI 放在主程序框图中，如图 10-19 所示，在多态 VI 图标的下面有一个【选择器】，单击可以查看选择器菜单。右击多态 VI 图标，弹出的快捷菜单也在图 10-19 中给出，取消勾选【显示项】/【多态 VI 选择器】项，可以隐藏多态 VI 选择器；在快捷菜单的【选择类型】项中也可以查看各实例名称。

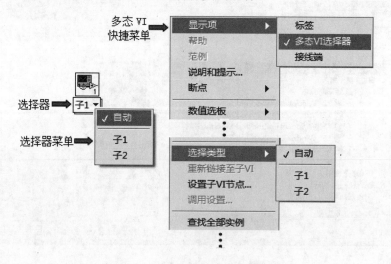

图 10-19　多态 VI 快捷菜单和选择器

图 10-18 所示多态 VI 界面包含的其他内容介绍如下。

1）按钮

- "⬆(⬇)"——在实例 VI 列表中上移（下移）选定的实例。列表顶部的实例为多态 VI 的默认实例。实例在列表中的顺序可确定实例在多态 VI 快捷菜单和多态 VI 选择器菜单上的顺序，如图 10-18 和图 10-19 所示。

- "删除"——在多态 VI 中删除选定的实例。
- "编辑名称"——重命名出现在多态 VI 快捷菜单和多态 VI 选择器菜单中的实例。

2）复选框

- 绘制多态 VI 图标——多态 VI 置于程序框图上时显示多态 VI 的图标。
- 绘制实例 VI 图标——多态 VI 置于程序框图上时显示实例 VI 的图标。
- 默认显示选择器——多态 VI 置于程序框图上时默认显示的多态 VI 选择器。
- 允许多态 VI 自动匹配数据类型——在多态 VI 快捷菜单及其选择器菜单上显示"自动"。

设计多态 VI 时，需要注意以下几个细小的问题：

（1）多态 VI 只能处理有限个数据类型。但是，数据类型是无限的，比如，整型数据或字符型数据组成簇，只要包含元素的数量不同，就会导致其数据类型发生变化。但是，LabVIEW 包括的函数却可以对数据进行无限次的处理，这就是多态 VI 与 LabVIEW 中包括的函数的差距。

（2）本节开头时提到过，多态 VI 是由多个连接器模式相同的子 VI 构成的，为了实现以用户便利为主的目的，一个多态 VI 解决一个算法，其包含的每一个实例 VI 解决一个数据类型，并且每个实例 VI 的接线方块的接线方式都要保持一致，如图 10-20 中的例子所显示，所有的连接器模式均相同。

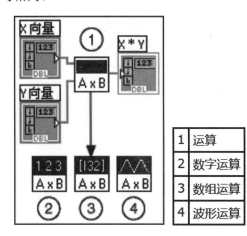

图 10-20  示例

（3）当多态 VI 中没有任何实例 VI 与其连接的数据类型相同，则会出现断线情况，此时它已经不是多态 VI 了，因为它只接受和返回所选实例的数据类型。

（4）如需手动选择实例，右击多态 VI 图标，在弹出的快捷菜单中的【选择类型】中选择所需实例。也可以使用多态 VI 选择器，然后从选择器菜单中选择实例。

（5）每个子 VI 的前面板不必包含相同数目的对象，但是它们前面板上的控件数目至少和组成多态 VI 连线板中的控件数目一致。

（6）多态 VI 不能用于其他态的 VI。

（7）多态 VI 不能嵌套使用，一个多态 VI 不能用作另一个多态 VI 的实例 VI。

## 10.4 建立自己的子 VI 库

在中型、大型的软件项目中，一般需要多人进行合作开发，此时就有必要将项目分为一个个小的功能模块，以方便其他程序员在应用程序中调用。在 Windows 中，常常采用目标文件（*.obj）、静态库（*.lib）或动态链接库文件（*.dll）进行功能模块的分割。而在 LabVIEW 中，同样可以建立或调用.lib 库文件。

首先，我们要知道在 LabVIEW 中将 VI 生成为库有以下几个优点：

（1）可以使用超过 255 个字符的文件名输入。

注意：MAC OS 9.x 或更早的版本限制了只能使用 31 个字符。

（2）相对于转换多个 VI，可以轻松地转换一个库到其他的平台上。

（3）可以轻微压缩文件大小，因为 VI 库经过压缩，从而减少磁盘占用率。

（4）可以在一个库中标识其中的某个 VI 是最上层的 VI，因此当打开这个 lib 时，LabVIEW 会自动将所有上层 VI 打开。

注意：如果有 NI LabVIEW Professional Development System 而且已经安装了必要的元件，就可以在工具菜单中建立 shared libraries（DLLs）。关于更详细的信息，可以参考 LabVIEW 帮助文件。

【例10-3】用一个简单的方法封装所有的 VI 到 LabVIEW 的 lib 里面。这里以 LabVIEW 2014 版本举例。

### ⚙ 设计过程

（1）选择【文件】/【另存为】命令，打开一个【另存为】对话框。

（2）选中【复制层次结构至新位置】，如图 10-21 所示。

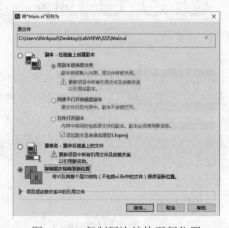

图 10-21　复制层次结构至新位置

（3）单击【继续】按钮，弹出【选择目录或 LLB】对话框，如图 10-22 所示，选择一个文件夹或在对话框中单击【新建 LLB...】按钮。

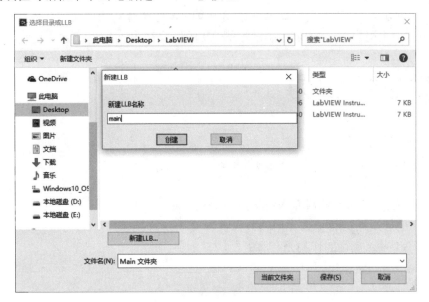

图 10-22 新建 LLB

（4）输入"新建 LLB 名称"，单击【创建】按钮，即完成所有子 VI，生成一个库文件。

如果希望建立一个可以在一台电脑上独立使用的库，不需要安装个别的 vi.lib 文件，可以在 Include vi.lib files 的选项中打勾。

注意：这将会将窗口变为自定义保存。

如果想保存 VI 及子 VI，但不想保存其程序框图，即使用者无法修改它的话，可以选择 Remove diagrams。如果需要在不同的平台下重新编译这个 VI，就不要勾选这个选项，因为你无法重新编译一个没有程序框图的文件。

（5）单击【保存】按钮，自动完成生成。这将会建立一个 lib 文件，包含所有在程序中会用到的 VI 及子 VI。现在已经将所有子 VI 封装成一个 lib 了，我们可以将其发布出去。但对一个大的 lib 的保存、变更，也会增加内存的需求，降低效能。试着将每个 lib 文件的大小限制在 1MB 以下。

# 10.5 小结

本章主要介绍了如何构建子 VI。子 VI 类似于其他文本语言中的子程序，是 LabVIEW 程序设计的基础。充分利用好子 VI，能够使程序框图更加简化，并且程序也易于调试和维护。掌握如何建立和使用子 VI 是成功构建 LabVIEW 程序的关键之一。本章首先介绍了如何编辑 VI 图标和如何进行连线端口的设置，为了区别不同的子 VI 所实现的不同功能，有时需要为不同的子 VI 创建不同的图标，以便于理解；然后详细介绍两种创建子 VI 的方法（现有 VI 创建成子 VI 和选定内容创建成子 VI），并结合实例说明；最后介绍了如何将一个子 VI 添加至用户库，如何调用子 VI 及 VI 的层次结构。

## 10.6 思考与练习

（1）什么是子 VI？

（2）简述一种建立和调用子 VI 的方法。

（3）什么是多态 VI？

（4）请简述如何修改和设置 VI 的显示图标。

（5）VI 的层次结构有什么作用？如何查看 VI 的层次结构？

（6）子 VI 重入执行的作用是什么？

# 第 11 章　外部程序接口与数学分析

LabVIEW 作为一种别具一格的图形化编程语言，虽然自成一家而且功能强大，但是不同的编程语言在不同的应用领域都有自己的优势。为了在 LabVIEW 中能够充分地利用其他编程语言的优势，LabVIEW 提供了强大的外部程序接口能力，这些接口包括 DLL（动态链接库）、C 语言接口（CIN）、ActiveX、.NET、DDE、MATLAB 等。通过 DLL，用户能够方便地调用 C、VC、VB 等编程语言编写的程序以及 Windows 自带的大量 API 函数等；通过 ActiveX，能够方便地调用外部程序、控件等。例如，可以利用 ActiveX 数据对象（ADO）与数据库进行通信。此外，LabVIEW 还拥有强大的网络通信能力，如 TCP/IP、UDP、DataSocket、OPC 等。通过网络通信，LabVIEW 也能用来与外部程序交换数据。

## 11.1　DLL 与 API 调用

### ▶11.1.1　DLL 与 API 简介

#### 1. DLL 的概念

DLL 是一个可以多方共享的程序模块，内部对共享的例程和资源进行了封装。DLL 文件的扩展名一般是.dll，也可能是.drv、.sys 或.fon。DLL 和可执行文件（EXE）非常类似，最大的区别在于，DLL 虽然包含了可执行代码，却不能单独执行，必须由 Windows 应用程序直接或间接调用。

动态链接是相对于静态链接而言的。所谓静态链接，是指将调用的函数或者过程链接到可执行文件中，成为可执行文件的一部分。即程序 EXE 文件中包含了运行时所需的全部代码。当多个程序调用同一个函数时，内存中就会出现该函数的多个副本。这种方式增加了系统开销，浪费内存资源。而采用动态链接方式时，调用的函数并没有被复制到应用程序的可执行文件中，而是仅在可执行文件中描述了调用函数的信息（往往是重定位信息）。仅当应用程序运行时，在 Windows 的管理下，应用程序与对应的 DLL 之间建立链接关系。当执行 DLL 中的函数时，根据链接产生的重定位信息，Windows 转去执行 DLL 中相应的代码。一般情况下，如果一个应用程序使用了动态链接库，Windows 系统通过内存映射文件保证内存中只有 DLL 的一份复本。DLL 首先被调入 Windows 系统的全局堆栈，然后映射到调用该 DLL 的进程地址空间。在 Windows 系统中，每个进程拥有自己的线性地址空间，如果一个 DLL 被多个进程调用，每个进程都会收到该 DLL 的一份映像。

#### 2. DLL 的优点

DLL 的优点如下。

- 共享代码、资源和数据：DLL 的代码可以被所有的 Windows 应用程序共享，它不仅包括代码，还可以包含数据和各种资源。
- 语言无关性：只要遵守 DLL 的开发规范和编程方法，并声明正确的调用接口，任何语言编写生成的DLL 都可以被其他编程语言调用，具有通用性。例如，Visual C++、Visual Basic、LabVIEW 等都可以编写并生成 DLL，并能调用任何符合标准的 DLL，而不用关心该 DLL 是何种语言编写生成的。
- 隐藏实现细节：DLL 中的例程可以被应用程序访问，而应用程序开发者并不知道例程的细节，因此对于程序而言，这种方式非常安全。
- 可扩展性：由于 DLL 是独立于执行文件的，所以在不改变名称的情况下，同一函数可以实现不同的功能或者扩展原来的功能。Windows 操作系统就是这样实现从 Windows 98 到 Windows XP 的。它们的 DLL 中的函数，即 API 参数，其名称、参数都是完全相同的，但是实现的功能却不同。Windows 的补丁程序也是通过 DLL 修改文件的。
- 节省内存：DLL 只在被调用执行时才动态载入内存，如果多个程序使用同一个 DLL，也只需装载一次，从而节省内存开销。

## 3. API 简介

在 Windows 程序设计初期，Windows 程序员可使用的编程工具唯有 API（Application Programming Interface，应用程序接口）函数。API 函数基本都是操作系统的相关函数，如窗口、鼠标和键盘的操作函数。这些函数在程序员手中犹如"积木块"一样，可搭建出各种界面丰富、功能灵活的应用程序。不过，由于这些函数结构复杂，所以往往难以理解，而且容易误用。

随着软件技术的不断发展，Windows 平台上出现了很多优秀的可视化编程环境，程序员可以采用所见即所得的编程方式来开发具有精美用户界面、功能的应用程序。这些可视化编程环境操作简便，界面友好，如 Visual C++、Visual Basic、LabVIEW 等。这些工具提供了丰富的控件、类库或函数，加速了 Windows 应用程序的开发，所以受到程序员的普遍采用。但是，它们并不能把 Windows API 包含的上千个 API 函数所拥有的强大功能全部都封装为易用的接口，因此在实现某些特殊或复杂系统功能时，我们仍然不得不求助 API 函数。另外，由于 API 函数更加基本、更加灵活，效率也更高，因此在编写某些应用程序时，适当地调用 API 函数也会带来意想不到的效果。

Windows 的 API 函数位于 Windows 系统目录下的多个 DLL 文件中，因此在 LabVIEW 中调用 API 函数和调用 DLL 的方法是一致的，它们之间的区别在于，API 函数是操作系统提供的 DLL 中的函数，这些 DLL 文件是操作系统的一部分。

下面列出 Windows 系统目录下包含最主要 API 函数的一些 DLL 及其说明。

（1）Advapi32.dll：高级 API 链接库，包括大量的 API，如 Security 和 Registry 调用等。

（2）Comdlg.dll：通用对话框库。

（3）Gdi32.dll：图形设备接口库，如显示和打印等。

（4）Kernel32.dH Windows：系统核心 32 位 API 基础库，如内存和文件的管理。

（5）Lz32.dll：32 位数据压缩 API 库。

（6）Netapi32.dll：32 位网络 API 库。

（7）Shell32.dll：32 位 Shell API 库。

（8）Version.dll：系统版本信息库。

（9）Winmm.dll：Windows 多媒体 API 库。

（10）User32.dll：用户接口库，如键盘、鼠标、声音、系统时间等。

## 11.1.2　调用 DLL 及 API

LabVIEW 中 DLL 的调用是通过"调用库函数节点"来实现的，该节点位于【函数】选板/【互连接口】/【库与可执行程序】/【调用库函数节点】，如图 11-1 所示。

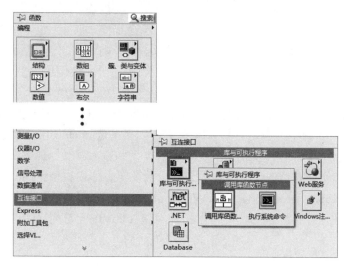

图 11-1　调用库函数节点

单击该节点，将其放置在程序框图中，此时该节点没有任何与之相连的 DLL。双击该节点，可以打开如图 11-2 所示的配置对话框，或者通过快捷菜单中的【配置】项打开该页面。

图 11-2　调用库函数节点-配置对话框

在该对话框中可以配置 DLL 的路径、函数名、线程、调用规范、参数和回调等。下面来看如何对这些参数进行设置。

## ⚙ 设计过程

（1）当在【库名/路径】栏中设定了 DLL 的路径后（键盘输入或利用对应图标打开路径对话框选取路径），在【函数名】下拉框中就可以看到该动态链接库所包含的所有函数名称。如果选中了【库名/路径】栏下方的【在程序框图中指定路径】复选框，则路径由在程序框图中 DLL 图标的【路径输入】端口指定，此时库名/路径失效。

（2）在右边的【线程】栏中可以选择 DLL 是否可以被重入调入，默认情况为"在 UI 线程中运行"，即该动态链接库只能在 UI（User Interface 用户界面）线程下运行。这时需要注意的是，如果动态链接库中被调用的函数返回时间很长，那么就会导致 LabVIEW 不能执行 UI 线程中的其他任务，因此界面反应可能会很慢，甚至死掉。这时最好把它设为"在任意线程中运行"。若设置为"在任意线程中运行"，则该动态链接库可以由多个线程同时调用。当然，前提是必须保证该 DLL 能被多个线程同时安全调用，譬如不包含可能产生竞争的全局变量或文件等。

（3）在【调用规范】栏中可以设置该动态链接库是标准 WINAPI 调用，还是普通的 C 调用。一般都采用 C 调用，但是对于 API 调用，则必须选择 stdcall (WINAPI)。

（4）在"参数"界面下可以设置函数的返回类型和输入参数。如图 11-3 所示。左边栏用于增加或删除参数。右边的【当前参数】栏用于设定名称和类型。LabVIEW 支持绝大部分的 Windows、ANSI、数组、结构体和 LabVIEW 的数据类型，每种数据类型都对应 LabVIEW 中的某一类型的数据控件。例如，字符串指针对应 LabVIEW 的字符串控件，结构体对应 LabVIEW 的簇等。每当设定一个参数时，在最下面的"函数原型"栏中都会显示相应的函数原型。

图 11-3　调用库函数节点配置对话框的参数界面

图标介绍如下：

📂：打开路径对话框选取路径的图标。

图 11-4 给出了一个调用库函数的示例程序，当该函数运行时，移动鼠标，程序前面板上【鼠标坐标】输出控件中的两个值随之发生变化，实时显示鼠标在屏幕上的横、纵坐标位置。图 11-4 中，"调用库函数节点"函数的主要设置如下。

图 11-4　调用库函数示例程序框图

## ⚙ 设计过程

（1）在【库名/路径】中选择库 user32.dll，该文件可在"Windows\System32"目录下找到。

（2）在【函数名】下拉菜单中选择函数为 GetCursorPos 函数，或直接在该栏中输入此函数名。

（3）在【线程】栏中勾选【在 UI 线程中运行】复选框。

（4）在【调用规范】栏中勾选【stdcall（WINAPI）】复选框。

（5）在"参数"页面中单击 ➕ 按钮添加一个参数，并在【名称】栏中输入"lpPoint"，在【类型】下拉菜单中选择【匹配至类型】项，则【数据格式】栏自动变为"按值处理"。在【名称】栏中输入"lpPoint"是因为所选的 GetCursorPos 函数声明中已经定义了参数 lpPoint。

（6）单击【确定】按钮，退出配置属性对话框后发现，"调用库函数节点"函数图标下面多了一层端口，程序框图上将包含两个有符号 32 位数值元素的簇与"调用库函数节点"函数图标相连。

图标介绍如下：

➕：添加一个参数。

⬛："调用库函数节点"函数图标。

⬛："调用库函数节点"函数图标另一种状态。

以上步骤中的设置结果如图 11-5 所示。

前面已经介绍过 Windows API 函数是封装在 Windows 系统目录下提供的多个 DLL 文件中的，因此通过调用这些系统提供的动态链接库，就能实现 API 的调用。需要注意的是，配置"调用库函数节点"函数时，需要设置【调用规范】栏，必须勾选【stdcall（WINAPI）】复选框。所以，图 11-4 中的例子，既可以看作是调用 DLL，又可以看作是调用 API。

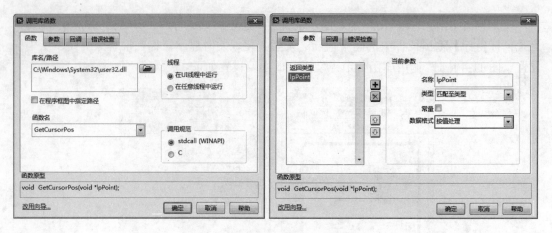

图 11-5　调用库函数节点配置情况

## 11.2　Active

ActiveX 是微软公司推出的一个技术集的统称，这项技术可以使用户重用代码，并能将多个程序连接在一起实现复杂的计算需求。它基于 COM（Component Object Model）组件对象模型技术。ActiveX 是较早的 OLE（Object Linking and Embedding）技术的扩展。作为 ActiveX 核心的 COM，是一个以处理所有阻碍软件组件开发为目的的标准，它希望最终建立一个大型的组件库，使软件工程师能像硬件工程师一样通过搭建组件的办法开发应用程序。用于桌面的、基于 COM 的组件称为 ActiveX 对象。ActiveX 对象可以是可见的，如按钮、窗口、图片、文档或对话框，也可以是不可见的，如应用对象。通过现成的 ActiveX 对象，用户可以方便地实现很强大的功能，如在 VI 中浏览网页，播放影片，操作 Excel、Word 等。

从 LabVIEW 4.1 开始，LabVIEW 可以作为一个客户端（Client）支持 ActiveX 自动化（ActiveX automation）。作为客户端，LabVIEW 可以调用其他的 ActiveX 控件，获得其属性和方法。LabVIEW 5.0 可以作为一个 ActiveX 的服务端（Server），并支持 ActiveX 容器（Container）。此时，LabVIEW 可以利用 ActiveX 容器在前面板显示 ActiveX 对象。LabVIEWActiveX 服务器发布 VI 功能给 ActiveX 客户端，如 Visual Basic、Visual C++和 Excel 等可以访问 LabVIEW 发布的对象属性及方法。LabVIEW 5.1 开始支持 ActiveX 事件（Event），类似于 LabVIEW 事件，当 ActiveX 定义的事件发生时，可以执行预先定义好的操作程序。

下面对 ActiveX 的一些相关术语进行简要介绍。本文的目的旨在使读者学会如何在 LabVIEW 中使用 ActiveX，而不会详细介绍 ActiveX 的更多内容。因此，如果读者想深入了解 ActiveX，还需要参考一些 ActiveX 的相关书籍。

通过两个例子说明如何通过 Excel 和 PowerPoint 提供的 ActiveX 自动化对象在 LabVIEW 中操作 Excel 和 PowerPoint，因此，运行这两个程序前，计算机上需要安装 Excel 和 PowerPoint。利用 LabVIEW 调用 Excel 和 PowerPoint 提供的 ActiveX 来操作 Excel 和

PowerPoint。程序前面板如图 11-6 所示。通过两个按钮，分别调用 Excel 和 PowerPoint。下面说明其创建过程。

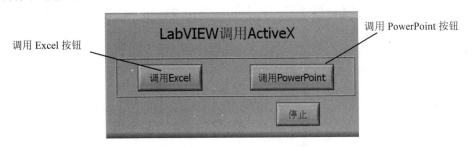

图 11-6　程序前面板示意图

### 1. 调用 Excel

在【互连接口】/【ActiveX】子函数选板上选择【打开自动化】，并将其拖曳到程序框图的合适位置，如图 11-7 所示。

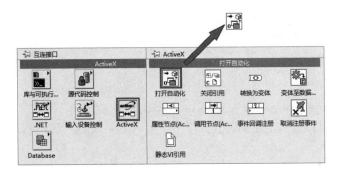

图 11-7　【ActiveX】子函数选板

在"打开自动化"函数图标上右击，在弹出的快捷菜单中选择【选择 ActiveX 类】/【浏览】，如图 11-8 所示，弹出【从类型库中选择对象】对话框，从该对话框【类型库】下拉菜单中选择"Microsoft Excel 11.0 Object Library Version 1.5"，在【对象】框中勾选"仅显示可创建的对象"，然后选择"Application（Excel.Application.11）"项，单击【确定】按钮，就可以完成"Excel. Application"控件与"打开自动化"函数的连接。

图 11-8　选择操作对象框图

　　右击"Application"控件图标，在弹出的快捷菜单中选择【创建】/【Excel._Application 类的属性】/【Visible】，将产生的 Visible 属性图标放置在合适位置；然后再右击该图标，在弹出的快捷菜单中选择【转换为写入】，使其变为接受数据，如图 11-9 所示。通过 Visible 属性打开 Excel 程序界面。

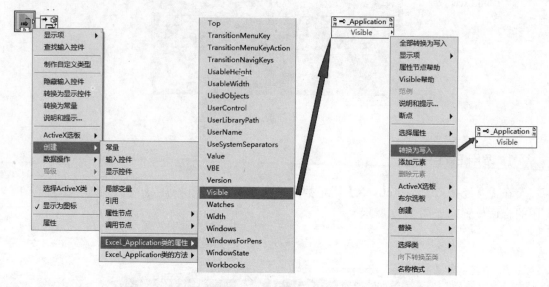

图 11-9　产生 Visible 属性

　　再次右击"Application"控件图标，在弹出的快捷菜单中选择【创建】/【Excel._Application 类属性】/【Workbooks】"，将产生的 Workbooks 属性放置在程序框图的合适位置。

　　将鼠标放在 Workbooks 属性图标上 Workbooks 的位置，右击，在弹出的快捷菜单中选择【创建】/【Excel.Workbooks 类的方法】/【Add】，将弹出的选择图标放置在合适的位置。通过 Add 方法新建一个工作簿，它可以返回新建工作薄的引用。

　　将鼠标放在 Add 的位置，右击，在弹出的快捷菜单中选择【创建】/【Excel._Workbook 类的属性】/【Sheets】，将 Workbooks 属性图标放置在合适的位置。

　　将鼠标放在 Workbooks 属性图标上 Sheets 的位置，右击，在弹出的快捷菜单中选择【创建】/【Excel.Sheets 类的方法】/【Item】，将弹出的图标放置在合适的位置。

　　在【ActiveX】子函数选板上，选择【变体至数据转换】函数，将其放在程序框图的合适位置。然后创建"Excel._Worksheet"类。

　　将鼠标放在图标上，右击，在弹出的快捷菜单中选择【创建】/【Excel._Worksheet 类的方法】/【Range】，将弹出的图标放置在合适位置。

　　将鼠标放在图标 Range 的位置，右击，在弹出的快捷菜单中选择【创建】/【Excel. Range 类的属性】/【Value2】，将产生的图标放置在合适位置。

　　在【ActiveX】子函数选板上，选择"关闭引用"函数，将其放在程序框图的合适位置。

　　在【函数】选板/【对话框与用户】中选择【简易错误处理器】函数，将其放在程序框图的合适位置。最终的程序框图如图 11-10 所示。

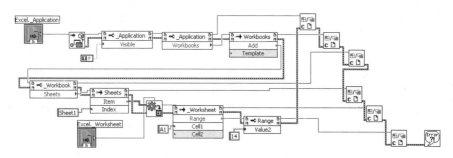

图 11-10　通过 Excel 的 ActiveX 自动化对象向 Excel 指定位置写入数据

图 11-10 中各图标的含义如下。

：“Application”控件。

：“打开自动化”函数。

：Visible 属性图标。

：Workbooks 属性图标。

：创建 Excel.Workbooks 类的 Add 方法弹出对应的框。

：创建 Excel.Sheets 类的 Item 方法弹出对应的框。

：“变体至数据转换”函数。

：创建 Excel._Worksheet 类的 Range 方法弹出对应的框。

：创建 Excel. Range 类的 Value2 属性弹出对应的框。

：“关闭引用”函数。

：“简易错误处理器”函数。

　　程序最终的运行结果如图 11-11 所示。程序在指定的单元格内写入指定的内容。该 Excel 没有被保存，用户可以增加新的属性节点或者方法节点，实现对 Excel 的保存。

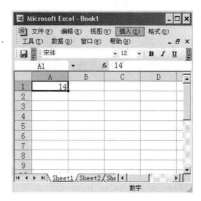

图 11-11　通过 ActiveX 向 Excel 写入数据

## 2. 调用 PowerPoint

在【ActiveX】子函数选板中选择“打开自动化”函数，并将其拖放到程序框图的合适位置。

在"打开自动化"函数图标上右击，在弹出的快捷菜单中选择【选择 ActiveX 类】/【浏览】，出现如图 11-12 所示的对话框，从【类型库】中选择"Microsoft PowerPoint 11.0 Object Library Version 2.8"，在【对象】框中勾选【仅显示可创建的对象】复选框，然后选择【Application(PowerPoint.Application.11）】项，单击【确定】按钮，就可以完成"打开自动化"函数与 PowerPoint. Application 控件的连接。

图 11-12　选择操作对象框图

将鼠标放在图标上，右击，在弹出的快捷菜单中选择【创建】/【PowerPoint._Application 类的属性】/【Visible】，将生成的图标放置在合适位置，然后将鼠标放在"Visible"上，右击，在弹出的快捷菜单中选择【转换为写入】。然后再右击"Visible"，在弹出的快捷菜单中选择【创建】/【常量】。

将鼠标放在创建 Visible 属性产生的图标上的 Presentations 位置，右击，选择【创建】/【PowerPoint.Presentations 类的方法】/【Open】，将图标放置在合适位置。

将鼠标放在创建 Open 方法产生的图标上的 Open 位置，右击，选择【创建】/【PowerPoint._Presentation 类的属性】/【SlideShowSetting】，将产生图标放置在合适位置。

将鼠标放在创建 SlideShowSetting 属性产生的图标上 SlideSettingShow 的位置，右击，选择【创建】/【PowerPoint.SlideShowSetting 类的属性】/【ShowType】，将图标放置在合适位置。

将鼠标放在创建 ShowType 属性产生的图标上 ShowType 的位置，右击，选择【创建】/【PowerPoint.SlideShowSetting 类的方法】/【Run】，将图标放置在合适位置。

在【函数】选板/【编程】/【结构】/【平铺式循环结构】中，将其放在合适位置。

在【函数】选板/【编程】/【文件 I/O】/【高级文件】函数/【文件】对话框中，将其放在程序框图中的平铺式循环结构内。

在【函数】选板/【编程】/【文件 I/O】/【高级文件】函数/【路径至字符串转换】，将其放在程序框图中的平铺式循环结构内。

在【函数】选板/【互连接口】/【ActiveX】中，选择【关闭应用】，将其放在程序框图的合适位置。

在【函数】选板/【对话框与用户界面】中，选择【简易错误处理器】，将其放在程序框图的合适位置。最终的程序框图如图 11-13 所示。

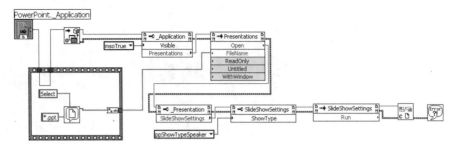

图 11-13　利用 ActiveX 自动化对象自动播放 PowerPoint 演讲稿

图 11-13 中各图标的含义如下：

：创建 PowerPoint._Application 类 Visible 属性产生的图标。

：创建 PowerPoint.Presentations 类的 Open 方法产生的图标。

：创建 PowerPoint._Presentation 类 SlideShowSettings 属性产生的图标。

：创建 PowerPoint.SlideShowSettings 类的 ShowType 属性产生的图标。

：创建 PowerPoint.SlideShowSettings 类的 Run 方法产生的图标。

该程序通过选择对话框载入需要演示的 PowerPoint，并自动放映。

# 11.3　数学分析

　　LabVIEW 作为测控领域的专业软件，无疑应该具备强大的数据分析和处理能力，但由于其采用图形化语言，通过连线和框图的方式编程，这往往会使熟悉通过文本编程语言实现数学分析程序的读者置疑 LabVIEW 编写数学算法的能力，以及担心复杂的数学算法会导致繁杂的连线。如果仅以 LabVIEW 的基本运算符号和程序结构来实现复杂的算法，确实会在某些情况下导致连线十分繁杂。针对这一点，LabVIEW 封装了大量的数学函数用于数学分析，并提供了基于文本编程语言的公式节点和 MathScript。通过这些封装好的 VI 函数，并结合公式节点或 MathScript，程序框图可以非常简洁，用户可以把精力集中放在所需要解决的问题上，而不必再为数学算法费心。数学分析 VI 函数最底层是通过 C 语言实现的，具有很高的运行效率。因此，通过 LabVIEW 实现数学分析不仅不会导致连线繁杂，反而由于采取图形化编程和文本编程相结合的方式，会比单纯的文本编程语言具有更大的优势。此外，由于 LabVIEW 能方便地与各种数据采集设备直接连接，所以用户可以直接将采集到的数据进行数学分析，这也是 LabVIEW 的巨大优势之一。

　　LabVIEW 提供的数学分析函数位于【函数】选板下的【数学】子函数选板中，如图 11-14 所示。

　　按不同的数学功能，数学分析函数选板被分为 12 个子选板，见表 11-1。【数值】子选板是一些基本的数学操作，这里就不做太多重复介绍。接下来对部分子选板中的函数进行简单介绍。

图 11-14　数学分析 VI 函数选板

表 11-1　数学分析函数子选板列表

| 名　称 | 描　述 |
| --- | --- |
| 数值 | 最基本的数学操作，如加、减、乘、除、类型转换和数据操作等 |
| 初等与特殊函数 | 一些常用的数学函数，如正余弦函数、指数函数、双曲线函数、离散函数和贝塞尔函数等 |
| 线性代数 | 线性代数，主要是矩阵操作的相关函数 |
| 拟合 | 曲线拟合和回归分析 |
| 内插与外推 | 一维和二维的插值函数，包括分段插值、多项式插值和傅里叶插值 |
| 积分与微分 | 积分与微分函数 |
| 概率与统计 | 概率、叙述性统计、方差分析和插值函数 |
| 最优化 | 用于确定一维或几维实数的局部最大值和最小值 |
| 微分方程 | 用于求解微分方程 |
| 几何 | 进行坐标和角运算 |
| 多项式 | 多项式计算和分析 |
| 脚本与公式 | 用于计算程序框图中的数学公式和表达式 |

## ▶11.3.1　基本数学函数

　　【函数】/【数学】/【初等与特殊函数】选板下包含了大部分常用的基本数学函数，如图 11-15 所示。

图 11-15　基本数学函数选板

该选板将常用的数学函数分为 12 类：三角函数、指数函数、双曲函数、门限函数、离散数学、贝塞尔函数、Gamma 函数、超几何函数、椭圆积分、指数积分、误差函数和椭圆与抛物线函数。

**【例 11-1】** 利用基本数学函数选板中的函数画出公式 $y = x^6 + \mathrm{e}^x \sin x$，在 $[-2\pi, 2\pi]$ 之间的曲线，曲线中应包含 500 个采样点。

## ⚙ 设计过程

（1）利用 For 循环产生 500 个 $-2\pi \sim 2\pi$ 等间隔的采样点 $x_i$，具体程序如图 11-16 中左侧 For 循环，程序原理为：由于采样点间隔 $\Delta x = \dfrac{4\pi}{500-1}$，所以 $x_i = \Delta x \times i - 2\pi$，其中 $i = 0, 1, 2, \cdots, 499$。

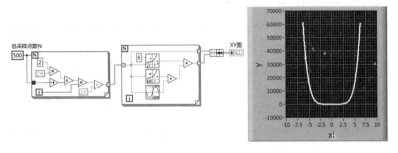

图 11-16  基本数学函数实例

（2）利用 $x$ 的幂、指数、正弦函数构建公式 $y = x^6 + \mathrm{e}^x \sin x$，具体公式如图 11-16 中右侧 For 循环所示。

（3）将 $x$ 和 $y$ 数组合并成簇后显示。

# ▶11.3.2  线性代数

线性代数在现代工程和科学领域中有广泛的应用，因此，LabVIEW 也提供了强大的线性代数运算功能。【线性代数】子函数选板位于【函数】/【数学】/【线性代数】中，如图 11-17 所示。

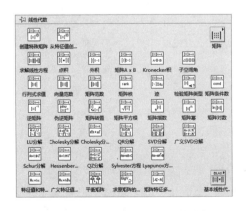

图 11-17  【线性代数】子函数选板

由于篇幅原因，这里不对【线性代数】子函数选板中的每个函数一一进行介绍，只对【求解线性方程】函数的功能和用法进行介绍。【求解线性方程】函数的图标及接线端如图 11-18 所示，该函数的功能是求解线性方程组 $AX=Y$，各接线端的含义如下。

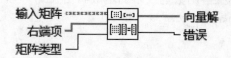

图 11-18 【求解线性方程】函数的图标及接线端

- 输入矩阵：是实数方阵或实数长方矩阵，对应线性方程组 $AX=Y$ 中 $m \times n$ 的 $A$ 矩阵。
- 右端项：是由因变量值组成的数组，对应线性方程组 $AX=Y$ 中的 $Y$。右端项中的元素的个数必须等于输入矩阵的行数。
- 矩阵类型：是输入矩阵的类型。了解输入矩阵的类型可加快向量解的计算，减少不必要的计算，提高计算的正确性。
- 向量解：是方程组 $AX=Y$ 的解。

 提示：矩阵类型包括，0 General（默认，普通）；1 Positive definite （正定）；2 Lower triangular （下三角）；3 Upper triangular （上三角）。

【例 11-2】解线性方程组：$AX=Y$，其中 $A = \begin{pmatrix} 9 & 7 & 2 \\ 4 & 4 & 1 \\ 1 & 5 & 7 \end{pmatrix}$，$Y = \begin{pmatrix} 4 \\ 9 \\ 11 \end{pmatrix}$。该程序如图 11-19

所示。计算该方程的程序和运行结果如图 11-19 所示。

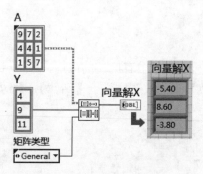

图 11-19 求解线性方程组

### ▶11.3.3 概率与统计

概率论和数理统计是研究和揭示随机现象统计规律的一门数学学科。随机性的普遍存在使人们发展出了多种数学方法，用于揭示其内部规律。随着电子计算机的出现，计算机高速率处理数据的能力使大量的数据分析成为可能。LabVIEW 也提供了大量的概率与统计函数，其对应选板如图 11-20 所示。

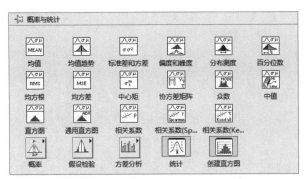

图 11-20 【概率与统计】函数选板

由于用于概率与统计的函数较多，这里只介绍其中两个 Express VI 函数。这两个函数能满足大部分基本的概率统计需求。这两个 Express VI 函数分别为统计和创建直方图。其中，统计函数可以对大部分的基本统计参数进行计算，如算术平均值、中数、均方根和标准方差等。创建直方图可以对数据进行柱状图统计。

【例 11-3】 概率与统计函数举例。

## ⚙ 设计过程

（1）通过高斯白噪声.vi 产生一个满足高斯分布的随机数序列。

（2）通过创建直方图和统计两个 Express VI 对该随机序列进行分析，如图 11-21 所示。

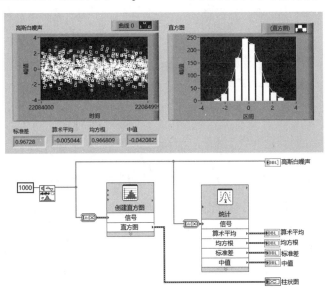

图 11-21 对高斯噪声进行统计分析示例

## ▶11.3.4 微积分

在工程中，微分和积分运算是非常重要的数学运算，LabVIEW 也提供了相应的函数，可以在【函数】选板的两个位置找到相应的函数:【函数】选板/【数学】/【积分与微分】和【函数】选板/【数学】/【脚本与公式】/【微积分】,如图 11-22 所示。接下来对这两个子函数选板中的微分、积分函数进行介绍。

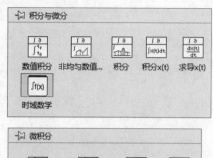

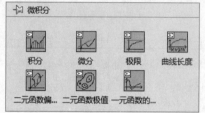

图 11-22 【积分与微分】和【微积分】函数选板

数值积分函数的图标和接线端如图 11-23 所示,该函数的作用是通过 4 个常用积分方法(可选)中的某一种对输入数组进行数值积分。该函数的 4 种积分方法分别为:梯形法则(默认)、Simpson 法则、Simpson 3/8 法则、Bode 法则,可通过函数的"积分方法"接线端选择。接下来以梯形法为例介绍数值积分的原理,并介绍数值积分函数"输入数组"和"dt"接线端的含义。

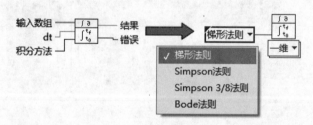

图 11-23 数值积分函数的图标和接线端

函数 $y = f(t)$ 的曲线,在计算机中保存的方式通常是一系列等间距的点 $(t_i, y_i)$(其中 $y_i = f(t_i)$, $i = 0,1,\cdots,N-1$),这些点也称为采样点。相邻采样点横坐标之间的距离 $dt = t_{i+1} - t_i$ 称为采样间隔。对函数 $y = f(t)$ 的积分本质上就是求函数曲线与横轴围成区域的面积 $S$。如图 11-24 所示,这一面积也可由一系列梯形面积 $S_i$ 的叠加来近似 $S \approx \sum_{i=0}^{N-1} S_i = \sum_{i=0}^{N-1} \left[ \frac{(y_i + y_{i+1})dt}{2} \right]$,这就是梯形法数值积分的原理。因此,只要给出所有采样点的纵坐标值 $[y_0,\cdots,y_i,y_{i+1},\cdots,y_{N-1}]$ 以及采样间隔 $dt$,就可以利用梯形法计算出函数的积分。

理解了数值积分的原理,图 11-23 中数值积分函数的"输入数组"和"dt"接线端的含义自然就能理解了。

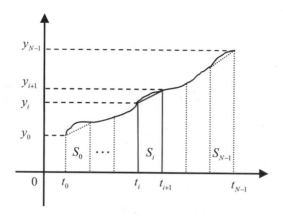

图 11-24　梯形数值积分原理图

【**例 11-4**】　在 $x = [0, \pi]$ 区间画出 $y = \sin(x)$ 曲线，并对其进行积分。

 设计过程

（1）利用 For 循环产生 $y - \sin(x)$ 曲线的 100 个采样点，采样间隔为 $\pi/99$。

（2）利用 *XY* 图显示曲线。

（3）利用数值积分函数对曲线求积分。

提示：利用数值积分方法计算的结果 1.9998 与真实的积分结果 2 存在一定的偏差，通过分析图 11-25 就能理解产生这一偏差的原因。

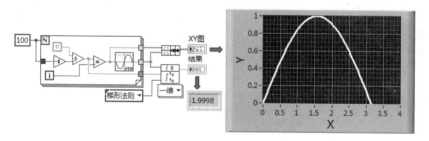

图 11-25　数值积分实例

【积分】函数也很常用，其图标和接线端如图 11-26 所示。该函数的作用是计算某一区间上，函数的值以及积分的值。例如：有一函数 $y = 3t$，【积分】函数可以将自变量 $t$ 在指定区间 $t_0 \leqslant t_i \leqslant t_1$ 上取一系列的值 $\{t_i\}$，并计算出对应的函数值 $\{y_i = 3t_i\}$ 以及对应函数的积分值 $I_i = \int_{t_0}^{t_i} 3t \mathrm{d}t = \dfrac{3}{2}\left(t_i^2 - t_0^2\right)$。

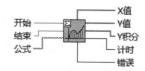

图 11-26　【积分】函数的图标和接线端

积分函数各接线端的含义如下。

- 开始：是函数自变量区间的开始点 $x_0$，默认值为 0.0。
- 结束：是函数自变量区间的结束点 $x_1$，默认值为 1.0。
- 公式：用于描述函数 $y = f(x)$ 的字符串。公式可包含任意个有效的变量。
- X 值：区间 $[x_0, x_1]$ 中的采样点位置 $x_i$（$x_0 \leqslant x_i \leqslant x_1$）。
- Y 值：是函数的值 $y_i = f(x_i)$ 构成的数组，即采样值。
- Y 积分：是函数的积分 $I_i = \int_{x_0}^{x_i} f(x)\mathrm{d}x$。
- 计时：是用于分析公式，并生成 X 值数组和 Y 积分数组的毫秒数。

【例 11-5】 求 $y = 3x + 6$ 在区间 $[-5, 10]$ 的函数和积分曲线。

该例子程序如图 11-27 所示，结构较清晰，在此不再赘述。

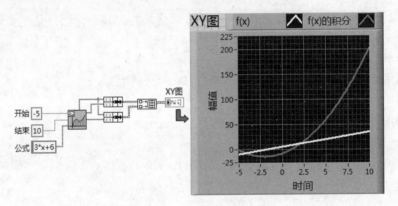

图 11-27 积分函数实例

与"数值积分"函数和"积分"函数类似的还有"求导 $x(t)$"函数和"微分"函数，读者可以自行实验。

各函数对应的图标如下。

: "数值积分"函数。

: "积分"函数。

: "求导 $x(t)$"函数。

: "微分"函数。

## ▶11.3.5 空间解析几何

在工程计算中，经常需要对空间几何进行坐标或角度变换。LabVIEW 提供了现成的函数，用于几何坐标或角度的变换。这些函数位于【函数】选板/【数学】/【几何】选板下，如图 11-28 所示。

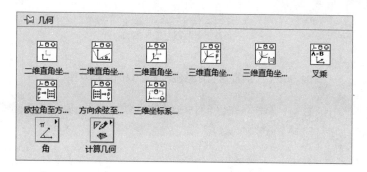

图 11-28　空间解析几何函数选板

空间解析几何函数列表见表 11-2。

表 11-2　空间解析几何函数列表

| 函 数 名 称 | 功 能 |
|---|---|
| 二维直角坐标系平移 | 二维笛卡儿坐标平移，输入可以是多点，也可以是单点 |
| 二维直角坐标系旋转 | 逆时针方向旋转二维笛卡儿坐标，输入可以是多点，也可以是单点 |
| 三维直角坐标系平移 | 三维笛卡儿坐标平移，输入可以是多点，也可以是单点 |
| 三维直角坐标系旋转（欧拉角） | 通过欧拉角方法逆时针旋转三维笛卡儿坐标，输入可以是多点，也可以是单点 |
| 三维直角坐标系旋转（方向余弦） | 用方向余弦方法逆时针旋转三维笛卡儿坐标，输入可以是多点，也可以是单点 |
| 欧拉角至方向余弦转换 | 将欧拉角转换为 3×3 的方向余弦矩阵 |
| 方向余弦至欧拉角转换 | 将 3×3 的方向余弦矩阵转换为欧拉角 |
| 三维坐标系变换 | 直角坐标、球坐标和柱坐标之间的坐标变换，输入可以是多点也可以是单点 |

接下来以两个比较简单的函数为例进行介绍。

【二维直角坐标系平移】函数的图标及接线端如图 11-29 所示，该函数的作用是使二维直角坐标系沿 $x$ 轴和 $y$ 轴平移。

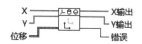

图 11-29　【二维直角坐标系平移】函数的图标及接线端

【二维直角坐标系平移】函数各个接线端的含义如下。

- X：指定输入的 $x$ 坐标。
- Y：指定输入的 $y$ 坐标。
- 位移：指定 $x$ 轴的位移量 $\mathrm{d}x$ 和 $y$ 轴的位移量 $\mathrm{d}y$ 构成的簇。
- X 输出：返回位移后的 $x$ 坐标。
- Y 输出：返回位移后的 $y$ 坐标。

【二维直角坐标系旋转】函数的图标及接线端如图 11-30 所示，该函数的作用是使二维直角坐标系以逆时钟方向旋转。

该函数的接线端与平移函数相同，除了"theta"接线端，其用于指定旋转的角度，以弧度为单位。

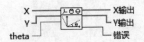

图 11-30 【二维直角坐标系旋转】函数的图标及接线端

**【例 11-6】** 画出函数 $y = 3x + 6$ 在区间 $[-3,6]$ 的曲线，并将该曲线沿 $x$ 轴和 $y$ 轴各平移 4，以及将该曲线逆时针旋转 $\pi/2$ 弧度。

## 设计过程

（1）利用【例 11-5】中的积分函数，获得 $y = 3x + 6$ 曲线在区间 $[-3,6]$ 上各个采样点的 $X$ 值和 $Y$ 值构成数组。

（2）将 $X$ 值数组和 $Y$ 值数组分别连接到【二维直角坐标系平移】和【二维直角坐标系旋转】函数的 X 和 Y 接线端。

（3）将 $dx = 4$ 和 $dy = 4$ 构成的簇连接到【二维直角坐标系平移】函数的"平移"接线端。

（4）将 $\pi/2$ 弧度 1.5708 取反后连接到【二维直角坐标系旋转】函数的"theta"接线端。

（5）将三条曲线在同一 $XY$ 图中显示，如图 11-31 所示。

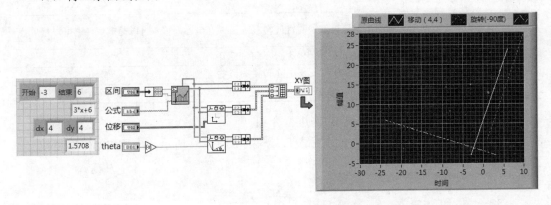

图 11-31 二维直角坐标系平移和旋转函数

## 11.4 思考与练习

（1）简述 ActiveX 技术和控件的含义。使用 LabVIEW 中的 ActiveX 容器浏览 www.ni.com。

（2）使用 ActiveX 函数通过微软提供的文本朗读服务功能，编写程序，让计算机朗读出"Hello world！"。

（3）调用 Windows 系统目录下 kernel32.dll 库中的 API 函数 GetDiskFreeSpaceExA 获取计算机硬盘容量信息。

（4）在 $[-5\pi, 5\pi]$ 区间画出 $y = \dfrac{\sin x}{x}$ 曲线，并将其向正半轴平移 $\pi$，最后将平移后的曲

线求导数。

（5）求解线性方程组：$\begin{pmatrix} 13 & 11 & 8 \\ 6 & -4 & 23 \\ 1 & 56 & -10 \end{pmatrix} \begin{pmatrix} x_1 \\ x_2 \\ x_3 \end{pmatrix} = \begin{pmatrix} 1 \\ 34 \\ 15 \end{pmatrix}$。

（6）求解下列序列的平均值、方差和均方根。

| 序列号 | 1 | 2 | 3 | 4 | 5 | 6 | 7 | 8 | 9 | 10 | 11 |
|---|---|---|---|---|---|---|---|---|---|---|---|
| A | 42.5 | 41.7 | 41.2 | 42.8 | 41.3 | 42.7 | 42.2 | 42.5 | 41.9 | 42.0 | 41.7 |
| B | 2.4 | 1.9 | 2.0 | 2.1 | 2.2 | 2.3 | 2.1 | 1.9 | 2.0 | 2.2 | 2.3 |

# 第 12 章 属性与方法节点

面向对象的编程中，将"类"中定义的数据称为"属性"，定义的函数称为"方法"。实际上，LabVIEW 中的控件、VI，甚至应用程序都有自己的属性和方法。譬如一个数值控件，其属性包括：文字颜色、背景颜色、标题和名称等；其方法包括：设置为默认值、与数据源绑定、获取其图像等。通过属性节点和方法节点可以实现控件的很多高级功能，某些控件必须通过属性节点和方法节点才能使用，譬如列表框和树形控件等。本章将对 LabVIEW 中的属性与方法节点进行详细介绍。

## 12.1 LabVIEW 控件对象的层次继承结构

LabVIEW 不是面向对象的编程语言，但其控件却是典型的面向对象结构，即由基本类一步一步继承而来。一个复杂的控件可由几个基本的类组合而成。

LabVIEW 的控件对象是典型的层次继承结构，每个类可以继承父类的所有属性、方法和事件。比较复杂的控件可采用多重继承的方式。通用类是所有图形控件的基类，所有的图形控件都是从通用类继承而来的。

学过 C 语言的读者应该了解，子类和父类的指针是可以相互转换的。LabVIEW 中没有指针的概念，但其【引用句柄】的作用类似于指针。通过控件的引用句柄转换可逐级找到控件的上一级基本类。

LabVIEW 提供【转换为特定类】和【转换为通用类】两种函数，如图 12-1 所示，位于【函数】选板/【编程】/【应用程序控制】子选板中，其作用如下。

- 【转换为特定类】：把当前引用句柄转化成更为具体类（子类）的引用句柄。
- 【转换为通用类】：把当前引用句柄转换成更为通用类（父类）的引用句柄。

 **注意**：被转换 LabVIEW 类的引用句柄由这两个函数图标的【引用】接线端输入；转换的目标类的引用句柄由函数图标的【目标类】接线端指明，该接线端可连接【类说明符常量】。

如图 12-1 所示，【应用程序控制】选板中含有【类说明符常量】和【属性节点】。其中，单击【类说明符常量】图标，可在其弹出的快捷菜单中选择需要类的名称，同时也可借助该菜单了解 LabVIEW 类的层次结构。【属性节点】是一个非常重要的函数，其图标及接线端如图 12-1 所示。【属性节点】用于获取（读取）和/或设置（写入）【引用】的属性。连线【引用句柄】至【属性节点】的【引用】输入端，则节点将自动调整为与引用句柄相应的类。

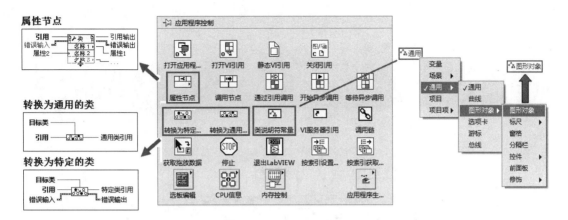

图 12-1　【应用程序控制】选板

下面以布尔控件为例，简单介绍 LabVIEW 控件的层次继承结构。

## ⚙ 设计过程

（1）利用快捷菜单创建布尔控件的【引用】（其输出为该布尔控件的引用句柄）。

（2）【转换为特定类】函数把布尔控件的引用句柄转化成通用类句柄，将通用类引用句柄连接至【属性节点】。

 注意：属性节点的图标会发生相应的变化。

（3）单击节点图标上的【属性】，以同样的方法依次获取不同层次类（图形对象类、控件类）所包含的属性。

 提醒：通用类包含了 4 个属性：【对象所属 VI】、【类 ID】、【类名】和【所有者】。（在【属性】弹出的快捷菜单中列出。）

（4）这时可看到图形对象类继承了通用类的 4 个属性，同时增加了【边界】属性和【位置】属性，从其快捷菜单的分隔线可以明显看到它的分层结构，通用类的属性位于上部；控件类全部继承图形对象类全部的同时，增加了若干新的属性。

 注意：由于空间原因，没有列出布尔类的属性，但是其属于控件类下一层次，其依然应该继承控件类的全部属性，并具有自身特有的一些属性。

创建控件的【引用】有两种方法：
- 利用控件的快捷菜单创建控件的【引用】，如图 12-2 所示。
- 利用【应用程序控制】选板中的【VI 服务器引用】函数创建控件的【引用】。如图 12-3 所示，将【VI 服务器引用】拖曳到程序框图中，单击图标，在弹出的快捷菜单中可选择建立【本应用程序】、【本 VI】、【窗格】、【布尔】或【数值】控件的

【引用】。

> 注意:【窗格】下的两个控件名称不是固定的，由本 VI 前面板中实际添加控件的情况决定。

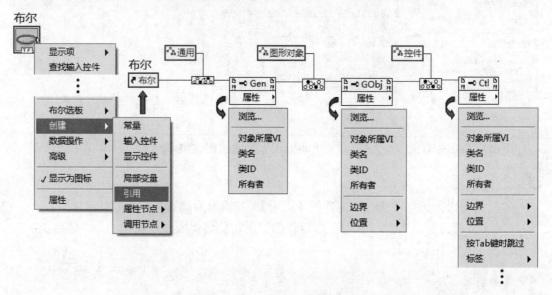

图 12-2　布尔控件的层次继承结构

引用句柄在 LabVIEW 中无处不在，不仅控件具有引用句柄，VI、前面板、文件、硬件设备等都具有引用句柄。从逻辑关系上看，应用程序包含 VI，VI 包含前面板，前面板包含控件，图 12-3 中【VI 服务器引用】的快捷菜单中利用分隔线和子菜单表示这种层次关系。

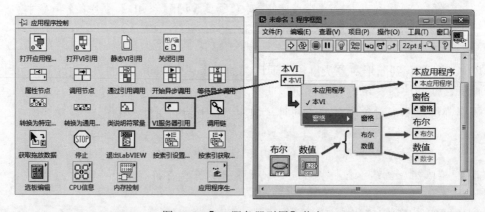

图 12-3　【VI 服务器引用】节点

> 提醒: 前面板和 VI 的属性节点和引用必须通过【应用程序控制】选板中的【属性节点】和【VI 服务器引用】函数来创建; 控件的属性节点和引用可通过右键快捷菜单来创建，如图 12-4 所示。

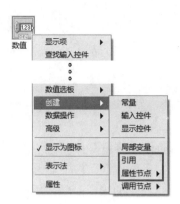

图 12-4 控件快捷菜单创建属性节点和引用

## 12.1.1 通用类的属性

通用类包含 4 种基本的属性：【对象所属 VI】、【所有者】、【类 ID】和【类名】，如图 12-2 所示。【对象所属 VI】属性用于返回所属 VI 的引用句柄；【所有者】属性用于返回 VI 前面板的引用句柄；LabVIEW 内部对每种控件类都提供一个识别号，用来区分不同类型的控件类，这个识别号称为【类 ID】。【类 ID】既可以用数值区分，又可以用字符串区分；每一个类 ID，对应一个唯一的字符串，称为【类名】。

图 12-5 为布尔控件通用类属性的实例。

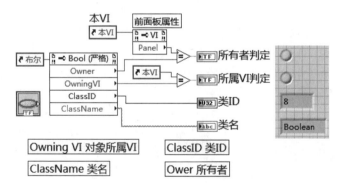

图 12-5 布尔控件通用类属性的实例

## 设计过程

（1）利用【VI 服务器引用】产生布尔控件的引用句柄，连接至【属性节点】。

（2）拖动【属性节点】的下边框使其显示 4 个属性。

（3）右击每条属性，在弹出的快捷菜单中为其选择属性的内容。

提醒：图 12-5 中为这 4 个属性选择了 4 个具体内容：【对象所属 VI】、【所有者】、【类 ID】和【类名】；其中【类 ID】和【类名】属性直接输出，【对象所属 VI】和【所有者】属性通过逻辑函数判断其内容。（逻辑函数：▷）

【类 ID】和【类名】通用属性在控件属性的批处理控制方面非常实用。在程序运行的过程中，如果出现某一重要情况时，需要将所有报警灯亮起，可利用通用属性的类 ID 设计批量处理程序。

【例 12-1】 通用类属性实例。

## 设计过程

（1）如图 12-6 所示，程序前面板中有很多控件，其中包括一些用作指示灯的布尔控件。利用【VI 服务器引用】函数产生窗格（前面板）的引用句柄，通过该引用句柄获取窗格（前面板）的【所有对象[ ]】属性，其属性的输出是前面板中所有控件引用句柄构成的数组。

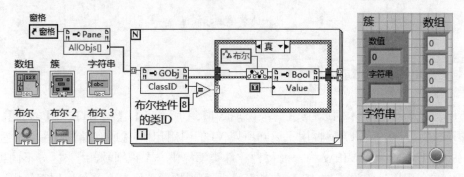

图 12-6  通用类属性实例

（2）利用 For 循环逐个提取数组中各个前面板控件的【图形对象】层次的引用句柄。

（3）利用步骤（2）获取的引用句柄获取各个控件的类 ID 号，通过布尔控件的类 ID 号 8 以及条件结构找布尔控件的【图形对象】层次的引用句柄。

（4）利用【转换为特定类】函数获取布尔控件的【控件类】层次引用句柄。

（5）最后利用布尔控件的这一层次的引用句柄找到其"值"属性，并将 True 输入该属性。

注意：程序运行后，所有的布尔输出控件均为变量。

选择对象属性的方法：将图 12-6 中窗格的引用句柄输入属性节点后，右击【属性】，在弹出的快捷菜单中选择"所有对象[ ]"选项。该属性的作用是获取对象中所有控件的引用句柄。

如图 12-7 所示，簇中包含【数值】、【布尔】和【字符串】3 个控件，其引用句柄输入属性节点，并选择其【所有对象[ ]】属性，用于获取簇中各个控件引用句柄构成的数组，将簇中控件的引用句柄与数组中的元素逐个比较，证明【所有对象[ ]】属性的作用。

图 12-6 中有一个属性节点使用的写入方式，其作用不是获取，而是改变对象的属性。其具体过程如图 12-8 所示，布尔控件的"值"属性处于输出方式，右击【Value】，在弹出的快捷菜单中选择【转换为写入】可将该属性变为输入方式。当属性节点中包含多个对象属性时，可以选择快捷菜单中的【全部转换为写入】将其一次性变为输入方式。

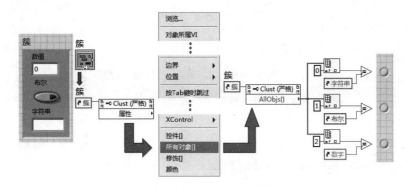

图 12-7  【所有对象[ ]】属性

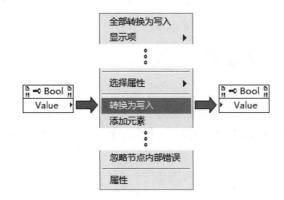

图 12-8  属性的输入和输出转换

## 12.1.2  图形对象类

通用对象类由 5 个子类继承，如图 12-1 右侧【类说明符常量】函数快捷菜单所示；曲线类、图形对象类、选项卡类、游标类和总线类，其（除图形对象类外）近似于面向对象编程中的虚拟类，只能作为其他类的父类，无法创建具体实例。LabVIEW 中的所有控件对象均继承于图像对象类，这正是接下来要继续介绍的控件属性的路径。

图形对象类在继承【对象所属 VI】、【类 ID】、【类名】和【所有者】4 个通用类基本属性的基础上，增加了【边界】和【位置】两个属性，其含义描述如下。

- 【位置】属性：描述的是控件区域左上角点的坐标。
- 【边界】属性：描述的是控件区域的宽度和高度。

如图 12-9 所示，在前面板中放置字符串控件，该控件区域的轮廓和左上角点已经标出，坐标原点的位置也在前面已标出，控件位置和边界属性的输出值单位是像素，读者可以结合图 12-9 自行感受这两个属性。

注意：【边界】和【位置】属性的输出是簇数据类型，也可单独输出，这一过程在图 12-9 中也有所体现。

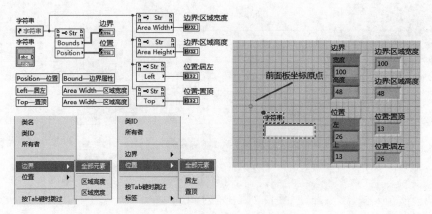

图 12-9　图形对象类的边界和位置

# 12.2　图形对象类的子类

如图 12-1 中【类说明符常量】函数快捷菜单所示,【图形对象】的子类中包含:【标尺】、【窗格】、【分隔栏】、【控件】、【前面板】和【修饰】。接下来分别介绍它们中可以实例化的子类。

### 1. 前面板类

前面板的作用不言而喻,其有自己的属性和方法。前面板的引用句柄必须通过【应用程序控制】子函数选板中的【VI 服务器引用】函数来间接获得,如图 12-10 所示,利用【VI 服务器引用】函数产生本 VI 的引用句柄,再将其连接到属性节点的输入端,单击属性节点图标中的【属性】,在弹出的快捷菜单中选择【前面板】项,属性节点图标变为  ,其输出即前面板的引用句柄;利用前面板的引用句柄可以获得其全部属性,如图 12-10 所示,通过观察可以发现,除了继承通用类和图形对象类的属性以外,前面板自身还增加了一些新的属性。需要注意前面板新增属性的名称中"[ ]"的含义,以【所有对象[ ]】属性为例,该属性输出的是数组类型数据,前面板中所有对象的引用句柄都作为输出数组的一个元素。

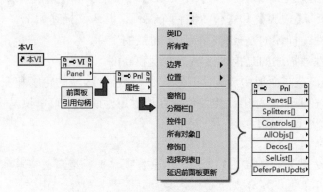

图 12-10　前面板的引用句柄和属性

**【例 12-2】** 将前面板中的输入控件禁用并使之变灰，用户无法进行操作。

 设计过程

（1）利用【VI 服务器引用】函数以及【属性节点】获取前面板的引用句柄。

（2）利用前面板的引用句柄获取其【控件[ ]】属性，该属性的输出为包含前面板中所有控件引用句柄的数组。

（3）利用 For 循环提取出控件引用句柄数组中的每个元素，并用控件的【Indicator】属性判断其是否为显示控件。

（4）利用条件选择结构，当控件不是输出控件时（即为输入控件时），利用控件的【Disabled】属性将其禁用，并变为灰色。

> 注意：【Disabled】属性输入值：0 表示启用、1 表示禁用、2 表示禁用并变灰。

（5）运行程序观察结果，如图 12-11 所示。

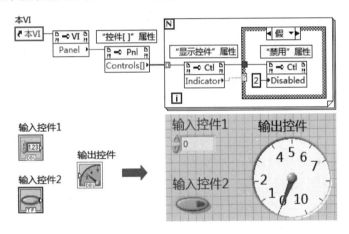

图 12-11 禁用所有输入控件并使之变黑

### 2. 分隔栏类和窗格类

在控件选板【容器】子选板中可以找到【水平分隔栏】和【垂直分隔栏】，利用鼠标将其拖曳到前面板上，可将前面板窗口客户区分成不同的【窗格】，如图 12-12 所示。前面板中包含窗格和分隔栏，窗格中包含装饰和控件，前面板的属性包含：窗格[ ]、分隔栏[ ]、控件[ ]、修饰[ ]等。窗格和分隔栏的引用句柄可以通过【VI 服务器引用】函数获得，当前面板中添加分隔栏的情况不同，【VI 服务器引用】函数快捷菜单的层次结构也不同，如图 12-12 所示。

> 注意：在前面板中没有添加分隔栏时，前面板只包含一个窗格；当添加一个分隔栏时，前面板包含两个窗格。窗格和分隔栏都有标签（但没有标题），默认情况不显示；可通过右键快捷菜单选择显示。

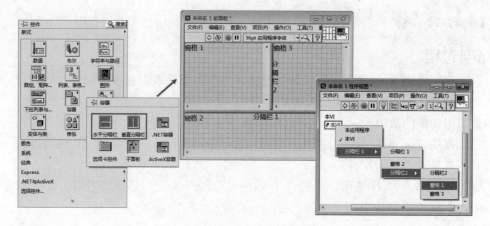

图 12-12　分隔栏与窗格

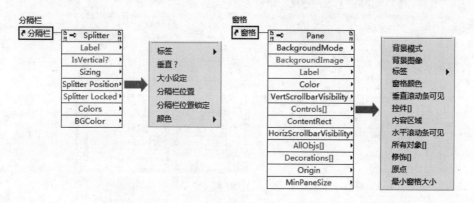

图 12-13　分隔栏与窗格的属性

分隔栏与窗格的属性如图 12-13 所示。窗格属性含义和分隔栏属性含义分别见表 12-1 和表 12-2，如果希望对各个属性有更详细的了解，读者可以查看 LabVIEW 中的帮助文件。

表 12-1　窗格属性含义

| 属　　性 | 说　　明 |
| --- | --- |
| 背景模式 | 设置背景图像在窗格上的位置 |
| 背景图像 | 设置窗格所用的背景图像。LabVIEW 支持将 BMP、JPEG 和 PNG 格式的图形作为背景图像 |
| 标签 | 标签对象的引用 |
| 窗格颜色 | 窗格的背景色 |
| 垂直滚动条可见 | 获取或设置窗格垂直滚动条是否可见 |
| 控件[] | 窗格中各控件的引用构成的数组 |
| 内容区域 | 返回窗格内容区域的边界。坐标原点为所属窗格的原点 |
| 水平滚动条可见 | 获取或设置窗格水平滚动条是否可见 |
| 所有对象[] | 窗格中所有对象（控件和修饰）的引用组成的数组 |
| 修饰[] | 窗格中各修饰的引用组成的数组 |
| 原点 | 窗格左上角在水平和垂直方向上的坐标构成的簇。坐标原点为所属窗格的原点 |
| 最小窗格大小 | 如窗格可以调整大小，则该属性可确定窗格大小的最小值。如设置最小窗格大小属性为大于当前窗格大小的值，则设置该属性时可使窗格或窗口变大 |

表 12-2　分隔栏属性含义

| 属　　性 | 说　　明 |
|---|---|
| 标签 | 标签对象的引用 |
| 垂直？ | 表明分隔窗格是否垂直排列。如该属性的值为 True，则分隔窗格为垂直排列；如值为 False，则分隔窗格为水平排列 |
| 大小设定 | 确定分隔栏所属对象的大小发生变化时，分隔栏的动作。分隔栏所属对象可以是窗口，也可以是其他分隔栏 |
| 分隔栏位置 | 控制分隔栏的位置。如分隔栏为水平，则位置用分隔栏左端的水平坐标表示。如分隔栏为垂直，则位置用分隔栏顶端的垂直坐标表示 |
| 分隔栏位置锁定 | 锁定分隔栏，使分隔栏不可移动 |
| 颜色 | 分隔栏的颜色（前景色和背景色） |
| 颜色:背景色 | 指定分隔栏的背景色 |
| 颜色:前景色 | 指定分隔栏的前景色 |

### 3. 控件类

从前面的内容可知，控件类是继承于图形对象类的虚拟类，无法在前面板中创建具体实例。所以，控件类在继承了通用类和图形对象类的属性和方法的同时，又新增了很多特有的属性和方法。表 12-3 中列出了一些控件的基本属性，并对其含义进行了简要介绍。

表 12-3　控件类的常用属性

| 属　　性 | 说　　明 |
|---|---|
| 按 Tab 键时跳过 | 如值为 True，在前面板使用 Tab 键时，LabVIEW 将忽略该控件。该属性的作用类似于属性对话框中快捷键页的按 Tab 键时忽略该控件选项 |
| 标签和标题 | 获取标签和标题文本对象的引用，以及设置与文本对象相关的众多属性 |
| 键选中 | 如值为 True，该控件包含选中键并可接收键盘上的按键操作 |
| 禁用和可见 | 禁用属性的 3 种状态：<br>（1）0：使用户可操作对象；<br>（2）1：在前面板上正常显示对象，但用户无法操作该对象；<br>（3）2：对象在前面板上显示为灰色，且用户无法操作该对象。可见属性的两种状态：值为 True 时显示控件；值为 False 时隐藏控件 |
| 闪烁 | 该值设置为 True 时控件闪烁，设置为 False 时控件不闪烁。注：系统控件专门设计用于对话框并且不支持闪烁，标准对话框通常不包括闪烁控制 |
| 数据捆绑 | 用于网络通信 |
| 说明和提示框 | 用于设置说明和提示框的文本 |
| 同步显示 | True 时，启用同步显示，反映控件中的每一次数值改动。False 时，启用异步显示，控件更新数据改动的频率稍低，把更多的时间分配给执行 VI |
| 显示控件 | 如值为 True，前面板对象为显示控件；如值为 False，该对象属于输入控件 |
| 值 | 值属性是控件属性中最重要的属性，通过它可以设置和读取控件的当前值 |
| 值（信号） | 与值属性相同，也可以设置或读取控件的值，还可触发事件结构中的值改变事件 |

接下来通过一个小例子对其中最常用的【值】属性进行介绍。

【例 12-3】　利用"值"属性改变显示数值控件的值。

### ⚙ 设计过程

（1）在前面板中加入数值输出控件【液罐】，右击该控件，在弹出的快捷菜单中选择

【创建】/【引用】。

（2）将【液罐】控件的引用句柄连接到属性节点函数，并选择【值】属性。

（3）右击属性节点，在弹出的快捷菜单中选择【转换为写入】。

（4）将 0～10 之间变化的随机数传递给【值】属性，并将程序放入 While 循环。

（5）运行程序如图 12-14 所示。

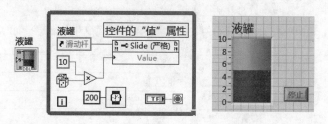

图 12-14 控件的【值】属性实例

对于图形化语言编程，利用控件的【值】属性和控件进行数据交流，可减少连线的复杂程度，使程序可读性增强。

### 4. 类的实例化

控件类是一种特定的数据结构。创建实际的控件是控件类数据结构实例化的过程。实际控件不但继承控件类，同时还包含许多其他类，创建控件时并不是其包含的所有类都被实例化。以数值控件为例，创建时默认不含标题，将其引用连接至属性节点，并选择【标题文本】属性，运行后提示错误，如图 12-15 所示，原因是数值控件的【标题文本】类属性还没有被实例化。

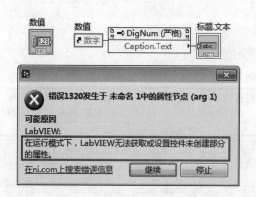

图 12-15 未创建标题

在数组控件快捷菜单的【显示项】中勾选【标题】，然后再次运行程序，结果如图 12-16 所示，即使接下来再选择隐藏标题，程序运行也能成功。这说明数值控件的标题属性是在选择显示后才被实例化的，只要实例化后隐藏与否并没有关系。

以上是以控件类中的数值控件为例说明类的实例化问题，但由于 LabVIEW 中类的继承关系是普遍的，所以这一现象具有普遍性。

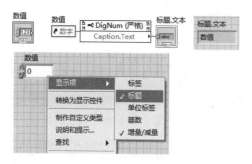

图 12-16　创建标题使其属性实例化

# 12.3　引用句柄

引用句柄通常也称为引用，是 LabVIEW 中最重要的概念之一。C 语言中句柄的含义是指向指针的指针，即句柄保存着另一段内存数据结构的地址。LabVIEW 引用句柄的含义与之相同，其包含的内容指向特定数据结构的地址。前面板、读写文件、控件等都是特定的数据结构，其地址都由一个与之相应的引用句柄指定。然而，引用句柄本身也是一种 LabVIEW 的数据结构，由 4 个字节构成引用句柄编号，类型码为 70。引用句柄编号是唯一的标识符号，与特定对象一一对应。如图 12-17 所示，可观察一个控件引用句柄的情况。

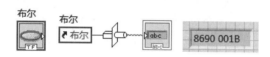

图 12-17　控件引用句柄

对于图 12-17 中的情况，每次打开 VI 系统均会为其重新分配内存，因此引用句柄的编号就会发生变化，这又引申出引用句柄生存周期的问题。对于 VI 和控件，一旦打开 VI，它们的引用句柄值就被固定下来，一旦 VI 关闭，引用句柄指向的内存空间就会被释放，引用句柄也就不复存在，再次打开 VI 时，又会为他们建立新的引用句柄。也就是说，引用句柄同它指向数据的生存周期相同。

前面的讲解中给出了几种在程序框图中创建引用的方法。其实，LabVIEW 的前面板中还提供了引用控件，如图 12-18 所示。在【控件】选板/【引用句柄】中可以看到 LabVIEW 提供的引用句柄控件，数量众多，但层次清晰。LabVIEW 应用程序包含 VI，而 VI 又包含控件、事件、菜单等。

注意：利用图 12-18 中的【引用句柄】控件创建的是通用引用句柄，其自身未指向任何实例，只代表引用句柄的类型。只有指向特定的实例引用句柄后，才能对特定对象进行操作。但是，在某些特定场合下有其特殊用途，以前面板创建的控件引用句柄为例，其可以用于 VI 服务器，当打开一个指向前面板控件的引用，且需要将引用作为参数传递给另一个 VI 时，可使用该引用句柄控件，通过将该引用句柄传递到 VI 服务器，可对控件的行为进行控制，并读取控件的属性。

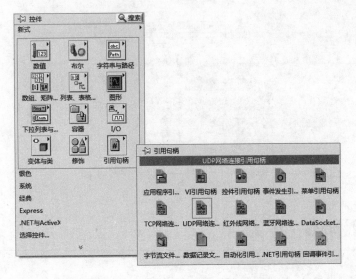

图 12-18 【引用句柄】控件子选板

在前面板中创建通用引用句柄后，可通过快捷菜单选择继承特定的类，以控件引用句柄为例，如需指定其数据类型，可进行以下操作。

⚙ **操作过程**

（1）右击【控件引用句柄】控件，从快捷菜单中选择【VI 服务器类】。

（2）在【应用程序】、【VI】、【输入或显示控件】、【严格类型的 VI】间进行选择。可将任意控件拖放到控件引用句柄控件上，指定引用句柄引用的控件的类型，这种方法更快捷，如图 12-19 所示。

虽然通过【控件引用句柄】可以区分出控件的类型，但是它的值却为 0，被称作空引用句柄，原因是它没有被指向任何实例。只有指向具体实例的引用句柄，才有具体值。如图 12-20 所示，通用布尔引用句柄控件的输出值为 0，而指向具体布尔控件的引用句柄有具体值。

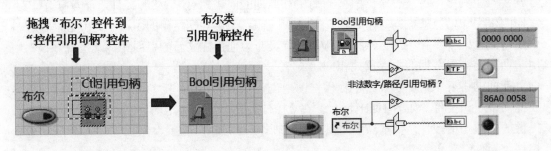

图 12-19　建立特定类型引用句柄　　　　图 12-20　通用和具体引用句柄的值

## 12.4　调用节点

前面提到 LabVIEW 的"类"除了具有"属性"，还有"方法"。类中定义的函数被称为"方法"，它会执行一定的动作，有些时候还需要输入参数或返回数据。LabVIEW 中的控件、VI 和应用程序均拥有自己的属性和方法。

调用"方法"的节点简称为"调用节点"，其和属性节点的调用方法完全一样，可在【函数】选板/【编程】/【应用程序控制】中找到【调用节点】，并将其拖曳到程序框图上，其结构如图 12-21 所示。

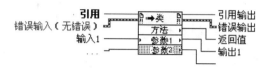

图 12-21　调用节点接线端

对调用节点，各接线端的含义如下。

- 引用：与调用方法或实现动作的对象关联的引用句柄。如【调用节点】类为应用程序或 VI，则无需为该输入端连接引用句柄。对于应用程序类，默认值为当前应用程序实例。对于 VI 类，默认值为包含【调用节点】的 VI。
- 错误输入（无错误）：表明节点运行前发生的错误。该输入将提供标准错误输入功能。
- 输入 1…n：方法的范例输入参数。
- 引用输出：返回无改变的引用。
- 错误输出：包含错误信息。该输出将提供标准错误输出功能。
- 返回值：方法的范例返回值。
- 输出 1…n：方法的范例输出参数。

连线引用句柄至引用调用节点的输入端，可指定执行该方法的类。例如，要指定的类为 VI 类、通用类或应用程序类，可连线 VI、VI 对象或应用程序引用至引用输入端。节点将自动调整为相应的类。此外，也可右击节点，在快捷菜单中选择类。

方法的参数值可以获取（读）和设置（写）。背景为白色的参数为必须输入端，背景为灰色的输入端为推荐输入端。

如参数上的方向箭头位于右侧，说明正在获取参数值。如箭头位于左侧，说明正在设置参数值。右击调用节点，在弹出的快捷菜单中选择名称格式，可选择为方法使用长名称或短名称。无名称格式仅显示每个方法的数据类型。

注意：右击调用节点，在弹出的快捷菜单中选择向下转换至类，可对引用进行强制类型转换，使其成为继承层次结构中的类。并非所有类型的类都支持该项。如禁用向下转换至类，可使用转换为特定的类和转换为通用的类函数。

由于控件、VI 和应用程序都有各自的方法，所以不能一一列出，在此仅以两个具体例子介绍调用节点的使用方法。

【例 12-4】　利用控件类【获取接线端图像】和【获取图像】方法返回前面板控件、布尔控件的程序框图接线端图像和控件本身的图像。

## ⚙ 设计过程

（1）创建前面板中布尔控件的应用句柄，并与调用节点引用端连接，调用节点的外观随即发生变化，如图 12-22 所示。

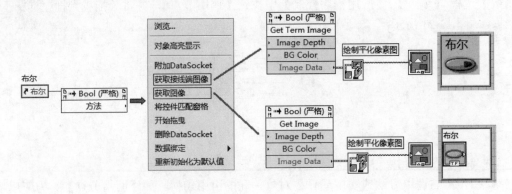

图 12-22　控件类方法应用实例

（2）右击调用节点，在弹出的快捷菜单中选择【获取接线端图像】或【获取图像】方法。

（3）调用节点的图像数据（Image Data）接线端输出经过【绘制平化像素图】VI 输出，运行结果如图 12-22 所示。

除了拥有通用的属性，字符串控件还具有自身特有的方法，比如：

- 【点后字节偏移量】：返回鼠标单击处字符串位置的偏移量。
- 【获取第 N 行】：获取字符串控件中第 N 行的所有字符，并以字节为单位返回原字符串的偏移量。

接下来给出这两个字符串控件的方法的实例。

【例 12-5】 利用事件结构，单击【开始】后 5 个字符串变红色，返回【行数】输入控件指定字符串行。

## ⚙ 设计过程

（1）在程序框图中添加字符串输入控件、数值输入控件 While 循环以及事件结构，如图 12-23 所示。

（2）为 While 循环条件接线端 ◉ 添加布尔输入控件，并将数值输入控件的标签改为【行数】。

（3）为事件结构添加两个事件分支，【字符串】（鼠标按下）和【行数】（值改变），如图 12-23 所示。

（4）在【行数】（值改变）事件分支中，利用字符串控件的引用调用其【获取第 N 行】方法。

（5）按图 12-23 所示方式编辑程序。

程序运行后，单击字符串，单击后 5 个字符变为红色；改变"行数"的值，"行文本""行起始位置"和"行结束位置"输出值发生改变。

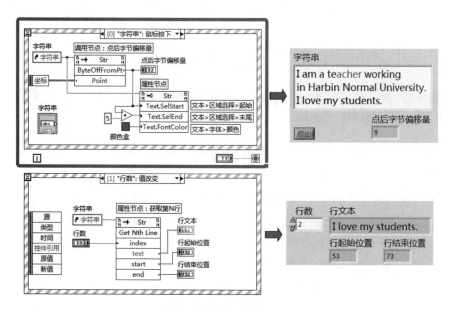

图 12-23　字符串方法应用

注意：除了可以利用控件的引用句柄调用它的某种属性（或方法），也可以直接右击控件，在弹出的快捷菜单中创建，如图 12-24 所示。右击字符串控件对象，在弹出的快捷菜单中选择【创建】/【调用节点】/【点后字节偏移量】项，便创建了字符串控件的【点后字节偏移量】调用节点 ，其与图 12-23 中的  等价，但无引用句柄输入端，且创建方法更简单。

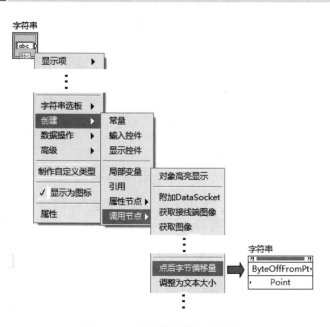

图 12-24　创建控件的调用节点

## 12.5 VI 的属性与方法

### ▶12.5.1 VI 的引用句柄

LabVIEW 有两种方法可以获取 VI 的引用句柄。

- 利用【应用程序控制】子函数选板中的【VI 服务器引用】函数获取。
- 利用【应用程序控制】子函数选板中的【打开 VI 引用】函数获取，该函数不但可以获取本 VI 的引用句柄，还可以获取其他 VI 的，但要求提供 VI 路径。如图 12-25 所示，【打开 VI 引用】函数获取了本 VI 的引用句柄，其与【VI 服务器引用】函数获取的本 VI 引用句柄一致。

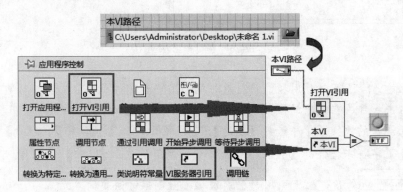

图 12-25　获取 VI 的引用句柄

### ▶12.5.2 VI 的属性

VI 的属性众多，很难在有限的篇幅一一进行详细讲解，这里只对几个典型的 VI 属性进行简单说明，关于更多属性具体的含义和详细用法，读者可以通过 "LabVIEW 的帮助" 来了解。

#### 1. VI 类型、路径、名称、说明和所属应用程序属性

【VI 类型】属性为只读型，输出数据为枚举类型数据，用于说明 VI 类型。如图 12-26 所示，VI 类型属性输出值【Standard VI】代表【包含前面板和程序框图】的 VI 类型，VI 还具有其他类型属性，如图 12-27（a）中【VI 类型】枚举类型输出控件下拉菜单所示，其各类型的含义，读者可自行参考 "LabVIEW 帮助"。

"VI 路径" 属性为只读型，用于输出 VI 文件路径，如图 12-26 所示。如只需获取 VI 文件名，可使用该属性返回 VI 的路径，然后使用拆分路径函数获取 VI 的名称。

"VI 名称" 属性用于读取 VI 文件名，如图 12-26 所示，可以用于写入 VI 文件名（仅当 VI 尚未保存至磁盘时）。

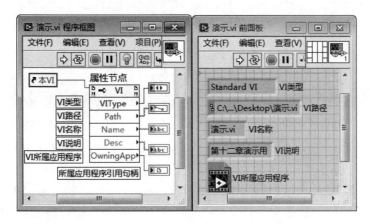

图 12-26　VI 类型、路径、名称、说明和所属应用程序属性

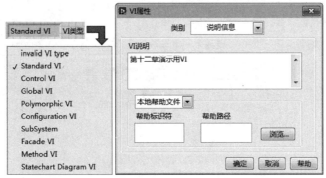

（a）VI 类型属性输出控件　　　　（b）【VI 属性】对话框

图 12-27　VI 类型属性输出控件和【VI 属性】对话框

"VI 说明"属性用于读取/写入 VI 的说明信息，对应字符串数据类型，如图 12-26 所示，该属性返回本 VI 的说明信息为"第十二章演示用 VI"。单击该 VI 前面板菜单栏中的【文件】/【VI 属性】，弹出【VI 属性】对话框，在其"类别"下拉菜单中选择"说明信息"，如图 12-27（b）所示，该页面中的信息与"VI 说明"属性返回的信息相同。

"所属应用程序"属性为只读型，用于返回该 VI 所属应用程序的引用句柄，如图 12-26 所示。与此类似的还有 VI 的"前面板"属性，同样为只读型，用于返回 VI 前面板的引用句柄，图 12-10 中就使用了该属性。

## 2. VI 统计

LabVIEW 的具体 VI 占用的磁盘和系统内存空间被分成 4 部分：程序框图空间、前面板空间、代码空间和数据空间。VI 统计属性可以用于查看这 4 个空间的大小情况。

VI 统计包含的各个属性都是只读类型，其含义如下。

- 前面板字节量：返回该 VI 前面板对象使用的内存容量，以 kb 为单位。
- 程序框图字节量：返回该 VI 的程序框图对象使用的内存容量，以 kb 为单位。
- 代码字节量：返回 VI 已编译的代码字节数，以 kb 为单位。
- 数据总字节量：返回该 VI 的数据空间字节数，以 kb 为单位。

- 已加载程序框图：指定程序框图是否在内存中，是返回 True，否返回 False。
- 已加载前面板：指定前面板是否在内存中，是返回 True，否返回 False。

 注意：即使前面板（程序框图）窗口未打开，仍可在内存中被加载。

如图 12-28 所示，利用【打开 VI 引用】函数创建图 12-26 中的【演示.vi】的引用句柄，利用该引用句柄创建【演示.vi】的几个【VI 统计属性】，这些属性返回的数据近似等于【内存使用】页面中的数据。在【演示.vi】前面板（或程序框图）的菜单栏中选择【文件】/【VI 属性】，弹出【VI 属性】对话框，在"类别"下拉菜单中选择【内存使用】，可显示该 VI 的【内存使用】页。

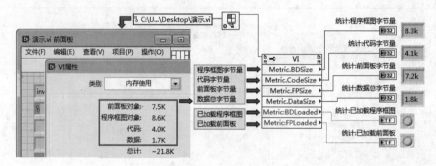

图 12-28　VI 统计属性

### 3.【自动错误处理】属性

如图 12-29 左侧部分【VI 属性】对话框中的"执行"页，如果勾选【启用自动错误处理】复选框，VI 运行出现错误时会中止程序，并弹出错误对话框。在开发过程中，【自动错误处理】是有必要的，可及时发现并改正错误。但当程序投入使用后，一般运行过程中不允许【启用自动错误处理】。除此以外，也可用【自动错误处理】属性，通过编程为 VI 启用自动错误处理，如图 12-29 右侧部分所示。

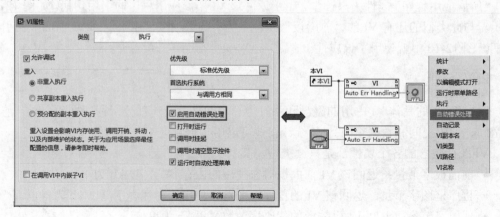

图 12-29　【启用自动错误处理】属性

#### 4. 执行状态属性

在 VI 的动态调用中，【执行】状态属性经常被用到获得 VI 的当前状态。如图 12-30 所示，【执行】状态属性的返回值为枚举数据，包含的值如下：

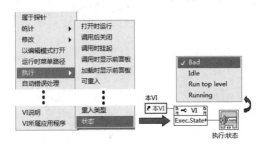

图 12-30　【执行】状态属性

- Bad：VI 包括错误并且无法执行。
- Idle：VI 位于内存中但没有运行。
- Run top level 和 Running：已由一个或多个处于活动状态的顶层 VI 保留为执行。

### ▶12.5.3　VI 的方法

同样，VI 除了具有属性，还具有大量的方法。在很多应用场合，VI 的方法都可以发挥重要的作用。由于 VI 的方法众多，本部分内容主要对常用的方法进行介绍。

#### 1. 获取图像方法

在例【12-4】中，我们已经看到可以利用控件类的【获取接线端图像】和【获取图像】方法返回前面板布尔控件的程序框图接线端图像和控件本身的图像。与此类似，VI 也有获取图像的方法，图 12-31 所示的程序用于对 VI 的"程序框图""前面板"和"图标"进行图像获取。

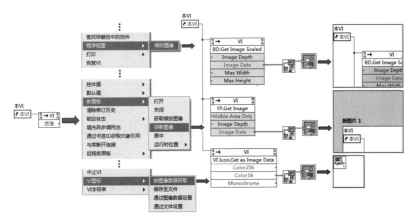

图 12-31　VI 获取图像的方法

VI 获取图像的方法的具体含义如下：

- 【程序框图：缩放图像】方法：用于返回程序框图图像，并依据连接至方法的最大宽度和高度按比例调整大小。例如，程序框图的图像大小为 200 像素×200 像素，最大宽度和最大高度连接的值为 50 和 100，该方法返回的图像大小为 50 像素×50 像素。如最大宽度或最大高度未连接任何值，则该图像将保持实际大小。

- 【前面板：获取图像】方法：可用于返回前面板图像，并根据连接至方法的最大宽度和高度按比例缩放该图像。如前面板不可见，则 LabVIEW 不更新前面板上对象的值，该方法获取的图像也不会反映运行 VI 时前面板发生的任何值的改变。如须使图像的显示值改变，应确保值的改变发生在前面板打开后。

- 【VI 图标：按图像数据获取】方法：通过图像数据簇的形式返回 VI 图标，可使用【绘制平化像素图】VI 绘制图形或使用图形格式 VI 在文件中保存图像。还可使用【VI 图标：保存至文件】方法在文件中保存 VI 图标的图像。

### 2. 前面板的【运行时位置】类方法

如图 12-32 所示，VI 前面板的【运行时位置】类方法中包含：不变、获取位置、居中、自定义、最大化和最小化方法，用于在 VI 启动时（运行时不起作用）确定 VI 窗口位置信息等。其各个具体方法的含义见表 12-4。

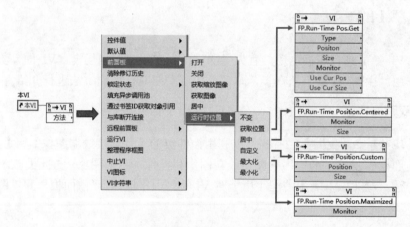

图 12-32 前面板的【运行时位置】类方法

表 12-4 类方法的含义

| 方　法 | 说　明 |
|---|---|
| 不变 | VI 运行时，配置 VI 保持前面板窗口位置 |
| 获取位置 | 返回运行时前面板窗口的默认位置 |
| 居中 | 设置在每次运行 VI 时居中显示引用 VI 的前面板。如果调用该方法时 VI 在运行，则所做的改变在下次 VI 运行时生效 |
| 自定义 | 设置每次运行 VI 时在自定制位置显示引用 VI 的前面板。如果调用该方法时 VI 在运行，则所做的改变在下次 VI 运行时生效 |
| 最大化 | 设置在每次运行 VI 时最大化显示前面板。如果调用该方法时 VI 在运行，则所做的改变在下次 VI 运行时生效 |
| 最小化 | 设置在每次运行 VI 时最小化显示前面板。如果调用该方法时 VI 在运行，则所做的改变在下次 VI 运行时生效 |

### 3. 打印类方法

如图 12-33 所示，VI 具有打印类方法，包括：打印前面板、打印 VI、VI 至文本、VI 至 HTML、VI 至 RTF，用于打印控制。各个具体的打印类方法含义见表 12-5。

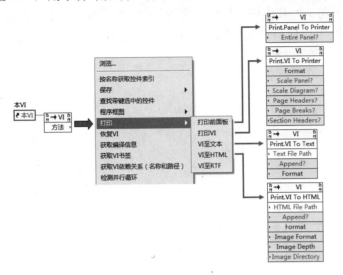

图 12-33　打印类方法

表 12-5　打印类方法含义

| 方　　法 | 说　　明 |
|---|---|
| 打印前面板 | 在当前打印机中仅打印前面板。该方法不可用于打印程序框图、控件列表或多态 VI 的前面板 |
| 打印 VI | 通过打印机打印 VI 信息。如在 LabVIEW 独立应用程序或共享库中使用该方法，只能打印 VI 的前面板 |
| VI 至文本 | 在文本文件中保存 VI 信息。无法在文本文件中保存 VI 图标、连线板、前面板、程序框图、子 VI 图标和 VI 层次结构 |
| VI 至 HTML | 在 HTML 文件中保存 VI 信息，在外部文件中保存图形。通过在默认浏览器中打开 URL VI，可在默认的网页浏览器中显示 HTML 文件 |
| VI 至 RTF | 在 RTF 文件中保存 VI 信息。该方法的作用类似于打印对话框中目标页的 RTF 格式文件选项 |

## 12.6　小结

从本章的例子可以看出，通过属性节点和方法节点可以让控件的功能与动态行为更加丰富。在 LabVIEW 编程中，当某种功能很难用普通 VI 函数实现的时候，也许通过属性节点和方法节点能很轻松地解决。若 LabVIEW 编程者想学到更多的编程技巧，可以更多地去尝试控件的属性节点和方法节点。实际上，并不是控件才有属性节点和方法节点。VI 和应用程序都有属性和方法，通过 VI 的属性节点和方法节点，可以实现动态调用 VI。

## 12.7 思考与练习

（1）何为引用句柄？其作用是什么？简述获取控件、前面板和 VI 引用句柄的方法。

（2）如何获取不包含引用句柄输入端的属性和方法节点，思考其会给编程带来何种好处？

# 第13章 数据采集与信号处理

LabVIEW 虚拟仪器的三大主要功能是数据采集、数据测试和分析、结果输出显示。作为虚拟仪器的三大功能之一，数据采集是一切测量过程的第一步和根本问题。数字信号处理是数据测试和分析的主要内容。本章将系统地介绍有关数据采集和数字信号处理的基础理论、概念、知识和方法。

## 13.1 数据采集基础

信号可分为离散的数字信号与连续的模拟信号。不同的数据必须转换为相应的信号，才能进行传输：模拟数据一般采用模拟信号（Analog Signal），例如用一系列连续变化的电磁波（如无线电与电视广播中的电磁波），或电压信号（如电话传输中的音频电压信号）来表示；数字数据则采用数字信号（Digital Signal），例如用一系列断续变化的电压脉冲（如可用恒定的正电压表示二进制数 1，用恒定的负电压表示二进制数 0），或光脉冲来表示。当模拟信号采用连续变化的电磁波表示时，电磁波本身即信号载体；而当模拟信号采用连续变化的信号电压表示时，它一般通过传统的模拟信号传输线路（例如电话网、有线电视网）来传输。当数字信号采用断续变化的电压或光脉冲来表示时，一般需要用双绞线、电缆或光纤介质将通信双方连接起来，才能将信号从一个节点传到另一个节点。同时，模拟信号与数字信号可以进行相互转换，如模拟信号转换为数字信号称为模数转换 A/D，数字信号转换为模拟信号则称为数模转换 D/A。有关详细的信号与系统的知识，读者可以从相关的教材中学习。

数据采集（Data acquisition，DAQ），也可称为数据获取，是利用一种装置将系统外部的数据信息采集进入系统内部，也可把一个数据采集系统视为一个虚拟仪器系统。

一个完整的数据采集系统由以下 5 个部分组成，关系如图 13-1 所示。

图 13-1　数据采集系统的基本组成

## ▶13.1.1　原始信号

由信息源直接产生的信号称为原始信号 $s(t)$。这些原始物理信号通常并非直接可测的电信号，所以，我们会通过传感器将这些物理信号转换为数据采集设备可以识别的电压或

电流信号 $s'(t)= s(t)+ n(t)$。同时，系统伴随着噪声 $n(t)$。

## ▶13.1.2　传感器

传感器，也被称为转换器，能够将一种物理量转换为更便于测量的电信号。根据传感器类型的不同，其输出的可以是电压、电流、电阻，或是随时间变化的其他电学参量。例如，应力计、流速传感器、压力传感器，可以相应地把应力、流速和压力等物理量转化成相应的电信号。而这些原始电信号又称为基带信号，通常具有频率较低的频谱分量，往往不能直接在信道中传输。这就需要用到信号调理设备对信号进行隔离、滤波和放大等。此外，某些传感器需要有电压或电流激励源来生成电压输出。

## ▶13.1.3　信号调理设备

由于某些输入的电信号并不便于直接进行测量，因此需要信号调理设备对它进行诸如调制、整流、减小码间串扰和使输出信噪比最大等处理，使得数据采集设备更便于对该信号进行精确测量。

信号调理设备具有以下 6 个重要的功能。

1）放大功能

放大是最基本的信号调理功能。大多数传感器的输出范围在 mV 级，而 A/D 转换设备输入范围为 V 级，信号调理模块可以对输入进的传感器信号进行信号放大，以使调理后信号的最大电压范围和模拟数字转换器（ADC）的最大输入范围相匹配，从而得到最高的模拟信号转换成数字信号时的精度。

2）隔离功能

被监测的系统可能产生瞬态的高压，所以出于安全目的，为了保护后端设备，防止被意外的高电压输入损坏，信号调理设备需要把传感器的信号和计算机进行隔离。使用隔离的另一原因是为了确保插入式数据采集设备的读数不会受到接地电势差或共模电压的影响。当数据采集设备输入和所采集的信号使用不同的参考"地线"时，一旦这两个参考地线有电势差，这种电势差会产生所谓的接地回路，这样就将使所采集信号的读数不准确；如果电势差太大，它也会对测量系统造成损害。使用隔离式信号调理能消除接地回路，并确保信号可以被准确地采集。常用的有光隔离和磁隔离。

3）多路复用功能

多路复用指设备能共享一条信道，使用单个测量设备测量多个信号，从而达到节省信道资源的目的。多路复用分为频分多路复用（FDMA）、时分多路复用（TDMA）和码分多路复用（CDMA）等。采用多路复用技术，一个数据采集设备可以测量多达几千路慢变传感器的输出信号。例如：模拟信号的信号调理硬件可对如温度这样缓慢变化的信号使用多路复用方式。ADC 采集一个通道后，转换到另一个通道并进行采集，然后再转换到下一个通道，如此往复。

4）滤波功能

滤波器的功能是指在测量的信号中滤除不需要的信号。带通滤波器允许特定频段的波通过，同时屏蔽其他频段的设备，能够抑制低于或高于该频段的信号、干扰和噪声。低通滤波器过滤掉高于截止频率的部分，只允许低于截止频率的信号通过。模拟信号在数字化前必须经过低通滤波，以消除噪声和防止混叠现象。噪声滤波器实质上是一种低通滤波器，用于如温度这样的直流信号，它可以衰减那些降低测量精度的高频信号。除此之外，还有允许高频分量的高通滤波器和允许频段外信号通过的带阻滤波器。

5）激励功能

激励信号作为触发某种功能的外部输入信号，对于某些传感器信号调理也能提供激励源，其输出的信号称为单位冲击响应。例如，应力计、热敏电阻器和电阻温度探测器（Resistance Temperature Detector，RTD）需要有外部电压或电流激励信号。RTD 测量常使用电流源把电阻上的变化量转化为可测量电压。应力计是阻值非常低的电阻设备，常用于配有电压激励源的惠斯通电桥。

6）线性化功能

许多传感器，如热电偶，对被测量的物理量的响应是非线性的。线性化功能使输出信号转化为线性的，以方便进行计算研究。

## 13.1.4　数据采集设备

数据采集设备的作用是将模拟的电信号转换为数字信号，并送给计算机进行处理，或将计算机编辑好的数字信号转换为模拟信号输出。由于将模拟信号转变成数字信号需要通过采样、量化、编码这 3 个步骤，所以可以把信号采集的功能集成在一个物理硬件中，为完成复杂的数据采集功能，这个设备称为数据采集卡。在数据采集设备中，我们需要考虑几个硬件参数。数据采集设备硬件参数见表 13-1。

表 13-1　数据采集设备硬件参数

| 参　数 | 意　义 |
| --- | --- |
| 模拟输入 | 评估输入信号的技术指标，确定选择硬件的精度 |
| 模拟输出 | 通过技术指标决定产生输出信号的质量 |
| 触发器 | 许多数据采集的应用过程需要基于一个外部事件来启动或停止其数据采集工作。数字触发使用外部数字脉冲来同步采集与电压生成。模拟触发主要用于模拟输入操作，当一个输入信号达到一个指定模拟电压值时，根据相应的变化方向来启动或停止数据采集的操作 |
| 总线 | 总线在一块数据采集卡上的多个功能之间或者两块，甚至多块数据采集卡之间发送定时和触发信号，来同步模数转换、数模转换、数字输入、数字输出和计数器/计时器的操作 |
| 数字 I/O | 数字 I/O 接口经常在 PC 数据采集系统中使用，它被用来控制过程、产生测试波形、与外围设备进行通信。在每种情况下，最重要的参数有：可应用的数字线的数目、在这些通路上能接收和提供数字数据的速率，以及通路的驱动能力 |
| 计时 I/O | 计数器/计时器在许多应用中具有很重要的作用，包括对数字事件产生次数的计数、数字脉冲计时，以及产生方波和脉冲 |

## 13.1.5　计算机

计算机与数据传输系统的性能往往是密不可分的。计算机上安装了驱动和应用软件，方便我们与硬件交互，完成采集任务，并对采集到的数据进行后续分析和处理。若需要处理的是一秒内只需采集或换算一两次的应用系统，使用低端设备便可满足要求。但对于需要实时处理高频信号的应用，至少需要 32 位的高速处理器以及相应的协处理器或专用的插入式处理器，如数字信号处理（DSP）板卡。同时，计算机的数据传输性能会极大地影响数据采集系统的性能。所有的计算机都具有可编程 I/O 和中断传送方式，且现代计算机大部分具有直接内存访问（Direct Memory Access，DMA）传送方式，在构建数据采集系统的同时，请注意数据采集设备一定要支持这些传送类型。

以上是从硬件的角度看待数据采集系统，其实还可以从软件角度来看待。由于本书中将使用 LabVIEW 作为数据采集的软件。从基于 LabVIEW 的应用软件的角度看，我们使用的数据采集软件主要分为 3 个部分：应用软件、配置管理软件和 NI-DAQmx 驱动。数据采集的框架如图 13-2 所示。

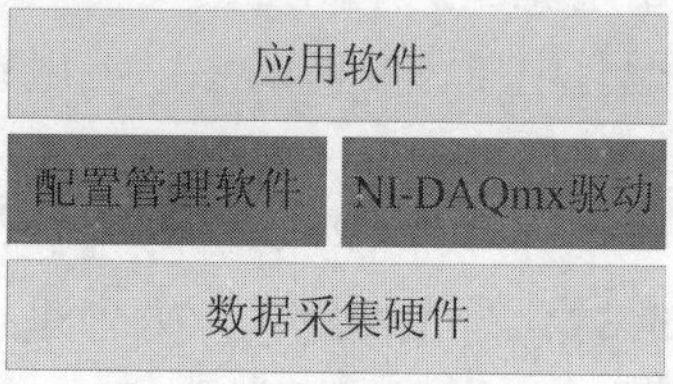

### 1. 驱动

大部分数据采集应用实例都使用了驱动软件。软件层中的驱动软件可以直接对数据采集硬件的寄存器编程，管理数据采集硬件的操作，并把它和处理器中断，将 DMA 和内存这样的计算机资源结合在一起。驱动软件隐藏了复杂的硬件底层编程细节，为用户提供容易理解的接口。NI 的数据采集硬件设备对应的驱动软件是 DAQmx，它提供了一系列 API 函数供我们编写数据采集程序时调用，主要包括 DAQ 助手、API 和驱动引擎 DLL。

图 13-2　数据采集的框架

### 2. 配置管理软件

由 NI 公司提供的配置管理软件，极大地方便了我们与硬件进行交互，并且无需编程就可以实现数据采集的功能，还可将配置出的数据采集任务导入 LabVIEW，并自动生成 LabVIEW 代码。

### 3. 应用软件

软件使 PC 和数据采集硬件形成一个完整的数据采集、分析和显示系统。没有软件，数据采集硬件是毫无用处的，或者使用比较差的软件，数据采集硬件也几乎无法工作。

## 13.2　如何选择数据采集卡

起初为了满足计算机及其兼容机用于数据采集与控制的需要，国内外许多科研人员开发设计了一类 I/O 板卡。使用户只要把这类板卡插入计算机主板上相应的 I/O 扩展槽中，就可以快速便捷地构成一个数据采集与处理系统，从而大大节省了硬件的研制时间和投资，又能充分利用计算机的软硬件资源，还能使用户集中精力对数据采集与处理中的理论和方法进行研究，进行系统设计以及程序的编制等。按照板卡处理信号的不同，可以分为模拟量输入板卡（A/D 卡）、模拟量输出板卡（D/A 卡）、开关量输入板卡、开关量输出板卡、脉冲量输入板卡、多功能板卡等。其中多功能板卡可以集成多个功能，如数字量输入/输出板卡将模拟量输入和数字量输入/输出集成在同一张卡上。根据总线的不同，可分为 PXI/CPCI 板卡和 PCI 板卡。

本文中所说的数据采集卡是将模拟信号转化为数字信号的设备，其核心是 A/D 芯片，帮我们完成复杂的数据采集过程。其可通过 USB、PXI、PCI、PCI Express、火线（IEEE1394）、PCMCIA、ISA、Compact Flash、485、232、以太网、各种无线网络等总线接入个人计算机。一般的数据采集卡都带有 LabVIEW 驱动。

### 1. 数据采集卡选择步骤

选择数据采集卡通常需要经过以下几个步骤，如图 13-3 所示。

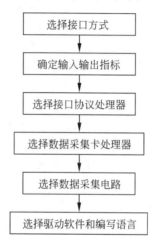

图 13-3　数据采集卡选择步骤

1）选择接口方式

数据采集卡的接口方式是指该卡与 PC 连接的总线方式，或者该卡提供的接口方式。常见的接口方式有 PCI、Compact PCI、USB、PCMCIA、CAN、无线网卡。还有较老式的方式，如串口 UART/LPT/SPI、并口 COM、ISA/EISA、PC/AT。从数据传输可靠性和有效性角度考虑，首选总线接口方式。在工业领域，为了达到 99.9999999%的数据可靠性，需要选择 Compact PCI 总线接口方式，常有 3U 和 5U 两种物理形式。总线由于支持即插即用，传输速度快，携带方便等优点，成为主要的发展方向。PCMCIA 是便携式计算机和设备中的标准接口，所以具有一定的市场。由于无线技术的快速发展，数据传输速度不断提高，给数据采集卡提供了更加方便快捷的移动传输方式。

2）确定输入输出指标

这些指标有输入和输出的模拟量精度和速率、输入和输出的数字量电平和要求、输入和输出的数字传输协议方式。数据采集卡见表 13-2。

表 13-2　数据采集卡参数

| 参　　数 | 意　　义 |
| --- | --- |
| 通道数 | 分为单端输入通道数和差分输入通道数。在单端输入中，输入信号均以共同的地线为基准。对于差分输入，每个输入信号都有自有的基准地线 |

| 参　数 | 意　义 |
| --- | --- |
| 采样率 | 采样率决定了数据采集设备的 ADC 每秒钟进行模数转换的次数。采样率越高，给定时间内采集到的数据越多，就能越好地反映原始信号。根据奈奎斯特采样定理，要在频域还原信号，采样率至少是信号最高频率的 2 倍；而要在时域还原信号，则采样率至少应该是信号最高频率的 5~10 倍。可以根据这样的采样率标准，选择数据采集设备 |
| 分辨率 | 分辨率是模数转换器用来表示模拟信号的位数。分辨率越高，信号范围被分割成的区间数目越多，因此，能探测到的电压变量就越小 |
| 量程 | 量程是模数转换器可以量化的最小和最大电压值。可以在不同输入电压范围下进行配置。由于具有这种灵活性，可以自定义信号的范围匹配 ADC 的输入范围，从而充分利用测量的分辨率 |
| 编码宽度 | 数据采集设备上可用的量程、分辨率和增益决定了最小可探测的电压变化。此电压变化代表了数字值上的最低有效位 1（LSB），也常被称为编码宽度 |
| 微分非线性度（DNL） | 理想情况下，当提高一个数据采集设备上的电压值时，模数转换器上的数字编码也应该线性增加。如果对一个理想的模数转换器测定电压值与输出码的关系，绘出的线应是一条直线。测定电压值与输出码对于这条理想直线的离差被定义为非线性度 DNL。DNL 是指以 LSB 为测量单位和 1LSB 理想值的最大离差。一个理想的数据采集设备的 DNL 值为 0，一个好的数据采集设备的 DNL 值应在 ±0.5LSB 以内 |
| 相对精度 | 相对精度是指相对理想数据采集的转换函数（一条直线），最大离差的 LSB 测量位数。良好的相对精度对数据确保了将模数转换器输出的二进制码值能被准确地转化为电压值。获得良好的相对精度需要正确地设计模数转换器和外围的模拟电路 |
| 稳定时间 | 稳定时间是指放大器、继电器、其他电路达到工作稳定模式所需的时间或输出达到规定精度时所需的时间。当在高增益和高速率下进行多通道采样时，仪用放大器是最不容易稳定下来的。在这种条件下，仪用放大器很难追踪出现在多路复用器不同通道上的大变化的信号。一般而言，增益越高并且通道的切换时间越短时，仪用放大器越不容易稳定 |
| 噪声 | 在数据采集设备的数字化信号中不希望出现的信号即为噪声。设计系统时希望噪声能够达到最小值 |
| 压摆率 | 压摆率是指数模转换器产生的输出信号的最大变化速率 |

3）选择接口协议处理器

如果需要的数据采集卡不需要处理器就能够满足要求，则用户可直接对系统进行设计。但如果涉及处理器的内容，则接下来考虑的是接口协议处理器。PCI、USB、PCMCIA、CAN、网卡都配置有专门的接口芯片。当然，也可以选择 FPGA 加上软件协议 IP 核来实现系统目标，但是难度相对较大，感兴趣的读者可以深入尝试。

4）选择数据采集卡处理器

对于功能强大的数据采集卡，需要选择专用的处理器来预处理采集的数据，如单片机、FPGA、DSP、ARM 等都是可以挑选的对象。

单片机由于便宜，易于开发，开发的资料齐全，工程师众多，所以很适合初学者。FPGA 设计方便，具有速度和效率的优势。DSP 是专门为数据处理而设计的，速度快，可以实现非常复杂的算法，是较好的选择。ARM 的功能过于复杂，适合设计人机界面的场合。同时，还有些器件将接口协议处理器和采集卡处理器集成在一体，这些芯片的使用价值高。

5）选择数据采集电路

大部分公司都能提供采样芯片，如 ADI、TI、MAXIUM、NS 等。

6）选择驱动软件和编写语言

使用 WDM、WinDriver 等编写驱动软件，使用 VB、VC、LabVIEW、C/C++、Borland

C++ Builder、Java 等编写数据控制处理软件。

### 2. 部分参数的选择

选择数据采集卡时，往往需要根据以下参数，选出系统适合的数据采集卡。数据采集卡参数见表 13-2。

### 3. 测量系统的选择

按照信号连接方式的不同，可将信号分为以下两种测量系统：差分测试系统 DIFF 和单端测试系统。

差分测试系统可避免"接地回路干扰"和"因环境引起的共模干扰"。当输入信号具有以下特点时，应选择差分测试系统：

（1）低电平信号。

（2）信号电缆屏蔽性较好或距离较短（通常小于 5m），环境无噪声。

（3）所有信号可以共享一个公共参考点。

单端测试系统的优点是可以使用两倍的测试信道。单端测试系统所有的信号都有一个公共的参考点，如仪器放大器的负极。当输入信号具有以下特点时，应选择单端测试系统。

（1）高电平信号。

（2）信号电缆无屏蔽或较长，造成环境产生的噪声较大。

（3）任何一个输入信号都要求单独的参考点。

单端测试系统内部又可分为用于测试浮地信号的参考单端系统和可避免"接地回路干扰"的非参考单端系统。

### 4. 偏置电阻的选择

上文提到过，根据信号的参考情况，一个电压源可以分为接地信号和浮地信号。接地信号是信号的一端直接接地的电压信号。它的参考点是系统地（如大地或建筑物的地）。最常见的接地信号源是通过墙上的电源插座接入建筑物地的设备，如信号发生器和电源供电设备等。浮地信号是一个不与任何地（如大地或建筑物的地）连接的电压信号。一些常见的浮地信号有电池、热电偶、变压器和隔离放大器。

一个信号源必须有参考地 AIGND（模拟地）。如果没有连接电阻，信号源浮地，信号源就不可能一直保持程控增益放大器（PGIA）的共模信号范围，程控增益放大器将饱和，而导致读数不准。如果信号源阻抗小于 $100\Omega$，最简单的方法是将信号的正端接到 PGIA 的正端，信号的负端接 AIGND，也接到 PGIA 的负端输入，不用接任何电阻。

若信号源阻抗大于 $100\Omega$：

（1）如果采集卡有交流耦合功能并启用（即采集卡内部有前端处理电路，可以去掉信号源的直流分量（一般方法为串联电容））：

PGIA 需要在正端输入和 AIGND 之间加一个电阻（$R1$）。如果信号源为低阻抗，$R1$ 的阻值可选择为 100kW 到 1MW，负端直接连到 AIGND（即 $R2=0$）；如果信号源为高阻抗，一般选择在正负端各接一个电阻 $R1$ 和 $R2$（$R1=R2$）。

（2）如果采集卡没有交流耦合功能或者不启用：

A. 如果信号源阻抗比较大，直接连接会有不平衡的差分信号。噪声静电耦合给了正端，但由于负端接地却没耦合给负端，因此噪声显示为差分信号，而不是共模信号，PGIA 并不接收它。在这种情况下，需要将信号源负端通过一个电阻（R2）连接到 AIGND，而不是直接连接到 AIGND，电阻值大概为信号源阻抗的 100 倍。这个电阻将平衡两路信号，将噪声同时耦合到两端。

B. 也可在正端和 AIGND 之间再连接一个电阻 R1(R1=R2)，来充分平衡信号。这种接法有利于更好地抗噪，但是两个电阻对信号源也会造成负担过重。

> 提醒：接 R1，R2 之后测量信号的幅值会有–1%的误差。可以根据信号源的阻抗来选择适合的数据采集卡偏置电阻的连接方式。

### 5. 同步功能

同步是数据采集卡的一个非常重要的功能，可以完成许多应用中在同一时间段内进行多种不同信号的测量。同步信号集可分为两类：

（1）一类称为同时测量，即不同的操作开始于同一时刻。如果说在一个输入通道上采集数据，同时在一个输出通道上产生信号，然而这两者完全可能是并不相关的。也就是说，即使两者在同一时刻开始，但他们可能具有各自独立的采样率和更新率。

（2）另一类称为同步测量，所有的测量通道会共用一个时钟信号，并在同一时刻开始。例如：同步测量汽车的速度以及轮胎上的温度。在同步测量当中，又可以分为多功能同步测量以及多设备同步测量。

选择数据采集卡时，一定要根据自己的需求配置数据采集卡的同步功能，或者考虑所选择的数据采集卡是否支持同步的功能。

## 13.3 数字信号的分析与处理

### ▶13.3.1 信号处理框架

经过上述的数据采集过程，我们已经从信号源中得到了可靠的数字信号。现在，我们需要对获取的信号进行分析处理。数字信号处理是一个广泛的概念，指对数字化后信号进行的所有操作，其中较常见的操作有滤波、取平均和域变换等。LabVIEW 能够实现数据的可视化，更方便用户对数据进行分析和处理。

进行数字信号处理时，我们遵循的处理框架要进行以下 3 个步骤。

### 1. 确保信号正确数字化

数字信号是否能够充分地表示模拟信号，确定是使用时域，还是使用频域来表示信号，确定哪些是信号中有用的部分，采用正确的方式触发采集，使采样次数仅为所需的次数，如此做可以有效预防缓冲区溢出和减小设备板载的内阻。同时，加窗可以使频谱的边界更加平滑，减小不连续部分的幅值，时域加窗可限制观察时间，用于频率相近的大幅值信号与小幅值信号的分离；频域加窗可去除波形中的毛刺，使其平滑。读者可以根据自己的需求配置适合自己的加窗函数。如果不明确什么函数适合自己，可以考虑使用对大部分程序都适用的汉明窗。其他窗的选择在【函数】选板/【信号处理】/【窗】选项中，如图 13-4所示。

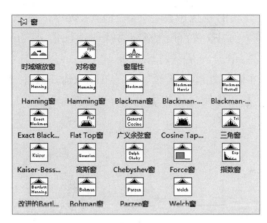

图 13-4　LabVIEW 的窗模块

除了利用加窗来提高信号波形的相对准确度，还需要考虑诸如带宽和采样率等信号的其余很多重要特征。

（1）带宽。输入信号通过模拟前段后，振幅会衰减至原始振幅的 70.7%，我们把这个带宽称为 3dB 带宽或 3dB 点。例如，我们将一个 1V，100MHz 的正弦波输入至带宽为 100MHZ 的高速数字化仪时，此时数字化仪的模拟输入路径就会使信号的振幅衰减至大约 0.707V。因此，在大多数情况下，建议数字化仪的带宽为被测信号最高频率分量的 2～5倍，这样可以在振幅误差最小的情况下捕获信号。

（2）采样率。奈奎斯特采样定理表明，为了减小码间串扰，信号的采样率必须大于信号最高频率分量的 2 倍。这点我们在数据采集卡参数的选择中也提到过。

### 2. 开发正确的信号处理算法

进行信号处理时可选择频域分析法与 FFT（快速傅里叶变换）算法，或者神经网络、反卷积算法等。根据自己的实际使用需求，以及实验项目的目的进行一个正确的选择。选用时域或频域算法分析过程将在后面介绍。

### 3. 在正确的位置上进行分析

信号分析系统可以分为离线分析数据和在线分析数据两种模式。在线分析将数据进行逐点分析，表明数据在接受一个相同的应用程序的分析和采集。应用程序在输入时会呈现出数据的改变，用户能在线根据这些更改的数据进行分析，加快决策，得到及时的数据结果，同时，通过逐点化分析，得到的信号更加贴近真实值。此外，还可将 LabVIEW 程序部署至可编程门阵列 FPGA 芯片中。若无需在采集数据的过程中做出决策，便可选择离线分析。可以通过多个数据采集的相互关联，识别出变量的成因和影响，提高数据的交互性。

在日常实验中，在线分析模式经常用到。

## 13.3.2 信号的时域分析

在开发正确的算法阶段，若选用时域分析，将以时间作为自变量去表达数字信号的变化，这是一种最基础、最直观的表现形式。时域分析系统包括对信号进行波形变换、缩放、统计特征值、相关分析等。其中，特征值分别为幅值特征值、时间特征值、相位特征值。可以利用这些特征值来观察信号的某些时域特征。

LabVIEW 用于时域分析与处理的函数、VI 及 Express。VI 主要位于【函数】选板/【信号处理】中的【波形测量】和【信号运算】两个子选板中，如图 13-5 所示。下面分别介绍各个时域分析模块的功能与实例。

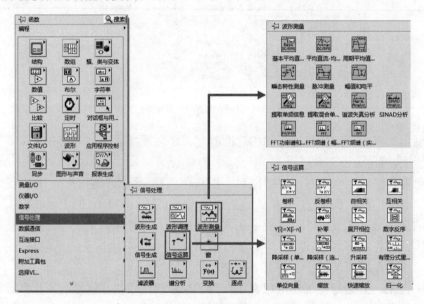

图 13-5　LabVIEW "波形测量" 和 "信号运算" 子选板

### 1. 基本平均直流-均方根.vi

"基本平均直流-均方根.vi" 用于测量一个通道（1 CH）输入信号的平均值（直流 DC）以及均方根（RMS），对应图 13-5 中【波形测量】函数子选板的第一个图标。该 VI 的图标及接线情况如图 13-6 所示。该 VI 是在信号上加窗，然后计算加窗后信号的 DC 以及 RMS。窗函数的类型可以选择 Rectangular 窗、Haning 窗，以及 Low side lob 窗。

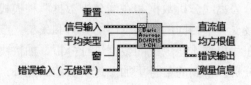

图 13-6　基本平均直流-均方根.vi 的图标和接线情况

提醒："平均类型"为测量时使用的平均类型，由输入记录的长度决定。如果平均类型为 Exponential，则为此函数通过上一个 DC 和 RMS 值进行指数加权平均测量得到的 DC 和 RMS。

**【例 13-1】** 使用基本函数发生器产生一种信号，该信号的类型、频率、幅值等参数可调节，测量该信号的直流值和均方值。

## ⚙ 设计过程

（1）在【函数】选板/【信号处理】/【波形生成】函数子选板中，将"基本信号发生器"VI 添加到程序框图中，该 VI 的作用是产生待处理波形（信号）。

（2）为"基本信号发生器"VI 的"信号类型""频率"和"振幅"输入端添加输入控件，将其输出信号连接入"波形图"。

（3）将"基本平均直流-均方差.vi"添加到程序框图，并将"基本信号发生器"输出信号连接到该 VI 的"信号输入"端。

（4）为"基本平均值-均方差.vi"的"平均类型"和"窗"输入端添加到输入控件。

（5）为各输入控件添加数值，运行程序。

🖼️："基本信号发生器"VI。

本例为产生一振幅为 1V 的方波，从前面板中可观察到其直流分量为 0，均方根的有效值为 1。实例仿真结果及程序如图 13-7 所示。

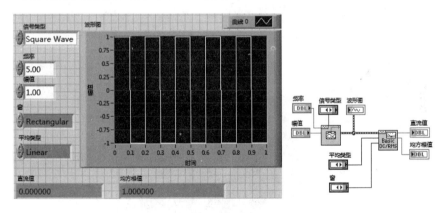

图 13-7　计算方波的直流分量和均方根

### 2. 脉冲测量 VI

"脉冲测量"VI 的图标位于【波形测量】函数子选板的第二行第二个位置，如图 13-5 所示，用于接收周期性波形或周期性波形数组，返回选定脉冲的周期、脉冲持续期（脉冲宽度）、占空比（占空因数）和脉冲中心。该 VI 的图标及接线端如图 13-8 所示。该 VI 各个接线端的含义将结合下面的例子进行讲解。

**【例 13-2】** 输入参数可调的方波，测量其信号的周期、脉冲持续期、占空比及第二个低脉冲中心位置。

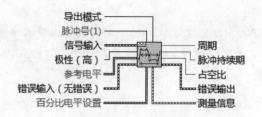

图 13-8 "脉冲测量" VI 的图标及接线端

## ⚙ 设计过程

（1）在【函数】选板/【信号处理】/【波形生成】函数子选板中，将"方波波形" VI 添加到程序框图中。

（2）配置"方波波形" VI 的"频率""振幅""相位"和"采样信息"输入端，并将其输出在"波形图"中显示。

▣ ："方波波形" VI。

"方波波形" VI 与【例 13-1】中的"基本信号发生器" VI 的使用方法基本相同，只不过是专门用于产生方波的 VI，该 VI 允许配置产生方波的各个参数，如图 13-9 所示，该 VI 设置产生方波的频率为 10Hz、振幅为 1V、相位为 0°。

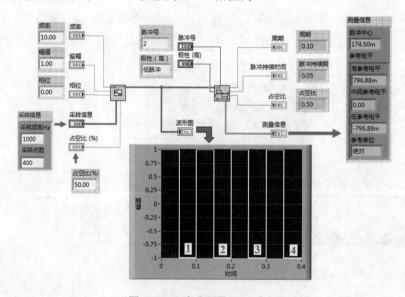

图 13-9 "脉冲测量" VI 实例

另外，需要注意在计算机中（就像任何图片都是由一个一个像素点构成的一样）任何波形都是由一个一个的采样点构成的，无论这个波形是实际采集的，还是利用函数或 VI 生成的。默认情况下，"基本信号发生器"和"方波波形" VI 生成的波形都包含 1000 个采样点，各个采样点间的时间间隔为 $T_c = 1ms$，也就是采样频率为 $f_c = 1/T_c = 1kHz$（【例 13-1】中的"基本信号发生器" VI 产生波形的采样信息就是默认情况）。但是，采样点数和采样频率也可通过该 VI 的"采样信息"接线端，根据需要自行设置，如图 13-9 中设置采样点数为 400，采样频率为 1000Hz，所以产生的方波波形持续时间为 0.4s，包含 4 个方波周期。

（3）将产生的方波同时输入到"脉冲测量"VI 的"信号输入"接线端，并配置"脉冲测量"VI 的"脉冲号"和"极性（高）"输入接线端。

（4）为"脉冲测量"VI 添加输出控件，运行程序。

"脉冲测量"VI 输出的方波"周期"值为 0.1（ms），脉冲持续时间值为 0.05（ms），占空比为 0.5（即 50%），这些都与输入方波的参数相同。"脉冲测量"VI 还可以测量波形中某一脉冲的中心位置，但需要通过"极性（高）"输入接线端指定是正（高）脉冲，还是负（低）脉冲，通过"脉冲号"输入端指定是第几个脉冲。图 13-9 中，"极性（高）"接线端输入"低脉冲"，"脉冲号"接线端输入 2，代表要测量第二个负（低）脉冲的中心位置，图中已给出负脉冲的标号，读者可以对比输出结果。关系"脉冲测量"VI 其他输出值的含义，读者可以参考"LabVIEW 帮助"。

图 13-5 的【波形测量】函数子选板中还有"平均直流-均方根 VI""周期平均值和均方根 VI""瞬态特性测量 VI"和"幅值和电平 VI"，可用于信号的时域分析和测量，但由于篇幅的原因，这里不能够对它们的用法一一举例说明，有兴趣的读者可以自行学习。

：平均直流-均方根 VI。

：周期平均值和均方根 VI。

：瞬态特性测量 VI。

：幅值和电平 VI。

### 3. 幅值及电平测量 Express VI

【波形测量】函数子选板中还提供了两个 Express VI，用于信号的时域分析和测量，即"信号的时间与瞬态特性测量 Express VI"和"幅值和电平测量 Express VI"它们位于该函数子选板的最下面，接下来以其中的"幅值和电平测量 Express VI"为例进行介绍。

：信号的时间与瞬态特性测量 Express VI。

：幅值和电平测量 Express VI。

"幅值和电平测量"模块可用于测量信号的电压值。将 Express VI 放入框图中，会自动弹出一个初始化的配置窗口，其控制选项板如图 13-10 所示。

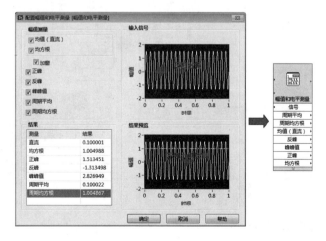

图 13-10　配置幅值和电平测量

配置窗口中各项内容的含义如下：

- 幅度测量

均值（直流）——采集信号的直流分量。

均方根——计算信号的均方根值。

加窗——在信号上使用 Low Side Lobe 窗。

正峰——测量信号的最高正峰值。

反峰——测量信号的最低负峰值。

峰峰值——测量信号最高正峰和最低负峰之间的距离。

周期平均——测量周期性输入信号完整周期的平均电平。

周期均方根——测量周期性输入信号完整周期的均方根值。

 提醒：勾选直流或均方根复选框时，才可使用该选项。平滑窗用于减缓有效信号中的急剧变化。如采集到的周期数是整数或对噪声谱进行分析，则通常不在信号上使用窗。

- 结果

显示 Express VI 设定的测量以及测量结果。单击测量栏中的任何测量项，结果预览中可显示相应的数值或图表。

- 输入信号

显示输入信号。如连线数据至 Express VI 后运行，输入信号可显示实际数据。如关闭后再打开 Express VI，输入信号可显示示例数据，直至再次运行 VI。

- 结果预览

显示测量预览。结果预览图用虚线表明已选的测量值。如连线数据至 Express VI 后运行 VI，结果预览可显示实际数据。如关闭后再打开 Express VI，结果预览可显示示例数据，直至再次运行 VI。如截止频率值非法，结果预览不显示合法数据。

配置完各个选项后单击【确定】按钮，在程序框图上生成"幅值和电平测量"函数的图标，如图 13-11 所示。

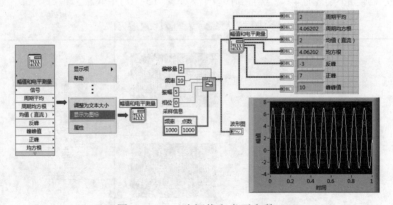

图 13-11　正弦幅值和电平参数

【例 13-3】　通过幅值及电平测量模块测量正弦波的直流分量、均方根、最大及最小峰值等参数。

## 🔧 设计过程

（1）右击"幅值和电平测量"函数的图标，在弹出的快捷菜单中选择"显示为图标"。

（2）配置"正弦波"函数。

（3）观察"正弦波"函数产生的信号，并将输入"幅值和电平测量"函数。

（4）输出正弦波的直流分量、均方根、最大及最小峰值等参数值。

### 4. 卷积积分

除了 MATLAB，LabVIEW 也是卷积和相关操作的一个有效设备。可以直接利用 LabVIEW 中的卷积和相关模块。卷积作为线性系统时域分析方法的一种，可求线性系统对任何激励信号的冲击响应。其卷积函数为

$$y(t) = x(t) * h(t) = \int_{-\infty}^{\infty} x(\tau)h(t-\tau)\mathrm{d}\tau \tag{13-1}$$

$y(t)$ 定义为系统的输出，是任意输入 $x(t)$ 与系统单位冲击响应 $h(t)$ 的卷积。通过卷积计算，可以描述时域分析中线性时不变系统的输入与输出的关系。

LabVIEW 中提供的卷积运算模块有"卷积.vi""反卷积.vi"卷积和相关 Express VI，能够对信号进行相应的卷积运算。其中，卷积模块的选项板如图 13-12 所示。

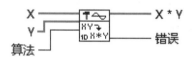

图 13-12　卷积模块的选项板

其中可选的卷积"算法"为使用线性卷积的 direct 算法及基于 FFT 的 frequency domain 两种。当输入的 X 和 Y 较小时，使用 direct 算法能够有良好的速度，而当 X 和 Y 都较大时，使用 frequency domain 算法的运算速度往往会更快一些。除此之外，两种算法在数值上也存在微小的差别。

【例 13-4】　利用冲激函数的取样性质和卷积运算的交换律，得到如下公式。

$$f(t) * \delta(t) = \delta(t) * f(t) = \int_{-\infty}^{\infty} \delta(\tau)f(t-\tau)\mathrm{d}\tau = f(t) \tag{13-2}$$

式（13-2）表明，某函数与冲激函数的卷积就是它本身，将它进一步推广，可得：

$$f(t) * \delta(t-t_1) = \delta(t-t_1) * f(t) = f(t-t_1) \tag{13-3}$$

式（13-3）中的 $t_1$ 为延迟量。证明式（13-3），式中的 $f(t)$ 可以用正弦函数代替。

## 🔧 设计过程

（1）在【信号处理】/【信号生成】子函数选板中选择"正弦信号"和"冲激函数"，添加到函数选板中。

（2）对这两个函数的参数进行设置，其中将"滑动条"输入控件与"冲激函数"的"延迟"输入端相连，可以很方便地控制冲激函数的延迟时间。

（3）利用卷积函数将正弦信号与冲激函数进行卷积，并将整个程序放入到 While 循

环中。

实验结果如图 13-13 所示。可以看到，正弦信号与冲激函数卷积依然是正弦信号，当将冲激函数延时 25 个时间单位，卷积结果也延迟 25 个时间单位，式（13-3）得以证明。

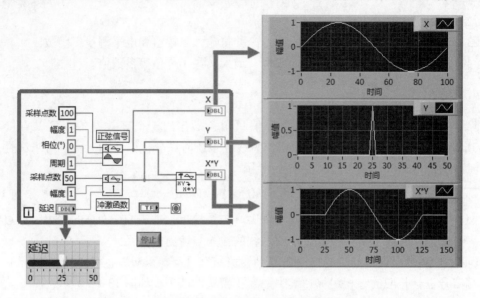

图 13-13　两个信号的卷积运算

### 5. 相关分析

相关可以用来检测两个信号之间的相互关联的方向及相关程度，是研究随机信号之间相关性的一种非常重要的统计学方法。在时域系统中，单个信号的相关性用自相关函数描述；两个信号的相关性用互相关描述。

自相关是对信号相关程度的一种度量，可看作是信号与自身的延迟信号相乘后的乘积进行积分运算，随机信号的自相关函数与其功率谱是傅氏变换对（随机信号无法得到具体的函数表达式，只有其统计信息），通过对接收信号的自相关运算可以进行频谱分析。同时，自相关也是在误码最小原则下的最佳接收准则。对于输入信号 $x$，自相关函数定义为

$$R_{xx}(\tau) = \lim_{T \to \infty} \frac{1}{T} \int_0^T x(t)x(t+\tau)\mathrm{d}t \tag{13-4}$$

互相关（有时也称为"互协方差"）是用来表示两个信号之间相似性的一个度量，通常通过与已知信号比较来寻找未知信号中的特性。对于输入信号 $x$ 和 $y$，互相关函数定义为

$$R_{xy}(\tau) = \lim_{T \to \infty} \frac{1}{T} \int_0^T x(t)y(t+\tau)\mathrm{d}t \tag{13-5}$$

其中，$T$ 为样本记录长度，$\tau$ 为延时时间。

如图 13-5 所示，在【信号运算】子函数选板上可以看到"自相关"和"互相关"函数。下面对这两个函数的使用方法进行介绍。

"自相关"函数的图标和接线端如图 13-14 所示，各接线端的含义为

图 13-14　"自相关"函数的图标和接线端

- X：是输入序列（信号）。
- 归一化：指定用于计算 X 的自相关的归一化方法，输入值的含义见表 13-3。

表 13-3　归一化输入值的含义

| 输　入　值 | 含　　义 |
| --- | --- |
| 0 | none（默认） |
| 1 | unbiased |
| 2 | biased |

- Rxx：是 X 的自相关。

【例 13-5】　用自相关来检测被噪声淹没的正弦信号中是否有周期成分（图 13-15）。

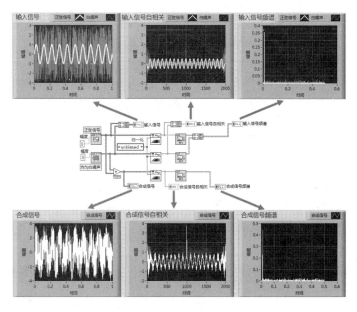

图 13-15　信号的自相关检测

## ⚙ 设计过程

（1）利用"正弦波形"和"均匀白噪声波形"函数产生两路输入信号，并设置正弦波和噪声的振幅分别为 1V 和 3V，其他参数采用默认设置。

（2）分别将这两种路输入信号在波形图中采用不同颜色的曲线表示。

（3）将这两种路信号分别进行自相关运算，将运算结果在波形图中采用不同颜色的曲线分别表示。

（4）将这两路自相关波形进行傅里叶变化获得信号的频谱，将这两路信号的频谱在波形图中采用不同颜色的曲线分别表示。

（5）将输入的正弦和噪声相加，获得合成信号，即被噪声淹没的正弦信号，并在波形图中表示。

（6）将合成信号进行自相关运算，再将运算结果在波形图中表示。

（7）将自相关波形进行傅里叶变化获得合成信号的频谱，再将频谱在波形图中表示。

从实验结果可看出，输入一个正弦周期信号，经过自相关，其仍然呈现本身的周期特性，白噪声则被衰减，叠加后的波形中也可很明显地发现周期的成分。

"互相关"函数的图标和接线端如图 13-16 所示，各接线端的含义如下：

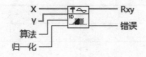

图 13-16 "互相关"函数的图标和接线端

- X：是第一个输入序列（信号）。
- Y：是第二个输入序列（信号）。
- 算法：指定使用的相关方法。算法输入值的含义见表 13-4。

表 13-4 算法输入值的含义

| 输　入　值 | 含　义 |
| --- | --- |
| 0 | direct |
| 1 | frequency domain（默认） |

提醒：算法的值为 direct 时，VI 使用线性卷积的 direct 方法计算互相关，如 X 和 Y 较小，direct 方法通常更快；如算法为 frequency domain，VI 使用基于 FFT 的方法计算互相关，如 X 和 Y 较大，frequency domain 方法通常更快。此外，两个方法数值上存在微小的差异。

- 归一化：指定用于计算 X 和 Y 的互相关的归一化方法（与自相关函数一致）。
- Rxy：是 X 和 Y 的互相关。

【例 13-6】 分析两个正弦信号的互相关性，其中一个包含噪声（图 13-17）。

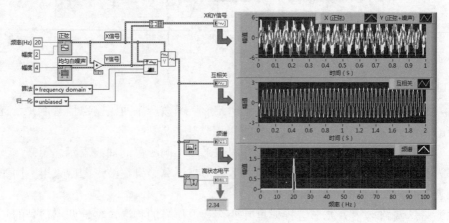

图 13-17 信号的互相关检测

## ⚙ 设计过程

（1）利用"正弦波形"和"均匀白噪声波形"函数产生两路信号，并设置正弦波振幅和频率分别为 2V 和 20Hz，以及噪声的振幅设置为 4，其他参数采用默认设置。

（2）正弦波构成 X 信号，正弦波和噪声相加构成 Y 信号，并将这两路信号利用不同的线型一起在同一波形图中显示。

（3）利用互相关函数将 X 和 Y 信号进行互相关运算，并制定该函数的"算法"和"归一化"值。

（4）利用"创建波形"函数将互相关函数输出数组变为波形数据。

（5）在波形图中显示互相关函数波形。

（6）将互相关波形进行傅里叶变换获取频谱，并在波形图中显示。

（7）利用"振幅和电平"函数获取互相关波形的振幅。

⊞ :"创建波形"函数。

通过图 13-17 所示实验结果，可以发现"互相关"函数依然是周期信号，从其频谱中可以发现该周期信号的频率为 20Hz，这与输入正弦信号的频率相同，其幅度为 2.34V，也与输入正弦信号的振幅接近。由此可知，互相关函数具有抑制噪声和滤波作用。

# ▶13.3.3  信号的频域分析

频域分析是从频谱的角度来看待信号，是数字信号分析的另一种重要的方法。如果把信号的时域分析比喻成人的一条腿，那么信号的频域分析就是人的另一条腿，二者相互补充，才能反映出信号的全部特征和信息。

本节的内容就是对信号的频域分析方法进行介绍。下面首先简单介绍一下傅里叶级数及变换。

### 1. 傅里叶级数的三角形式

设周期信号 $f(t)$，即 $f(t) = f(t+T)$，它的周期为 $T$，角频率 $\omega = 2\pi\nu = 2\pi/T$，它可分解为如下三角级数——$f(t)$ 的傅里叶级数。

$$f(t) = \frac{a_0}{2} + \sum_{n=1}^{\infty} a_n \cos(n\omega t) + \sum_{n=1}^{\infty} b_n \sin(n\omega t) \tag{13-6}$$

式（13-6）中的系数 $a_n$、$b_n$ 称为傅里叶系数，它们可由式（13-7）求出：

$$\begin{cases} a_n = \dfrac{2}{T} \displaystyle\int_{-T/2}^{T/2} f(t)\cos(n\omega t)\mathrm{d}t \\ b_n = \dfrac{2}{T} \displaystyle\int_{-T/2}^{T/2} f(t)\sin(n\omega t)\mathrm{d}t \end{cases} \tag{13-7}$$

可以将式（13-6）中的同频项合并：

$$a_n \cos(n\omega t) + b_n \sin(n\omega t) = A_n \cos(n\omega t + \varphi_n) \tag{13-8}$$

这样，式（13-6）变为

$$f(t) = \frac{A_0}{2} + \sum_{n=1}^{\infty} A_n \cos(n\omega t + \varphi_n) \tag{13-9}$$

式中，

$$\begin{cases} A_0 = a_0 \\ A_n = \sqrt{a_n^2 + b_n^2} \\ \varphi_n = -\arctan(a_n/b_n) \end{cases} \tag{13-10}$$

式（13-9）告诉我们，任何周期信号都可以分解为直流和许多余弦（或正弦）分量。其中，第一项 $\frac{A_0}{2}$ 为直流分量；第二项 $A_1\cos(\omega t + \varphi_1)$ 称为基频分量；第三项 $A_2\cos(2\omega t + \varphi_2)$ 称为二次谐波分量；以此类推，还有三次、四次、……谐波分量。

一般而言，$A_n\cos(n\omega t + \varphi_n)$ 称为 $n$ 次谐波分量，$A_n$ 是 $n$ 次谐波分量的振幅，$\varphi_n$ 是 $n$ 次谐波分量的相位。

### 2. 傅里叶级数的指数形式

三角形式的傅里叶级数，含义比较明确，但运算不便，因而经常采用指数形式的傅里叶级数。利用欧拉公式 $\cos(x) = \frac{e^{jx} + e^{-jx}}{2}$，式（13-9）变为

$$\begin{aligned} f(t) &= \frac{A_0}{2} + \sum_{n=1}^{\infty} A_n \cos(n\omega t + \varphi_n) \\ &= \frac{A_0}{2} + \sum_{n=1}^{\infty} \frac{A_n}{2}\left[ e^{j(n\omega t + \varphi_n)} + e^{-j(n\omega t + \varphi_n)} \right] \\ &= \frac{A_0}{2} + \frac{1}{2}\sum_{n=1}^{\infty} A_n e^{j\varphi_n} e^{jn\omega t} + \frac{1}{2}\sum_{n=1}^{\infty} A_n e^{-j\varphi_n} e^{-jn\omega t} \\ &= \frac{1}{2} A_0 e^{j\varphi_0} e^{j0\omega t} + \frac{1}{2}\sum_{n=1}^{\infty} A_n e^{j\varphi_n} e^{jn\omega t} + \frac{1}{2}\sum_{n=-1}^{-\infty} A_n e^{j\varphi_n} e^{jn\omega t} \\ &= \frac{1}{2}\sum_{n=-\infty}^{\infty} A_n e^{j\varphi_n} e^{jn\omega t} \end{aligned} \tag{13-11}$$

式（13-11）中，$\varphi_0 = 0$，令 $F_n = \frac{1}{2}A_n e^{j\varphi_n} = |F_n| e^{j\varphi_n}$，称其为复傅里叶系数，简称傅里叶系数，其模为 $|F_n|$，相角为 $\varphi_n$，则得傅里叶级数的指数形式为

$$f(t) = \sum_{n=-\infty}^{\infty} F_n e^{jn\omega t} \tag{13-12}$$

式（13-12）表明，任意周期信号 $f(t)$ 可以分解为许多不同频率的虚指数（$e^{jn\omega t}$）分量之和，每个分量的复振幅为 $F_n$。（注意与三角形傅里叶级数的含义对比理解）

接下来求解傅里叶系数（每个分量的复振幅 $F_n$），根据欧拉公式，有

$$F_n = \frac{1}{2}A_n e^{j\varphi_n} = \frac{1}{2}A_n(\cos\varphi_n + j\sin\varphi_n) = \frac{1}{2}(a_n - jb_n) \tag{13-13}$$

再将式（13-7）代入到式（13-13），有：

$$F_n = \frac{1}{2}(a_n - \mathrm{j}b_n) = \frac{1}{2}\left[\frac{2}{T}\int_{-T/2}^{T/2} f(t)\cos(n\omega t)\mathrm{d}t - \mathrm{j}\frac{2}{T}\int_{-T/2}^{T/2} f(t)\sin(n\omega t)\mathrm{d}t\right]$$

$$= \frac{1}{T}\int_{-T/2}^{T/2} f(t)\left[\cos(n\omega t) - \mathrm{j}\sin(n\omega t)\right]\mathrm{d}t$$

$$= \frac{1}{T}\int_{-T/2}^{T/2} f(t)\mathrm{e}^{-\mathrm{j}(n\omega t)}\mathrm{d}t \tag{13-14}$$

即

$$F_n = \frac{1}{T}\int_{-T/2}^{T/2} f(t)\mathrm{e}^{-\mathrm{j}(n\omega t)}\mathrm{d}t \tag{13-15}$$

### 3. 非周期信号的频谱——傅里叶变换

广义上说，信号的某种特征量随信号频率变化的关系，称为信号的频谱。周期信号的频谱是指周期信号中各次谐波幅值、相位随频率的变化关系，即将 $|F_n| \sim \omega$ 和 $\varphi_n \sim \omega$ 关系分别画在以 $\omega$ 为横轴的平面上得到的两个图，分别称为振幅频谱图和相位频谱图。周期信号的频谱具有谐波(离散)性。谱线位置是基频 $\omega = 2\pi/T$ 的整数倍。

如果周期信号的周期足够长，使得后一个脉冲到来之前，前一个脉冲的作用实际上早已过去，这样的信号即可以看作是非周期信号。并且当周期趋于无穷大时，相邻谱线的间隔趋于无穷小，从而使信号的频谱密集成连续谱，同时各频率分量的振幅也成比例趋于无穷小。为了描述非周期信号的频谱特性，引入频谱密度概念。

$$F(\mathrm{j}\omega) = \lim_{T \to \infty}\frac{F_n}{f} = \lim_{T \to \infty}\frac{F_n}{1/T} = \lim_{T \to \infty}F_n T \tag{13-16}$$

式（13-16）中，$F(\mathrm{j}\omega)$ 称为频谱密度（单位频率上的频谱）。

根据式（13-13）和式 $\frac{1}{T} = \frac{\omega}{2\pi}$，有：

$$F_n T = \int_{-T/2}^{T/2} f(t)\mathrm{e}^{-\mathrm{j}(n\omega t)}\mathrm{d}t \tag{13-17}$$

根据式（13-10），有：

$$f(t) = \sum_{n=-\infty}^{\infty} F_n T \mathrm{e}^{\mathrm{j}n\omega t}\frac{1}{T} = \sum_{n=-\infty}^{\infty} F_n T \mathrm{e}^{\mathrm{j}n\omega t}\frac{\omega}{2\pi} = \frac{1}{2\pi}\sum_{n=-\infty}^{\infty} F_n T \mathrm{e}^{\mathrm{j}n\omega t}\omega \tag{13-18}$$

当 $T \to \infty$ 时，式（13-15）和式(13-16)变为

$$F(\mathrm{j}\omega) = \int_{-\infty}^{\infty} f(t)\mathrm{e}^{-\mathrm{j}\omega t}\mathrm{d}t \tag{13-19}$$

$$f(t) = \frac{1}{2\pi}\int_{-\infty}^{\infty} F(\mathrm{j}\omega)\mathrm{e}^{\mathrm{j}\omega t}\mathrm{d}\omega \tag{13-20}$$

$F(\mathrm{j}\omega)$ 称为 $f(t)$ 的傅里叶变换或频谱密度函数，简称频谱；$f(t)$ 称为 $F(\mathrm{j}\omega)$ 的傅里叶反变换或原函数。

根据上述傅里叶变换公式，可以得到离散傅里叶变换（DFT）公式：

$$F(k) = \sum_{k=0}^{N-1} f(n)\mathrm{e}^{-\mathrm{j}\frac{2\pi}{N}kn}, k = 0,1,\cdots,N-1 \tag{13-21}$$

但当采样点数较大时，离散傅里叶变换计算量较大，所以后来又出现了快速傅里叶变换（FFT）。

LabVIEW 中也提供了大量信号频谱分析的函数和节点，在【函数】选板/【信号处理】/【变换】中就可以找到"FFT"和"反 FFT"函数。接下来对"FFT"函数进行介绍。图 13-18 为"FFT"函数的图标和接线端。其接线端的含义为

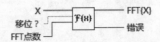

图 13-18 "FFT"函数的图标和接线端

- X：是输入序列（采样信号）。
- 移位？：指定直流（DC）元素是否位于 FFT {X}中心。默认值为 False。
- FFT 点数：是要进行 FFT 的长度。

 提醒：如 FFT 点数大于 X 的元素数，VI 将在 X 的末尾添加 0，以匹配 FFT 点数的大小。如 FFT 点数小于 X 的元素数，VI 只使用 X 中的前 $n$ 个元素进行 FFT，$n$ 是 FFT 点数。如 FFT 点数小于等于 0，VI 将使用 X 的长度作为 FFT 点数。

- FFT{X}：是 X 的 FFT。

【例 13-7】 叠加 3 个不同频率和不同幅值的正弦信号产生一个新的信号。利用快速傅里叶变换观察其频谱特性。

## ⚙ 结果分析

程序实验及仿真结果如图 13-19 所示。由仿真结果可以看出，在时域信号的部分很难看出各个成分的频率和其相应的幅值，但经过傅里叶变化后，便可以很清晰地看出 3 个频率分别为 30Hz、50Hz、70Hz。

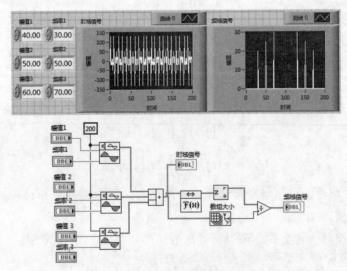

图 13-19 FFT 观察信号的频谱

如果将一个"自相关"函数经过傅里叶变换，放在以横轴为频率，纵轴为功率的坐标系上，则得到另一种频域信号分析的方法，称为功率谱分析，如图 13-15 所示。功率谱可

用于分析随机信号中能量变化的过程。

这里需要注意功率谱与频谱的区别。功率谱是针对随机信号而言，是随机信号的"自相关"函数的傅里叶变换，它描述了随机信号的功率在各个频率上的分布大小。功率谱可以从两方面来定义：一个是"自相关"函数的傅里叶变换；另一个是时域信号傅氏变换模平方，然后除以时间长度。第一种定义就是常说的维纳-辛钦定理，而第二种定义其实是从能量谱密度来的。根据 Parseval 定理，信号傅氏变换模平方被定义为能量谱，即单位频率范围内包含的信号能量。频谱是信号的傅里叶变换，描述了信号在各个频率上的分布大小。频谱的平方（当能量有限，平均功率为 0 时称为能量谱）描述了信号能量在各个频率上的分布大小。

**【例 13-8】** 根据给出的 Parseval 定义，验证 Parseval 定理。

$$\frac{1}{2\pi}\int_{-\infty}^{\infty}\left|S(\omega)\right|^2 \mathrm{d}\omega = \int_{-\infty}^{\infty}s^2(t)\mathrm{d}t = E \tag{13-22}$$

## ⚙ 设计过程

（1）输入为一频率为 50Hz 的正弦信号及高斯白噪声信号。

（2）对两个信号相互叠加，输出为图 13-19 中的时域波形，对其求能量。

（3）对该叠加信号进行功率谱分析可得到其相应频域的能量，经过验证可证明其能量相等，即证明了 Parseval 定理。程序及仿真实验结果如图 13-20 所示。

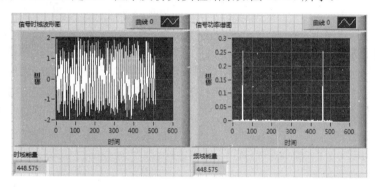

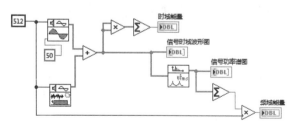

图 13-20  验证 Parseval 定理

## ▶ 13.3.4  滤波

滤波是信号处理中的一种基本而重要的技术，它包括利用电的、机械的和数学等技术手段滤除信号的噪声或虚假信号。工程测试中常用的滤波是指在信号频域的选频加工，因为测试中获取的信号往往含有多种频率成分，为了对其中某一方面的特征有更深的认识，或有利于对信号做进一步的分析和处理，需要将其中需要的频率成分提取出来，而将不需要的频率成分衰减掉。对于模拟生成的复杂信号，要实现对它的处理，首先要减少频率带宽，而实现这一点就要加入滤波器的装置。配置滤波器模块如图 13-21 所示。

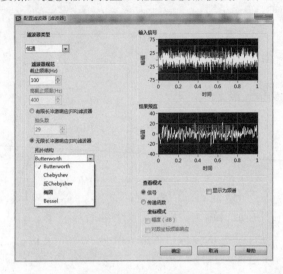

图 13-21　配置滤波器模块

滤波器的类型可选低通、高通、带通、带阻和平滑 5 种。每种滤波器都有其滤波的特点。根据信号调理中曾提过的滤波功能，低通滤波器容许低频信号通过，但减弱频率高于截止频率的信号的通过；高通滤波器容许高频信号通过，但减弱频率低于截止频率的信号的通过；带通滤波器容许一定频率范围信号通过，但减弱频率低于下限截止频率和高于上限截止频率的信号的通过；带阻滤波器减弱一定频率范围信号，但容许频率低于下限截止频率和高于上限截止频率的信号的通过；平滑滤波器是在空间域实现的一种低通滤波器。读者应选择适合的滤波器。

选择滤波器的拓扑结构时，有巴特沃斯滤波器、切比雪夫滤波器、反切比雪夫滤波器、椭圆滤波器和贝塞尔滤波器这 5 种滤波器结构可供读者选择。

1）巴特沃斯滤波器

巴特沃斯型滤波器在现代设计方法设计的滤波器中，是最有名的滤波器，由于它设计简单，性能方面又没有明显的缺点，又因它对构成滤波器的元件 Q 值较低，因而易于制作且达到设计性能，得到了广泛应用。其中，巴特沃斯滤波器的特点是：通频带的频率响应曲线最平滑。巴特沃斯滤波器的频率响应的特性是对所有的频率都有平滑的响应。在截止频率后单调下降，所以其频响特性是平滑的，通带中是最理想的单位响应，阻带中是响应。下降频率由特定的截止频率决定。巴特沃斯低通滤波器控制面板如图 13-22 所示。

其中，滤波器的类型可选低通、高通、带通和带阻 4 种类型。滤波器的阶数指过滤谐波的次数。通常，同样的滤波器，阶数越高，滤波效果越好，但成本也就越高。默认值为 2，如果阶数小于等于 0，可将 VI 设置为返回空数组错误。

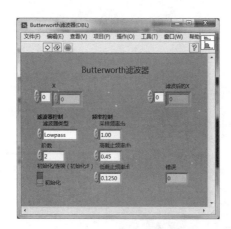

图 13-22　巴特沃斯低通滤波器控制面板

【例 13-9】　使用巴特沃斯低通滤波器对采集的方波信号滤波。

## 结果分析

实现该例程的前面板和程序框图如图 13-23 所示。还需要指出的是，原方波不以 $X$ 轴对称，有直流分量，经这个低通滤波器后，直流分量还应当存在，曲线显示的确如此。

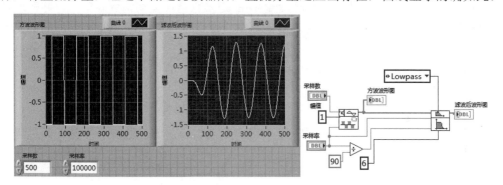

图 13-23　巴特沃斯低通滤波器对采集的方波信号滤波

2）切比雪夫滤波器

切比雪夫滤波器可以完成巴特沃斯滤波器不能完成的通、阻带之间的快速过渡，还可以根据带通的最大允许误差，将峰值误差减小到最低水平。它的频响特性点是，在通带响应中有一个等幅的纹波，阻带中单位衰减，但过渡带陡。它的优点是，用较少的阶数就能使过渡带很陡，从而加快了滤波器速度，降低了绝对误差。

总的来说，"巴特沃斯响应"带通滤波器具有平坦的响应特性，而"切比雪夫响应"带通滤波器却具有更陡的衰减特性。所以，具体选用何种特性，需要根据电路或系统的具体要求而定。但是，"切比雪夫响应"滤波器对于元件的变化最不敏感，而且兼具良好的选择性与很好的驻波特性（位于通带的中部），所以在一般的应用中，推荐使用"切比雪夫响应"滤波器。

【例 13-10】　使用切比雪夫滤波器对混有均匀白噪声的三角波信号进行低通滤波处理，同时对滤波前后信号进行频谱分析并显示。

## ⚙ 结果分析

实现该例程的前面板和程序框图如图 13-24 所示。由图 13-24 可以看出混有均匀白噪声的三角波信号经切比雪夫滤波器滤波后，噪声得到了很大程度的抑制。

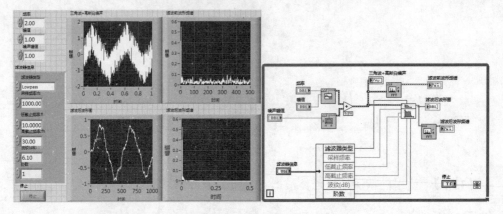

图 13-24　切比雪夫滤波器对混有均匀白噪声的三角波信号进行滤波

3）反切比雪夫滤波器

反切比雪夫滤波器与切比雪夫滤波器不同的是，它将误差均衡到阻带中，并在通带中实现了最大平稳。反切比雪夫滤波器通过计算通带的最大误差，可以把阻带的峰值误差最小化。它的响应特性是，大的阻带纹波误差是等值的，通带中的衰减是单调的。较巴特沃斯滤波器，它的优点是，在较低阶数时通带与阻带之间有较陡的过渡，这种差异使其有较小的绝对误差和较高的速度，较切比雪夫滤波器，它的优点是，可在阻带而不是通带中分散误差。

【例 13-11】 使用反切比雪夫滤波器对混有高斯白噪声的正弦波信号进行低通滤波处理，同时对滤波前后的信号进行频谱分析并显示。

## ⚙ 结果分析

实现该例程的前面板和程序框图如图 13-25 所示。由图 13-25 可以看出混有高斯白噪声的正弦波信号经反切比雪夫滤波器滤波后，噪声得到了很大程度的抑制。

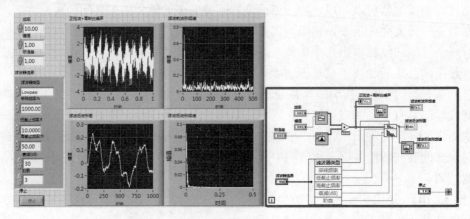

图 13-25　反切比雪夫滤波器对混有高斯白噪声的正弦波信号进行滤波

4）椭圆滤波器

椭圆滤波器通过把误差分散到通带和阻带，而减小峰值误差。其最大的响应特性是通带与阻带中的等波纹。与同阶的切比雪夫滤波器及巴特沃斯滤波器相比，该滤波器的过渡带最窄，所以其得到了广泛的应用。

【例 13-12】　使用椭圆滤波器对混有高斯白噪声的正弦波信号进行低通滤波处理，同时对滤波前后的信号进行频谱分析并显示。

⚙ 结果分析

实现该例程的前面板和程序框图如图 13-26 所示。由图 13-26 可以看出混有高斯白噪声的正弦波信号经椭圆滤波器滤波后，噪声得到了很大程度的抑制。

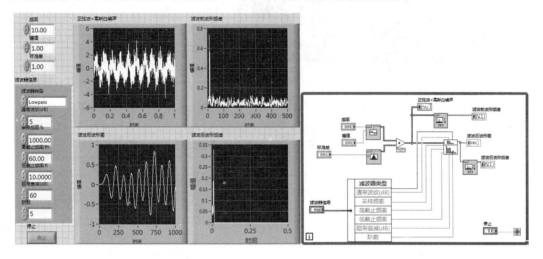

图 13-26　椭圆滤波器对混有高斯白噪声的正弦波进行滤波

5）贝塞尔滤波器

贝塞尔滤波器可以减少相位的非线形扭曲。这对高阶滤波器和过渡陡峭的滤波器是很重要的。它对冲击和相位信号的响应都是很平稳的，通带响应近似线形。因它和巴特沃斯滤波器一样，必须提高阶数，来减少误差，所以一般很少使用。

【例 13-13】　使用贝塞尔滤波器对混有高斯白噪声的正弦波信号进行低通滤波处理，同时对滤波前后的信号进行频谱分析并显示。

⚙ 结果分析

实现该例程的前面板和程序框图如图 13-27 所示。由图 13-27 可以看出混有高斯白噪声的正弦波信号经椭圆滤波器滤波后，噪声得到了很大程度的抑制。

除了以上 5 种基础的滤波器外，还有两种常用的数字滤波器，无限冲激响应滤波器（Infinite Impulse Response Filter，IIR 滤波器）和有限冲激响应滤波器（Finite Impulse Response Filter，FIR 滤波器）。对于 FIR 滤波器，冲激响应在有限时间内衰减为零，其输出仅取决于当前和过去的输入信号值。对于 IIR 滤波器，冲激响应理论上应会无限持续，其输出不仅取决于当前和过去的输入信号值，也取决于过去的信号输出值。注意，如果选择 IIR 滤波器，最后还需从上述的 5 种滤波器类型中选出最佳逼近方式，以实现滤波器的特性。对滤波器进行选择时，应充分考虑各种不同的滤波器之间的异同，做出正确的选择。下面对这两种滤波器做一个比较，以供读者选择，比较内容见表 13-5。

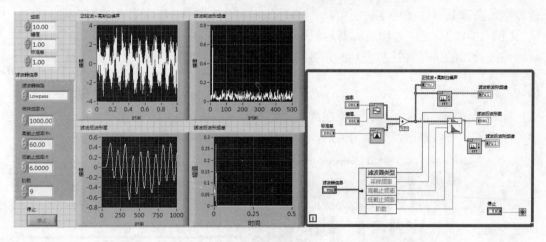

图 13-27 贝塞尔滤波器对混有高斯白噪声的正弦波进行滤波

表 13-5 IIR 和 FIR 数字滤波器的比较

| | FIR | IIR |
|---|---|---|
| 设计方法 | 一般无解析的设计公式，要借助计算机程序完成 | 利用 AF 的设计图表，可简单、有效地完成设计 |
| 设计结果 | 可得到幅频特性和线性相位 | 只能得到幅频特性，相频特性未知，如需要线性相位，须用全通网络校准，但增加滤波器阶数和复杂性 |
| 稳定性 | 极点全部在原点，无稳定性问题 | 有稳定性问题 |
| 因果性 | 总是满足，任何一个非因果的有限长序列，总可以通过一定的延时转变为因果序列 | |
| 运算误差 | 一般无反馈，运算误差小 | 有反馈，由于运算中的四舍五入会产生极限环 |
| 结构 | 非递归 | 递归系统 |
| 快速算法 | 可用 FFT 减少运算量 | 无快速运算方法 |

【例 13-14】数字 IIR 滤波器的应用。输入一个正弦信号及一个三角波，初相位都为 0，显示两类信号，并分别进行滤波。其中三角波信号为经过八阶巴特沃斯低通滤波器滤波后的幅值特征和相频特征曲线。

## ⚙ 结果分析

程序和实验仿真图如图 13-28 所示。

总的来说，对于滤波器的选择，可以根据以下的大致步骤进行，但在实际应用中，读者需要反复进行实验比较，才能得出哪种滤波器更适合自己的实验。滤波器选择流程图如图 13-29 所示。

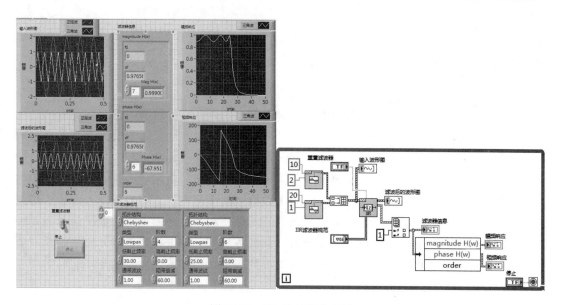

图 13-28　IIR 滤波器的应用

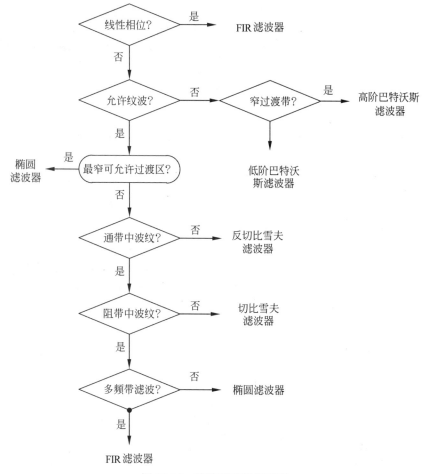

图 13-29　滤波器选择流程图

## 13.4 小结

本章主要介绍了数据采集方面的知识应用。NI 作为虚拟仪器的先锋，所具有的数据采集功能与数字信号处理技术都是需要将硬件与软件结合起来的。本章首先介绍了简单的数据采集的基础，涉及硬件和软件两个方面。在系统开发的过程中，其中最重要的一个硬件设备就是数据采集卡。数据采集卡集成了采集信号的功能，为用户简化了采集信号中如采样等相关的复杂功能。同时，本章还给出了数据采集卡可能用到的参数，方便读者对数据采集卡进行选择。最后介绍了数字信号处理的基础。从平台中采集到的数字信号需要经过 LabVIEW 的处理，经过时域和频域分析、滤波等步骤，如进行功率谱分析、卷积、傅里叶变换等。经过处理分析后的信号能够满足用户对数据及时、可靠、可视化的需求。

## 13.5 思考与练习

（1）梳理一下 LabVIEW 可以产生的基本仿真波形。

（2）产生一个占空比和频率可调的方波，计算出其频谱，并观察其频谱随方波参数变化而变化的情况。

（3）分别产生高斯分布和均匀分布的白噪声，然后观察它们的功率谱密度以及幅值概率分布情况。

（4）观察方波信号的单边带和双边单带频谱，并分析它们的区别和联系。

（5）LabVIEW 常见的滤波器有哪些？

（6）分析数字滤波器有哪些优缺点？

# 第 14 章　应用程序发布

使用 LabVIEW 编写完程序往往需要将程序拿到目标计算机上去运行，将程序从开发计算机上移植到目标计算机上通常有 3 种方法。

### 1. 将编写的 VI 或者整个项目复制到目标计算机上

这种方法的前期准备很耗费时间，需要目标计算机安装 LabVIEW、各种相关驱动和工具包。如果在目标计算机上只是为了运行程序，这种方法不被推荐，因为 VI 可以被任意修改，容易引起误操作。

### 2. 将 LabVIEW 程序生成的独立可执行程序（*.exe 文件）复制到目标计算机上

这种方法的前期准备也比较耗费时间，需要目标计算机上安装 LabVIEW 运行引擎（Run-Time Engine）、必要的驱动以及工具包等。但*.exe 可执行程序不能被修改，用户不易产生误操作。

### 3. 将 LabVIEW 程序生成的安装程序复制到目标计算机上

这种方法是事先将*.exe 文件和一些 LabVIEW 程序用到的组件在开发计算机上打包生成 Installer 程序，即安装程序，然后在目标计算机上安装该 Installer 程序，这样安装完成后，之前生成的 exe 文件、LabVIEW 运行引擎以及其他必须的工具包会自动配置到目标计算机上，这种方法移植程序比较简单，是最常用的方法。

本章的内容就是介绍如何用 LabVIEW 编写的程序创建可执行文件、可执行文件安装包以及动态链接库（DLL）等，即应用程序发布。

## 14.1　LabView 项目

“项目”是 LabVIEW 中非常重要的一个概念，用于组合 LabVIEW 文件和非 LabVIEW 特有的文件。LabVIEW 的项目必须使用“项目浏览器”进行管理和组织。另外，创建应用程序和共享库、部署或下载文件至终端（Windows 嵌入式标准终端、RT 或 FPGA 终端等）都必须通过项目来完成。本节的内容就是对项目和项目浏览器进行介绍，为后续内容打下基础

### ▶14.1.1　新建项目

在 LabVIEW 启动界面上，执行菜单栏中的【文件】/【新建】命令，在打开的【新建】对话框中选择【项目】，如图 14-1 左所示，并单击“确定”按钮，【项目浏览器】将自动打

开，如图 14-1 右所示。【项目浏览器】窗口中有两个选项卡："项"和"文件"。

（1）"项"选项卡——使用树形目录显示项目中所包含的各个"项"。

（2）"文件"选项卡——用于显示项目中在磁盘上有相应文件的"项"，在该页上可对文件名和目录进行管理和操作，并且进行的操作将影响并更新磁盘上对应的文件。

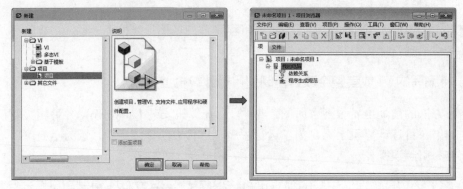

图 14-1　新建项目和项目浏览器

默认情况下，项目浏览器的"项"选项卡包括的内容是：

● 项目根目录——用于包含项目浏览器窗口中所有的"项"。

项目根目录的标签包括该项目的文件名，如图 14-2 所示，该项目的标签为"未命名项目 1"。LabVIEW 项目中可以添加很多"项"，这些"项"可以是文件夹，或是终端和设备。右击项目根目录，在弹出的快捷菜单中选择"新建"可以向项目中添加新的"项"，如图 14-2 所示，当选择"终端文件夹…"后，项目中就会出现一个新的"项"——"新建文件夹"，当选择"终端和设备…"后，会弹出"添加终端和设备"对话框，通过该对话框选择设备后，在项目中出现一个新的终端设备。也可以在 LabVIEW 项目中添加其他终端，如 Windows 嵌入式标准终端、RT 或 FPGA 终端，但必须已安装支持该终端的模块或驱动程序。

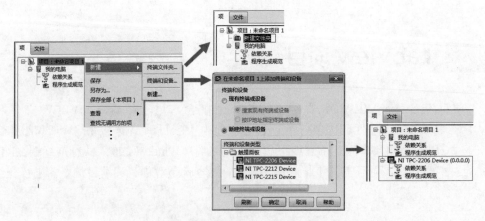

图 14-2　添加"项"到项目中

● 我的电脑——表示可作为项目终端使用的本地计算机。默认情况下，项目中只有"我的电脑"一个终端。

如果该项目中的某个终端支持其他终端，也可右击该终端，在弹出的快捷菜单中选择

【新建】/【终端和设备】，从而向此终端添加其他终端。例如，如计算机上已安装 NI PCI 设备，可在"我的电脑"中添加该设备。

- 依赖关系——包括某个终端下必须的 VI，如 VI、共享库、LabVIEW 项目库。
- 程序生成规范——包括对源代码发布编译配置以及 LabVIEW 工具包和模块所支持的其他编译形式的配置。

 提醒：在项目中添加其他终端时，LabVIEW 会在项目浏览器窗口中创建代表该终端的项，如图 14-2 中方框部分所示，新终端项也包括"依赖关系"和"程序生成规范"。

## ▶ 14.1.2　添加项目

使用【项目浏览器】窗口可向 LabVIEW 项目的任意一个终端（设备或文件夹）添加 LabVIEW 文件，如 VI 和库，以及非 LabVIEW 特有的文件，如文本文件和电子表格。

 提醒：每个项仅能在终端下出现一次。例如，将磁盘上某个目录中的一个文件添加到"我的电脑"终端，再将整个目录添加到"我的电脑"终端时，LabVIEW 不会再一次添加该文件。

### 1. 新建一个空白的新 VI

右击终端，在弹出的快捷菜单中选择【新建】/【VI】，可在终端下添加一个空白的新 VI，如图 14-3 所示，在"NI TPC-2206 Device（0.0.0.0）"终端中添加了一个"未命名 1" VI，该空白新 VI 需要编辑、重命名以及保存。也可以单击选中某一终端，然后在【项目浏览器】的菜单栏中选择【文件】/【新建 VI】来为该终端添加一个空白的新 VI。将 VI 添加至项目时，LabVIEW 自动将整个层次结构添加到项目浏览器的依赖关系下。

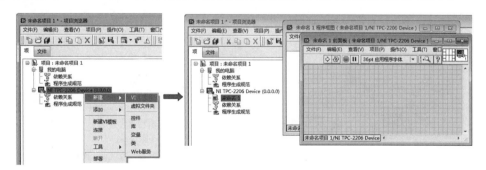

图 14-3　添加 VI 至终端

### 2. 新建了一个"虚拟文件夹"项

右击某终端，在弹出的快捷菜单中选择【新建】，除了图 14-3 中的 VI，还有虚拟文件夹、控件、库、变量、类等。如图 14-4 所示，为"我的电脑"终端添加了一个"虚拟文件夹"项。

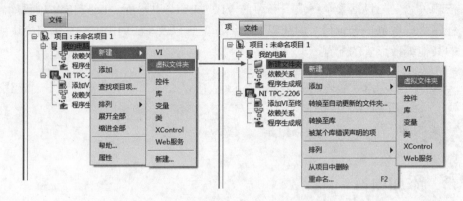

图 14-4　添加"虚拟文件夹"至终端

提醒："虚拟文件夹"是项目中用于组织项目项的文件夹，并不在磁盘上实际存在。也可右击已添加的"虚拟文件夹"，在弹出的快捷菜单中选择【新建】/【虚拟文件夹】，为该文件夹创建子文件夹。

### 3. 添加文件夹

右击终端或文件夹，在弹出的快捷菜单中选择【添加】，在下一级快捷菜单中选择【文件】、【文件夹（快照）】或【文件夹（自动更新）】，从弹出的对话框中选择需添加的文件。如图 14-5 所示，在"我的电脑"终端下，按照图 14-4 所示的方式新建两级虚拟文件夹，右击【子文件夹 2】，在弹出的快捷菜单中选择【添加】/【文件夹（自动更新）】，打开【选择需插入的文件夹】对话框，通过该对话框选择"低通滤波器设计"文件夹，将该文件夹下的文件添加到项目中。之后单击"我的电脑"终端下"依赖关系"前的加号⊞，可以观察添加文件的层次结构。

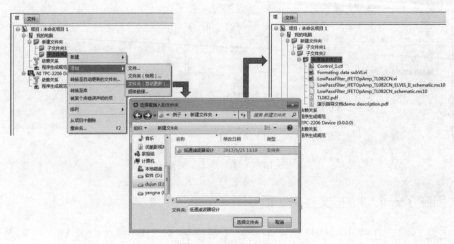

图 14-5　添加文件

#### 4. 添加超级链接

右击终端，或终端下的文件夹或库，在弹出的快捷菜单中选择【添加】/【超级链接】，可显示【超级链接属性】对话框。通过该对话框可添加超级链接作为 LabVIEW 项目中的项，如图 14-6 所示。

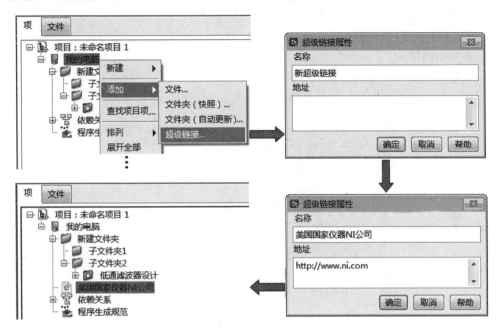

图 14-6　添加超链接

其中，【超级链接属性】对话框包括以下部分：

- 名称——指定显示为项目项的超级链接的名称。
- 地址——指定超链对应的 URL 地址。

【超级链接属性】对话框可接受下列类型的地址作为超级链接的地址：

- 网络地址：如 \\server\doc.txt。
- 本地地址：如 C:\My Test\。
- HTTP 地址：如 http://www.ni.com。
- FTP 地址：如 ftp://ftp.document.com。
- 发送邮件地址：如 mailto:email@email.com。

## ▶14.1.3　组织项目中的项

LabVIEW 在项目浏览器窗口中创建代表内存中文件的项。对项目中的项组织，使各项处于一个有组织的结构中，通常是很重要的。以下为在项目中组织项时的说明和建议。

（1）可使用"排序"选项对项目中的项进行排序。

"排序"选项自动应用于项目中的项，不会改变项目在磁盘上的组织方式。"排序"选项用于更好地组织和管理项目中的项。如图 14-7 所示，右击"低通滤波器设计"项，在弹出的快捷菜单中选择【排列】项，然后从下一级快捷菜单中选择一个排序类别。可选择的排序选项有：

- 名称——按文件名的字母顺序排列。
- 类型——按文件的类型排列。
- 路径——按文件的路径排列。
- 自定义——按照用户定义排列。与其他排序类别不同，自定义排序会影响到项目在磁盘上的排列。
- 与父类相同——将项目项按照与父项相同的方式排列。与父项相同的排序方式使项自动从父文件夹中继承排序类别。只有具备父项时，才可使用与父项相同的选项。

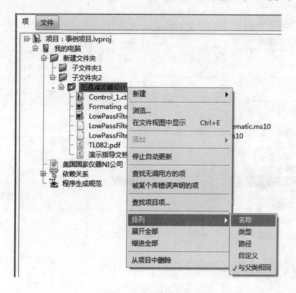

图 14-7    项排序

提醒：默认情况下，LabVIEW 按照"名称"对新项目和项目库进行排序。按照名称、类型、路径，以及与父类相同并不影响项目在磁盘上的排列。但是，如不使用排序选项而移动某项目项在项目中的位置，LabVIEW 会自动至自定义排序，会改变项目在磁盘上的排列。如选择按类型或路径对项目库排序，LabVIEW 在下一次打开该项目库时将自动按名称重新排序。

（2）为每个项目文件创建单独的目录。

使用不同的目录组织项目文件更便于在磁盘上识别与该项目库有关的文件。

（3）磁盘上的目录与项目结构中的虚拟文件夹不匹配。

将磁盘上的目录作为虚拟文件夹添加到项目后，如对磁盘上的目录进行任何修改，LabVIEW 也不会更新项目中的文件夹。将磁盘上的目录作为自动生成的文件夹添加到项目，可在项目中监控和更新磁盘上的改动。

（4）如正在生成一个安装程序，应确保将项目中的文件保存至 lvproj 项目文件所在的驱动器中。

如某些文件保存在网络驱动器等其他驱动器中，将该项目添加到安装程序时，项目与这些文件的链接将会断开。

（5）在源代码发布中的文件结构无须匹配项目浏览器窗口中的结构。

生成源代码发布时可指定一个不同的结构。

（6）添加、移除、保存项目中的项时，依赖关系将自动更新。

在依赖关系中无法直接添加或删除文件。LabVIEW 自动跟踪包括在项目中的各文件，并保证各文件的依赖关系一并添加到项目中。

（7）VI 动态调用的项不会在依赖关系中显示。

必须将这些项添加到终端下，以便在项目中对其进行管理。

（8）创建应用程序时，可将设置应用于整个文件夹。

可考虑组合终端下文件夹中的所有动态项。

（9）如项目中包含不同路径下相同合法名称两个或两个以上项，该项目会产生冲突。

冲突项上显示黄色警告标志。单击【解决冲突】按钮，在【解决项目冲突】对话框中查看关于项目冲突的详细信息。

# ▶14.1.4　保存项目

新建项目时，LabVIEW 将创建一个项目文件（.lvproj），其中包括项目文件引用、配置信息、部署信息、程序生成信息等。通常可以采用以下途径保存 LabVIEW 项目：

（1）选择【项目浏览器】菜单栏中的【文件】/【保存】或【保存全部（本项目）】。

（2）选择【项目浏览器】菜单栏中的【项目】/【保存项目】。

（3）右击项目根目录，从弹出的快捷菜单中选择【保存】或【保存全部（本项目）】。

（4）单击项目工具栏中的【保存全部（本项目）】按钮。

如图 14-8 所示，单击【项目浏览器】工具栏中的【保存全部（本项目）】按钮后，弹出【命名项目】对话框，通过该对话框选择项目保存的路径以及给项目命名，然后单击【确定】按钮。在项目保存完毕后，【项目浏览器】窗口的"标题栏"和项目根目录都会发生相应变化，图 14-8 右侧方框所示。

图 14-8　项目的保存

▣：保存全部按钮。

## 14.2 程序生成规范

用户可使用【项目浏览器】窗口的"程序生成规范"项，如图 14-2 所示，创建和配置 LabVIEW 程序生成规范。"程序生成规范"是指生成程序的各项设置，例如，包括的文件、创建的目录，以及 VI 设置。表 14-1 列出了各种程序生成规范所需的 LabVIEW 版本类型。

表 14-1  各种程序生成规范所需的 LabVIEW 版本类型

| 程序生成规范 | 需 要 安 装 |
| --- | --- |
| 独立应用程序 | 应用程序生成器或专业版开发系统 |
| 安装程序 | 应用程序生成器或专业版开发系统 |
| .NET 互操作程序集 | 应用程序生成器或专业版开发系统 |
| 打包库 | 应用程序生成器或专业版开发系统 |
| 共享库 | 应用程序生成器或专业版开发系统 |
| 发布源代码 | 基础版或完整版开发系统 |
| Web 服务 | 基础版或完整版开发系统 |
| Zip 文件 | 应用程序生成器或专业版开发系统 |

提醒：必须装有"应用程序生成器"，才能创建"独立应用程序""共享库""安装程序"和"Zip 文件"。LabVIEW 专业版开发系统中含有"应用程序生成器"。如使用的是 LabVIEW 基础版或完整版开发系统，请登录 National Instruments 网站单独购买应用程序生成器。如已购买"应用程序生成器"，请选择【帮助】/【激活 LabVIEW 组件】激活该产品。

"程序生成规范"界面是一组对话框，用于自定义生成程序的类型。每个对话框都包含不同类型的生成规范的选项。例如，如要生成一个"独立应用程序"，可通过右击"程序生成规范"，选择【新建】/【应用程序（EXE）】，打开【应用程序属性】对话框，在该对话框内可配置生成程序的各项设置。

### ▶14.2.1  程序生成规范的类型

LabVIEW 程序生成规范包括的类型有：

（1）独立应用程序——为其他用户提供 VI 的可执行版本。

独立应用程序以.exe 为扩展名，用户无须安装 LabVIEW 开发系统，也可运行 VI，但需要安装 LabVIEW 运行引擎。

（2）安装程序——用于发布通过应用程序生成器创建的独立应用程序、共享库和源代码发布等。

包含 LabVIEW 运行引擎的安装程序允许用户在未安装 LabVIEW 的情况下运行应用程序或使用共享库。

（3）.NET 互操作程序集——将一组 VI 打包，用于 Microsoft .NET Framework。

如要通过应用程序生成器创建.NET 互操作程序集，必须安装.NET Framework 4.0。

（4）打包库——将多个 LabVIEW 文件打包至一个文件。

部署打包库中的 VI 时，部署打包库一个文件即可。打包库的顶层文件是一个项目库。打包库包含为特定操作系统编译的一个或多个 VI 层次结构。打包库的扩展名为.lvlibp。

（5）共享库——用于通过文本编程语言调用 VI，如 LabWindows™/CVI™、Microsoft VisualC++和 Microsoft Visual Basic 等。

共享库为非 LabVIEW 编程语言提供了访问 LabVIEW 代码的方式。如需与其他开发人员共享所创建 VI 的功能时，可使用共享库。其他开发人员可使用共享库，但不能编辑或查看该库的程序框图，除非编写者在共享库上启用调试。共享库以.dll 为扩展名。

（6）发布源代码——发布源代码时将一系列源文件打包。

用户可通过发布源代码将代码发送给其他开发人员在 LabVIEW 中使用。在 VI 设置中可实现添加密码、删除程序框图或应用其他配置等操作。为一个源代码发布中的 VI 可选择不同的目标目录，而且 VI 和子 VI 的连接不会因此中断。

（7）Web 服务——从 Web 客户端与 LabVIEW 应用程序通信。

当 LabVIEW 应用程序在嵌入式终端等位置远程运行时，可通过 Web 浏览器或其他方法向应用程序发送 HTTP 请求，从而实现与应用程序通信。LabVIEW Web 服务可在应用程序和客户端之间通信。Web 服务在终端上运行，以执行 HTTP 方法 VI 的方式响应客户端发出的 HTTP 请求，将数据发送至应用程序或返回应用程序产生的数据。Web 服务可独立于 LabVIEW 应用程序运行。

（8）Zip 文件——用于以单个可移植文件的形式发布多个文件或整套 LabVIEW 项目。

一个 Zip 文件包括可发送给用户使用的已经压缩了的多个文件。Zip 文件可用于将已选定的源代码文件发布给其他 LabVIEW 用户使用。可使用 Zip VI 通过编程创建 Zip 文件。

发布这些文件无需 LabVIEW 开发系统，但是必须装有 LabVIEW 运行引擎，才能运行独立应用程序和共享库。

## ▶14.2.2　开发和发布应用程序的一般性步骤

### 1. 准备生成应用程序

（1）打开用于生成应用程序的 LabVIEW 项目。

提醒：生成应用程序必须通过项目，而不是单个的 VI。

（2）保存整个项目，确保所有 VI 保存在当前版本的 LabVIEW 中。

（3）验证每个 VI 在【VI 属性】对话框中的设置。

如准备发布应用程序，须确保 VI 生成版本在【VI 属性】对话框中设置的正确性。例如，为改进生成应用程序的外观，须验证【VI 属性】对话框中下列页面的设置：窗口外观、窗口大小、窗口运行时位置。

（4）验证开发环境中使用的路径在目标计算机上正常工作。

如项目动态加载 VI，则使用相对路径，而不是绝对路径，指定 VI 的位置。由于文件层次结构因计算机而异，相对路径可确保路径在开发环境和应用程序运行的目标计算机上正常工作。同时，为避免生成过程中发生错误，确保包括文件名在内目标目录的生成文件路径少于 255 个字符，可在所创建的程序生成规范的属性页的目标页指定生成文件的目标位置。

（5）验证"当前 VI 路径"函数返回预期的路径。

在独立的应用程序或共享库中，"当前 VI 路径"函数返回 VI 在应用程序文件中的路径，并将应用程序文件视为一个 LLB。例如，如将 foo.vi 生成为一个应用程序，"当前 VI 路径"函数将返回 C:\..\Application.exe\foo.vi，其中 C:\..\Application.exe 表示应用程序的路径及其文件名。

（6）确保 VI 服务器属性和方法在 LabVIEW 运行引擎中按预期运行。

LabVIEW 运行引擎不支持某些 VI 服务器属性和方法。因此，避免在应用程序或共享库中的 VI 使用这些属性和方法。可从 VI 分析器工具包运行生成应用程序兼容性测试，确保 VI 服务器属性与 LabVIEW 运行引擎兼容。

（7）如 VI 中含有 MathScript 节点，则删除脚本中所有不支持的 MathScript 函数。

LabVIEW 运行引擎不支持部分 MathScript RT 模块函数。如 VI 中含有 MathScript 节点，则删除脚本中所有不支持的 MathScript 函数。如 VI 中含有从库类调用函数的 MathScript 节点，则在创建或编辑程序生成规范前将 DLL 以及头文件添加到项目中。同时，确保在应用程序中使用的是这些文件的正确路径。

## 2. 生成应用程序的配置规范

（1）创建程序生成规范。

选择【项目浏览器】/【扩展我的电脑】。右击【程序生成规范】，从弹出的快捷菜单中选择【新建】/【应用程序（EXE）】类型，打开【应用程序属性】对话框。如先前已在项目浏览器窗口中隐藏程序生成规范，访问之前必须重新显示项。

（2）在【应用程序属性】对话框中配置【程序生成规范】的要求配置页。

> 提醒：如希望在安装程序中包含任意类型的应用程序，要确保指定应用程序中的所有文件相对于应用程序的基本目标。否则，在安装程序中包含应用程序的生成输出时，安装程序将重新排列应用程序文件的原始结构，移动所有非相对于基本目标的文件。可在【应用程序属性】对话框的目标页中指定任意类型应用程序的主要目标。

从表 14-1 中选择需要创建的应用程序类型：独立应用程序、安装程序、.NET 互操作程序集、打包库、共享库、发布源代码、Web 服务、Zip 文件。

（3）在程序生成规范中包括动态加载的 VI。

如某个 VI 使用 VI 服务器动态加载其他 VI，或通过引用调用或开始异步调用节点调用动态加载的 VI，必须将这些 VI 添加到【应用程序属性】对话框源文件页的始终包括列表框中。也可通过将动态加载的 VI 包括在源代码发布中，从而发布动态加载的 VI。

（4）保存程序生成规范的新设置。

单击【确定】按钮，更新项目中的程序生成规范，并关闭对话框。更新的程序生成规范的名称出现在程序生成规范目录下的项目中。如须保存程序生成规范的改动，必须保存包含程序生成规范的项目。

⊞：扩展"我的电脑"。

### 3. 生成应用程序

右击要生成的应用程序的程序生成规范名称，从弹出的快捷菜单中选择生成。也可使用生成 VI 通过编程生成应用程序。

### 4. 发布生成的应用程序

（1）确保运行应用程序的计算机可访问 LabVIEW 运行引擎。

任何使用应用程序或共享库的计算机上都必须安装 LabVIEW 运行引擎。可将 LabVIEW 运行引擎与应用程序或共享库一并发布。也可在安装程序中包括 LabVIEW 运行引擎。

（2）发布终端用户的法律信息。

如使用"安装程序"发布应用程序，则在【安装程序属性】/【对话框信息页】中输入自定义许可证协议信息。

## 14.3　生成独立应用程序

打开一个已保存的项目，右击【项目浏览器】窗口中的【程序生成规范】，在弹出的快捷菜单中选择【新建】/【应用程序（EXE）】，如图 14-9 所示，打开【应用程序属性】对话框。该对话框用于配置独立应用程序的各项设置，并最终生成应用程序。

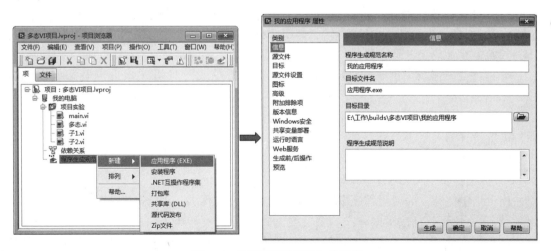

图 14-9　【应用程序属性】对话框

【应用程序属性】对话框中包含"信息""源文件""目标""源文件设置""图标"

"高级""附加排除项""版本信息""Windows 安全""共享变量部署""运行时语言""生成前/后操作"和"预览"等配置页，用于指定生成程序的各项设置。通常，用户只从前到后对各个页进行适当设置即可。

各配置页的主要内容如下：

1）信息页

该页用于命名独立的应用程序，选择应用程序生成后的保存地址。如图 14-10 所示，该页包括以下部分：

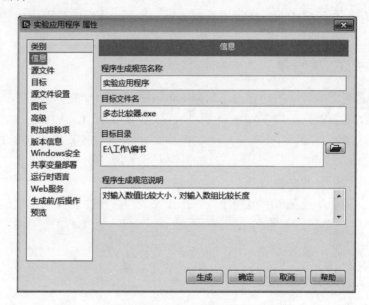

图 14-10　信息页

- 程序生成规范名称——指定程序生成规范的唯一名称。该名称可在【项目浏览器】窗口中的【程序生成规范】下显示。
- 目标文件名——指定应用程序的文件名。应用程序必须以.exe 作为扩展名。
- 目标目录——指定保存在本地计算机上保存程序生成的目录。输入路径或使用【浏览】按钮浏览并选择目录。
- 程序生成规范说明——显示程序生成规范的信息。只可在该页查看和编辑说明信息。

按图 14-10 中的方式配置"信息页"。读者须留意最后生成应用程序的名称、地址等方面与该页设置的关系。

📁：浏览按钮。

2）源文件页

该页用于在独立的应用程序中添加和删除文件及文件夹，并指定生成的启动 VI。如图 14-11 所示，该页包括以下部分：

- 项目文件——显示终端下项的列表。如图 14-11 所示的例子中，"我的电脑"终端下只有一个文件夹"项"（"项目实验"），该"项"下所包含 VI 的列表，在该栏中显示。

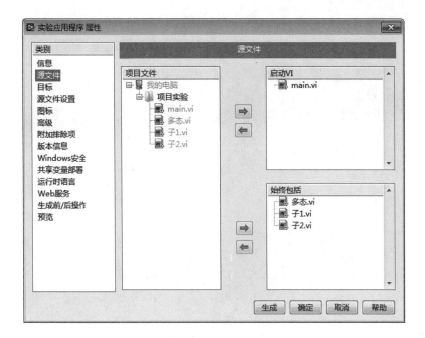

图 14-11　源文件页

- 启动 VI——指定在应用程序中使用的启动 VI。启动 VI 是顶层 VI，在每次启动应
  用程序时显示和运行。必须至少指定一个 VI 为启动 VI。如未指定启动 VI 或找不
  到启动 VI，LabVIEW 可显示无启动 VI 程序生成规范错误。

单击选中"项目文件"列表框中的某个 VI 后，"启动 VI"列表框旁的箭头按钮变亮，
单击该按钮可将选中的 VI 添加到"启动 VI"列表框中。选中"启动 VI"列表框中的 VI，
单击列表框旁的箭头按钮，可将该 VI 从"启动 VI"列表框中删除。

- 始终包括——指定即使启动 VI 不包含文件引用，应用程序也始终包含动态 VI 和支
  持文件。　单击"始终包括"列表框旁的箭头按钮，可添加"项目文件"列表框中
  选定的文件，或删除"始终包括"列表框中选定的文件。

：箭头按钮。

：箭头按钮。

如图 14-11 所示，将"项目文件"列表框中的"main.vi"添加到"启动 VI"列表框中，
由于该 VI 是整个项列表中 VI 的顶层 VI，所以将"项目文件"列表中的其他子 VI 添加到
"始终包括"列表框中。

> 提醒：多态 VI、控件、私有数据控件、非 VI 文件（如文本、图像或.mnu 文件）、
> 库文件（如 LabVIEW 类、XControl）都无法移至"启动 VI"列表框中，私有
> 数据控件不能移至"始终包括"列表框。

3）目标页

该页用于为独立应用程序配置"目标设置"和添加"目标路径"。如图 14-12 所示，该
页包括以下部分：

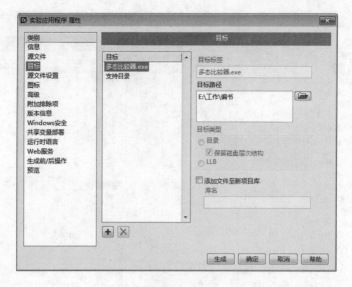

图 14-12　目标页

- 目标——指定目标目录，用于存放程序生成的文件。

如图 14-12 所示，列表中有两个默认的目标目录，第一个是与"信息页"的"目标文件名"对应的"多态比较器.exe"，第二个是"支持目录"。单击"添加目标"按钮➕或"删除目标"按钮❌，可添加或删除目录，但不能删除目标列表中已有的默认目标目录。

- 目标标签——指定在目标列表框中选定的目录的名称。不能更改两个默认目标目录的目标标签设置。
- 目标路径——指定路径为目标列表框中选定的目录或 LLB。

如须避免在生成过程产生错误，应确保目标目录（包括文件名）少于 255 个字符。

- 目标类型——指定目标列表框中选定项的目标类型。不能改变该应用程序的设置或支持目录。
- 目录——指定目标为目录。
- 保留磁盘层次结构——在目标目录中保留文件的磁盘层次结构。
- LLB——指定 LLB 目标。
- 添加文件至新项目库——指定在新建项目库中添加移至选定目标的文件。
- 库名——LabVIEW 用于添加文件的新建项目库的名称。

4）源文件设置页

该页用于编辑独立应用程序中文件及文件夹的目标和属性。只有项目文件目录树中选定的项支持该选项时，LabVIEW 才启用该选项。该设置可应用于依赖关系下的所有文件，但不能应用于依赖关系下的单个文件。如需将设置应用于单个文件，可在 LabVIEW 项目中添加单个文件。源文件设置页如图 14-13 所示。接下来对该页中的主要部分进行介绍：

- 项目文件——显示终端下项的树形视图。图 14-13 中显示的是项目浏览器窗口的"我的电脑"终端的树形视图。
- 包括类型——显示 LabVIEW 在生成程序中包括项的方法。该选项对应源文件页选定的包括类型。

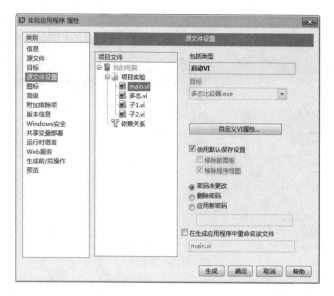

图 14-13 源文件设置页

如图 14-13 所示，项目文件列表中选中的是"main.vi"，该 VI 在源文件页中被设置为启动 VI，如图 14-11 所示。所以，在本页，"包括类型"中的值为"启动 VI"。如果在项目文件列表中选中的是"多态.vi"，本页"包括类型"中的值为"始终包括"。

- 目标——设置选定项的目标。如未指定启动 VI，LabVIEW 启用该选项。下拉菜单中的名称对应于目标页目标标签文本框中的选项。默认目标是与调用方相同，LabVIEW 使该项位于与调用方相同的位置。

  为打包库和共享库设置目标——仅在选择依赖关系时显示。

  在 LLB 中保持顶层——选定目标为 LLB 时显示。

提醒：如需使选定的 VI 为 LLB 的顶层项，可勾选在 LLB 中保持顶层复选框。

- 自定义 VI 属性——显示【VI 属性】对话框。使用该对话框指定所选 VI 的属性。默认状态下，使用 VI 本身的属性设置。VI 属性配置的设置可覆盖自定义窗口外观对话框中的设置。对于非 VI 项，LabVIEW 可禁用该选项。

- 使用默认保存设置——使用默认保存设置保存 VI。默认状态下，源文件页中的"启动 VI"和"始终包括"列表框中添加的 VI 保存时不包括程序框图。其他 VI 的默认保存设置不包括前面板和程序框图。取消勾选复选框可更改项目文件中选定项的默认设置。

5）图标页

该页用于选择独立应用程序的图标文件，可使用默认的 LabVIEW 图标文件，也可选择自定义图标文件或创建图标文件。该页可显示图标文件中所有图像的预览。如图 14-14

所示，该页包括以下部分：

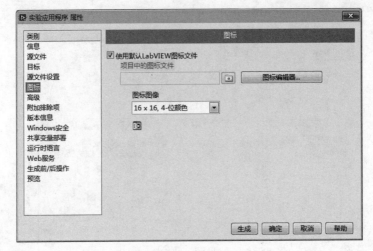

图 14-14　图标页

* 使用默认 LabVIEW 图标文件——表明应用程序是否使用标准 LabVIEW 图标。

如需在项目中选择图标文件，可取消勾选该复选框，同时，【选择项目文件】对话框会自动弹出，用于从项目中选择图标文件，如图 14-15 左所示，如项目中没有图标文件，可使用该对话框在项目中添加图标文件。

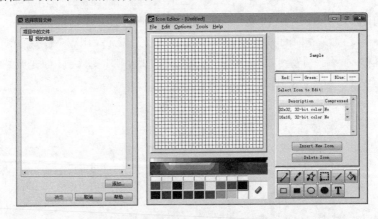

图 14-15　选择项目文件和图标编辑器

* 项目中的图标文件——显示应用程序使用的图标文件。

LabVIEW 支持 256 像素×256 像素和 32 位色彩。

* 图标编辑器——打开图标编辑器，创建或编辑图标文件。

通过在项目中的图标文件中选定图标文件，可在图标编辑器中打开该文件。如未选定图标文件，图标编辑器可创建并打开新的图标文件。关闭图标编辑器前，需保存对图标文件所做的修改。对于新建的图标文件，单击项目中的图标文件旁边的浏览项目按钮，可添加图标文件至项目和程序生成规范。图标编辑器如图 14-15 右所示。

* 图标图像——在.ico 文件中列出可用图标。

LabVIEW 支持显示和设置 256 像素×256 像素和 32 位色彩。

6）高级页

该页用于配置独立应用程序的高级设置，如图 14-16 所示。接下来对包含的部分内容进行介绍。

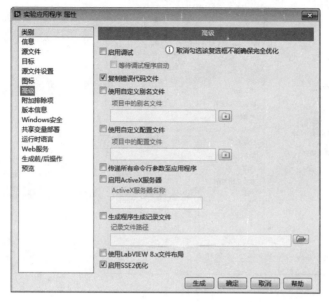

图 14-16　高级页

- 启用调试——启用应用程序、共享库、.NET 互操作程序集或 Web 服务的调试。

提醒：禁用此复选框，不能够确保全部优化。

- 等待调试程序启动——设置对应用程序、共享库或.NET 互操作程序集进行加载，直至用户通过 LabVIEW 调试控件使其运行时才运行。勾选"启用调试"复选框可激活该选项。
- 复制错误代码文件——在运行引擎中添加 project\errors 和 user.lib\errors 目录下的基于 XML 的 LabVIEW 错误代码文本文件。

提醒：必须在 labview\user.lib 下手动创建 errors 文件夹，用于管理错误代码文件。

- 使用自定义别名文件——复制项目别名文件的同时复制应用程序、共享库或.NET 互操作程序集。如勾选该复选框，可显示选择项目文件对话框，用于选择项目中的别名文件。
- 项目中的别名文件——如未选择使用自定义别名文件，应为应用程序、共享库或.NET 互操作程序集指定别名文件。

7）版本信息页

该页用于输入独立应用程序的版本信息，如图 14-17 所示。该页包括以下部分：

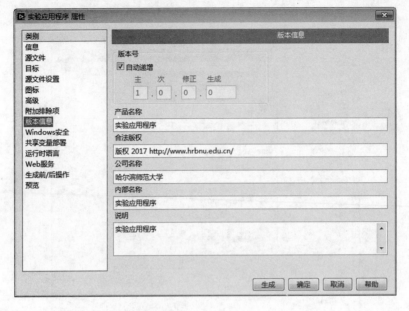

图 14-17　版本信息页

- 版本号——指定生成程序的版本号。
- 自动递增——指定 LabVIEW 在每次生成程序后是否自动递增生成编号。

提醒：生成程序后保存项目，确保再次打开项目时 LabVIEW 自动正确递增版本号。

- 主——指定用于表示主要版本的版本号。
- 次——指定用于表示次要版本的版本号。
- 修正——指定表示修正问题版本的版本号。
- 生成——指定表示具体的生成版本的版本号。
- 产品名称——指定要显示给用户的名称。
- 合法版权——生成程序随附的版权声明。
- 公司名称——指定与生成程序关联的公司名称。
- 内部名称——供内部使用的生成程序的名称。
- 说明——指定提供给用户的关于生成程序的信息。

在该页添加的信息以下列方式出现：

右击应用程序，在弹出的快捷菜单中选择【属性】，版本选项卡可显示版本信息。

8）运行时语言页

该页用于设置独立应用程序的语言选项，如图 14-18 所示。选定的语言在 LabVIEW 运行引擎影响的所有独立应用程序中有效（如对话框和菜单）。该项显示选定的默认语言。

用户可配置语言设置为包括默认语言在内的任意 LabVIEW 支持语言。该页包括以下部分：

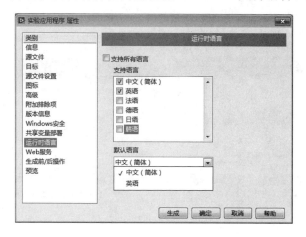

图 14-18　运行时语言页

- 支持所有语言——在生成中启用所有 LabVIEW 支持的语言。如需自定义支持语言，可取消勾选该复选框。
- 支持语言——取消勾选支持所有语言复选框后，须指定生成程序支持的语言。
- 默认语言——取消勾选支持所有语言复选框后，指定生成程序支持的默认语言。

 提醒：LabVIEW 运行引擎支持多种语言。对于设置语言首选项的应用程序，无需包括多个版本的 LabVIEW 运行引擎。

9）预览页

该页用于预览生成的独立应用程序，如图 14-19 所示。单击【生成预览】按钮，创建生成程序的预览，并在"生成文件"栏中显示，这样就可以看到即将生成哪些文件，是否设置完全。

图 14-19　预览页

通过以上各"页"对生成程序的重要信息进行了配置，然后在图 14-19 中单击【生成】

按钮即可生成可执行文件。如图 14-20 所示，当【生成状态】对话框显示生成进度完成时，单击【完成】按钮，在"信息页"的"目标目录"指定位置便可看到生成的应用程序"多态比较器.exe"，读者可以查看该应用程序的"属性"中的内容与前面配置信息的关系。

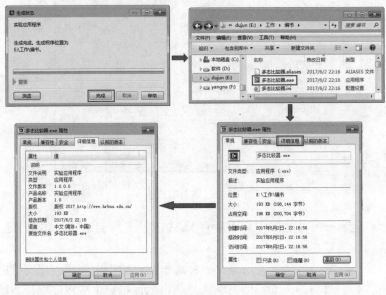

图 14-20　生成的应用程序

至此，我们已经完成了生成独立可执行应用程序的操作，如果目标计算机上已经安装了 LabVIEW 运行引擎和其他需要的组件，那么就可以将生成的 exe 文件复制到目标计算机上直接运行。

# 14.4　安装程序

右击【项目浏览器】窗口中的【程序生成规范】，在弹出的快捷菜单中选择【新建】/【安装程序】，可显示【我的安装程序 属性】对话框，如图 14-21 所示，该对话框用于创建或配置安装程序的设置。

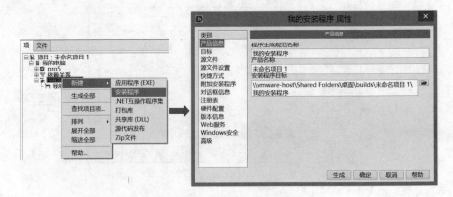

图 14-21　【我的安装程序 属性】对话框

【我的安装程序 属性】对话框包括【产品信息】、【目标】、【源文件】、【源文件设置】、【快捷方式】、【附加安装程序】、【对话框信息】、【注册表】、【硬件配置】、【版本信息】、【Web 服务】、【Windows 安全】、【高级】配置页。接下来对部分配置页进行示范性介绍，有关细节，读者可查阅"LabVIEW 帮助"。

在【产品信息】页中设置您的产品名称和安装程序目标，产品名称会影响安装程序所在的路径名，并且对应着在 Windows 添加删除程序列表中应用程序的名字，如图 14-21 所示。

选择【目标】，修改目标名称，该名称决定了将来安装程序运行结束后，可执行文件会释放到哪个文件夹中，如图 14-22 所示。

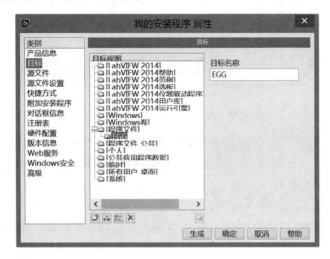

图 14-22 "目标"属性

选择【源文件】，在项目文件视图中单击选择之前创建的应用程序生成规范，然后单击添加箭头，将应用程序添加到目标文件夹中，右边的目标视图中可以看到添加结果，如图 14-23 所示。

图 14-23 "源文件"属性

选择【快捷方式】，修改右边的快捷方式下的名称和子目录。快捷方式下的名称对应将来在开始菜单中看到的快捷方式图标的名称，子目录对应快捷方式在开始菜单中所处的文件夹名称，如图 14-24 所示。

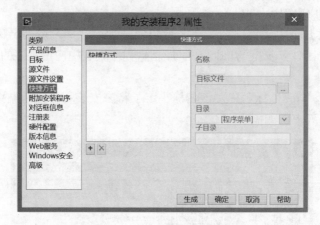

图 14-24 "快捷方式"属性

选择【附加安装程序】，勾选相应的 LabVIEW 运行引擎和必要的驱动程序以及工具包等，之后这些驱动以及工具包会一起包含在生成的 Installer 中。LabVIEW 在这里会自动勾选一些必要的 NI 安装程序，但是有可能并没有包含所有需要安装的程序，您的程序中使用到哪些驱动以及工具包，这里配置时就需要勾选哪些工具包。对于一些特定的工具包，如 NI OPCServers、DSC 运行引擎等不支持直接打包部署（KB:5SS56RMQ 56P8BSJT），因此这里会无法勾选或者勾选无效，这些工具包需要在目标计算机上再单独安装，如果不能确定该工具包是否支持打包部署，请联系 NI 技术支持，如图 14-25 所示。

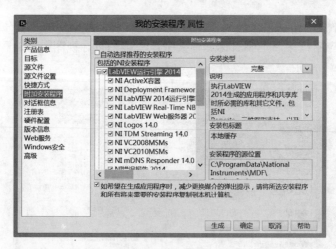

图 14-25 "附加安装程序"属性

单击【生成】按钮，开始生成安装程序，同样会弹出一个生成状态窗口，生成过程完成后，单击【浏览】按钮可以打开安装文件所在路径，会看到一个 setup.exe 文件，这个文件就是最终的安装文件。单击【完成】按钮关闭状态窗口，如图 14-26 所示。

图 14-26　生成状态

现在，就可以将打包生成好的安装程序复制到目标计算机上运行了，安装过程与普通 Windows 应用程序没有区别，安装结束后就可以在目标计算机上运行自己的应用程序了。

 提醒：复制时要将整个文件夹复制到目标计算机上，然后再运行 setup.exe。

此时，在【项目浏览器】/【程序生成规范】下面出现了【安装程序规范】，右击【安装程序规范】名称，在弹出的快捷菜单中选择【属性】，或双击安装程序规范名称。如重新生成给定的规范，LabVIEW 可覆盖当前生成中包含的之前版本的文件。如在版本信息页上勾选了自动递增或自动递增产品版本复选框，并在生成目标栏中使用了[VersionNumber]或[ProductVersion]标签，LabVIEW 每次生成程序都会产生一个版本编号的新子目录，而不是覆盖之前的生成程序。

# 14.5　共享库

动态链接库可以让其他编程语言调用 VI，如 NI LabWindows/CVI、Microsoft Visual C++、Microsoft Visual Basic 等，它为非 LabVIEW 编辑语言提供了访问 LabVIEW 开发代码的方式。如果需要与其他开发人员共享创建的 VI 的功能时，可以使用动态链接库（DLL）。

必须在任务管理器中才能生成.dll 文件。所以，首先建立一个项目，执行【文件】/【创建项目】命令，接着弹出"是否将已打开的 VI 添加至新项目"的对话框，如图 14-27 所示。单击【添加】按钮，生成新的项目管理器，将其保存在需要的路径下，如图 14-28 所示。

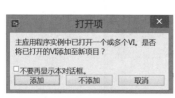

图 14-27　打开项

图 14-28　生成新的项目管理器

右击【项目浏览器】窗口中的【程序生成规范】，在弹出的快捷菜单中选择【新建】/【共享库（DLL）】，弹出对 DLL 文件进行设置的对话框。选择"信息"，根据自己的需求修

精通 LabVIEW

改"程序生成规范名称"和"目标文件名"等信息，如图 14-29 和图 14-30 所示。

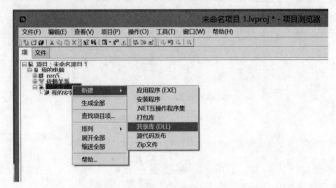

图 14-29　新建共享库（DLL）

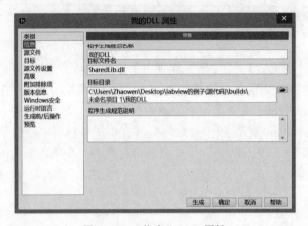

图 14-30　"信息"DLL 属性

选择【源文件】/【未命名 1.vi】/【导出 vi】，弹出【定义 VI 原型】对话框，直接用默认值，单击【确定】按钮，如图 14-31 和图 14-32 所示。单击箭头按钮导出 vi。

➡：箭头按钮。

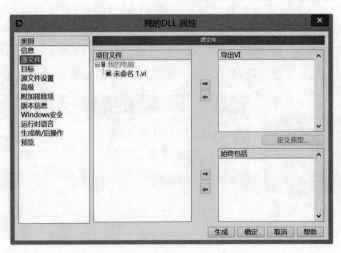

图 14-31　"源文件"DLL 属性

图 14-32　定义 VI 原型

　　类别中的源文件设置可供用户对打包 VI 的属性和密码做一些设置；高级和附加排除项可以做一些高级的设置，这些均按默认值即可。版本信息可让用户填写版本号、产品名称、合法版权、公司名称等信息，如图 14-33 所示。

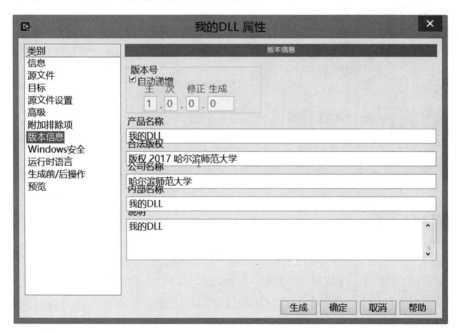

图 14-33　"版本信息"DLL 属性

　　选择【运行时语言】，可对支持语言进行选择，默认即可。选择【预览】/【生成预览】，可以预览到结果，如图 14-34 所示。生成完成如图 14-35 所示。单击【完成】按钮，生成完成，打开 DLL 文件保存的路径查看，如图 14-36 所示。

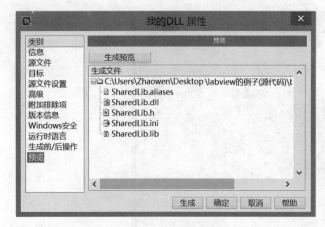

图 14-34 "预览" DLL 属性　　　　　　　　　图 14-35　生成完成

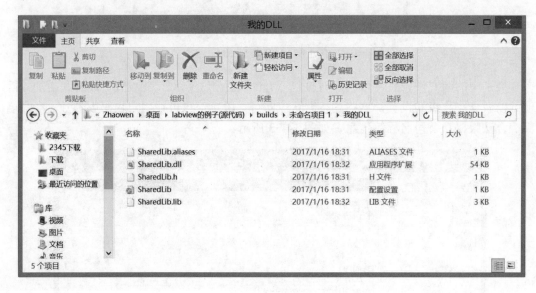

图 14-36　我的 DLL

# 14.6　小结

本章首先介绍了 LabVIEW 的项目，以及项目的建立、管理和保存等，在此基础上又介绍了如何利用【项目浏览器】创建应用程序规范的方法，并具体介绍了独立应用程序、安装程序和共享库的生成方法。

# 14.7　思考与练习

（1）LabVIEW 程序生成规范有哪几种？哪几种需要专业的开发系统支持？

（2）如何修改独立应用程序图标?

（3）创建安装程序之前要先创建什么?

（4）创建共享库时，编写 VI 要注意什么?

（5）为什么在发布应用程序之前要先建立项目?

（6）某程序的主 VI 拥有若干子 VI，并且无动态调用方式，它们存储在同一文件夹中。此外，该文件夹还有一些 TXT 文档和其他的 VI。由于 VI 众多，很难判断该主 VI 调用了哪些 VI。如何使用 LabVIEW 应用程序生成规范将该主 VI 及其调用子 VI 提取出来放入另一个文件夹中?